Christian Schlieder

Autodesk® Inventor® 2012

Grundlagen in Theorie und Praxis

Viele praktische Übungen am
Konstruktionsobjekt 4-Takt-Motor

MIX
Papier aus verantwortungsvollen Quellen
Paper from responsible sources
FSC® C105338

Christian Schlieder

Autodesk® Inventor® 2012

Grundlagen in Theorie und Praxis

Viele Praktische Übungen am Konstruktionsobjekt 4-Takt-Motor

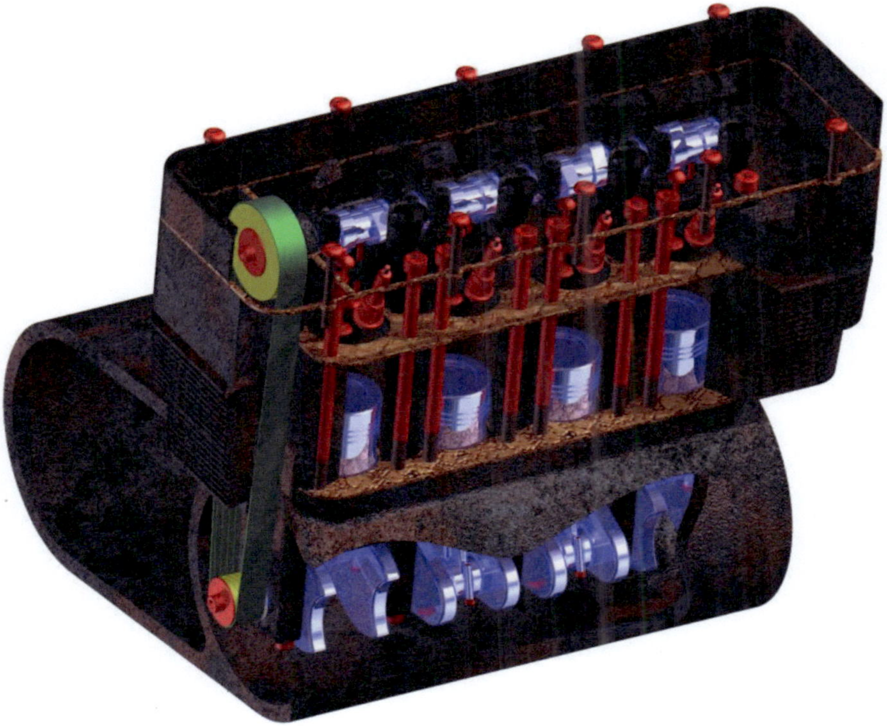

Online-Schulung

Bei einer Online-Schulung sitzen Sie bequem zu Haus vor Ihrem PC oder an Ihrem Arbeitsplatz und kommunizieren mit dem Trainer über eine gesicherte Datenverbindung und per Telefon. Auf Ihrem Bildschirm verfolgen Sie die Live-Präsentation des Trainers der aktuellen Inventor®-Version. Bei Bedarf unterbricht der Trainer die Präsentation und klärt offene Fragen.

Schulungen für Privatpersonen können Sie bereits ab 199 EUR buchen.
(5 Tage je 2 h, ein Teilnehmer)

Frontal-Schulung

Frontal-Schulungen können in Ihrer Firma oder in unseren Räumlichkeiten in Berlin stattfinden. Jeder Teilnehmer erhält eigene Schulungsunterlagen, welche sukzessive abgearbeitet werden. Der Trainer wird Fragen direkt und ausführlich an den einzelnen Arbeitsplätzen klären, somit ist eine intensive und individuelle Betreuung möglich.

Gern senden wir Ihnen einen Kostenvoranschlag.

Weiterführende Literatur

Weitere Literatur des Autoren finden Sie auf fast allen Online-Buchportalen und auf:

http://www.Ingenieurbuero-Schlieder.de

Video-Tutorials auf YouTube.com

Viele der Übungen aus diesem und weiteren Büchern des Autoren stehen als kostenloses Video-Tutorial online zur Verfügung. Besuchen Sie hierfür den folgenden Link:

http://www.youtube.com/user/DerCADTrainer

Dieses Buch wurde durch Autodesk® geprüft und zertifiziert. Alle im Buch enthaltenen Informationen wurden nach bestem Wissen und Gewissen geprüft.

Da Fehler nicht ausgeschlossen werden können, übernehmen Autor und Verlag weder Verantwortungen, Verpflichtungen oder Garantien jeglicher Art, noch Haftung für die Benutzung der bereitgestellten Informationen.

Autor und Verlag übernehmen keine Gewähr dafür, dass die beschriebenen Vorgehensweisen oder Verfahren frei von Rechten Dritter sind.

Autodesk® Inventor® 2012 ist ein eingetragenes Markenzeichen von Autodesk, Inc., und/ oder seiner Tochtergesellschaften und/ oder der Tochterunternehmen in den USA und anderen Ländern.

ISBN

9783842369160

IMPRESSUM

Dipl.- Ing. Christian Schlieder
www.Ingenieurbuero-Schlieder.de
Fax: +49 (0) 3212 - 1122290

HERSTELLUNG UND VERLAG

Books on Demand GmbH, Norderstedt
www.BoD.de

INHALTSVERZEICHNIS

1 Der Umgang mit dem Buch

1.1 Zielgruppe & Aufbau des Buches

Dieses Buch richtet sich an alle interessierten Personen jeglicher fachlicher Bereiche. Es ist logisch aufgebaut und versucht dem Leser anhand der sukzessiven Konstruktion eines vereinfacht dargestellten ***4-Takt-Motors*** das Programm ***Autodesk® Inventor® 2012*** näher zu bringen. In kleinen Abschnitten wird der Leser verschiedene Vorgehensweisen und Befehle kennenlernen und schrittweise nacharbeiten können.

Sie halten ein Übungs- und Grundlagenbuch für ***Autodesk® Inventor® 2012*** in den Händen. Um das Buch in seinem Umfang nicht zu groß werden zu lassen, können nur einige, wichtige Bereiche des Programms behandelt werden. Es wird Ihnen dringend empfohlen, die Befehlsketten des Buches sporadisch zu verlassen und intuitiv eigene Versuche zu starten, um die jeweiligen Befehle genauer zu untersuchen und weitere Befehle zu testen. Das Programm unterstützt Sie hierbei mit vielen Hilfen und Anleitungen.

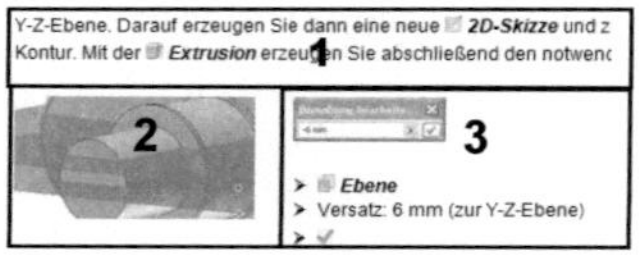

Jeder Abschnitt enthält eine Texterklärung (1), gefolgt von einer grafischen Darstellung der Vorgehensweise (2) und einer kurzen Befehlskette (3). Beachten Sie die Hinweise!

Es wurde versucht, möglichst wenig Text und möglichst viele grafische Darstellungen zu verwenden. Vieles erklärt sich beim Selbstversuch von allein. Seien Sie mutig und probieren Sie verschiedene Befehle einfach aus. Folgende Abkürzungen wurden im Buch verwendet, um die Befehlsketten zu vereinfachen:

➢ ***ENTER***	Tastatur-Taste ***Enter***
➢ ***ENTF***	Tastatur-Taste ***Entfernen***
➢ ***ESC***	Tastatur-Taste ***Escape***
➢ ***TAB***	Tastatur-Taste ***Tabulator***
➢ ***F1***	Tastatur-Taste ***F1***
➢ ***F7***	Tastatur-Taste ***F7***
➢ ***F8***	Tastatur-Taste ***F8***
➢ ***F9***	Tastatur-Taste ***F9***
➢ ***Strg+C***	Tastatur-Tasten ***Strg*** und ***C***
➢ ***Strg+V***	Tastatur-Tasten ***Strg*** und ***V***
➢ ***LiM***	Linke Maustaste
➢ ***ReM***	Rechte Maustaste
➢ ***MiM***	Mittlere Maustaste

1.2 Digitales Zubehör zum Buch

Für einige Übungen benötigen Sie vorgefertigte Übungsdateien, welche Sie auf der Website:

- ***http://www.Ingenieurbuero-Schlieder.de/html/Download-DE.html***

kostenlos downloaden können. Darin finden Sie neben den Übungen auch alle im Buch erstellten Bauteile, Baugruppen und Zeichnungen. Sollten Sie bei der einen oder anderen Übung Probleme haben, können Sie in den fertigen Dateien nachsehen und sich Anregungen zur Konstruktion geben lassen.

2 Programmaufbau & Programmverwaltung

2.1 Zum Programmaufbau

Autodesk® Inventor® 2012 wurde in der Programmbedienung sehr gut an den Anwender angepasst. Die Symbole und Befehle sind in logische Cluster (Multifunktionsleisten) unterteilt, um Befehle schnell finden zu können.

Ebenso sind zahlreiche Einführungen, Lernprogramme und Demo-Animationen enthalten. Der Anwender ist mit den vorhandenen Hilfen in der Lage, ***Autodesk® Inventor® 2012*** autodidaktisch zu erlernen.

HINWEIS: Beachten Sie das ⓘ ***Fragezeichen*** (***Hilfe***), welches sich in vielen Befehlen unten links im betreffenden Fenster befindet. Alternativ funktioniert auch die ***F1***-Taste.

Hier gelangen Sie dann jeweils zur entsprechenden Erklärung in der ***Autodesk® Hilfe*** auf http://wikihelp.autodesk.com. Sollten Sie keinen Zugang zum Internet besitzen, öffnet sich eine lokale Hilfedatei.

2.2 Die Benutzeroberfläche

Im Hauptmenü befinden sich Grundbefehle wie z. B. ***Speichern***, ***Öffnen***, ***Drucken***, ***Schließen***, ***Exportieren*** (z. B. Exportieren von Dateien in andere Formate), ***Verwalten*** (z. B. Projekte, iFeature-Katalog, Kostruktionsassistent), ***iProperties*** (alle Bauteileigenschaften) und ***Tresor-Server*** (Register: Tresor).

2.2.1 Das Hauptmenü

Das ***Hauptmenü*** öffnen Sie über den dargestellten linken Button. Folgende Befehlsgruppen finden Sie auf der linken Seite des Hauptmenüs:

Auszug aus dem "Hauptmenü"

- Erstellt eine neue Datei
- Öffnet eine vorhandene Datei
- Speichert die aktuelle Datei
- Speichert die aktuelle Datei unter anderem Namen
- Exportiert eine Datei in ein anderes Format
- Verwaltet z. B. Projekte und iFeatures
- Öffnet die iProperties der aktuellen Datei
- Öffnet den Tresor-Server
- Drucken
- Schließen der Datei

Beim Klick auf das kleine Dreieck rechts neben den oben beschriebenen Befehlsgruppen erscheinen auf der rechten Seite des Hauptmenüs die jeweils untergeordneten Befehle.

Des Weiteren finden Sie auf der linken Seite die Optionen ***letzte Dokumente*** und ***geöffnete Dokumente***.

2.2.2 Die Multifunktionsleiste

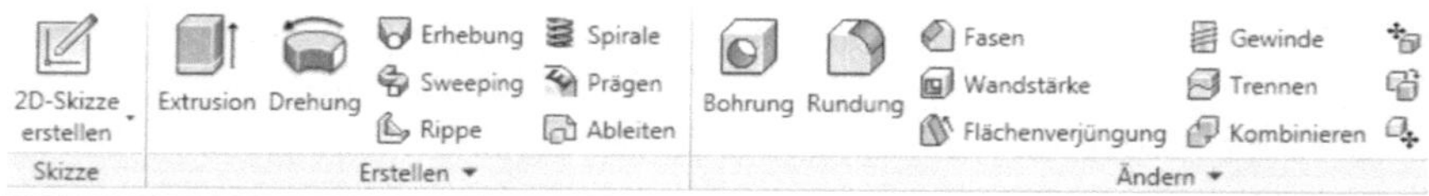

In der ***Multifunktionsleiste*** finden Sie logisch angeordnete Befehlsgruppen, welche den jeweiligen Registerkarten zugeordnet sind.

Befehlsgruppen können ein- oder ausgeblendet werden. Mit ***ReM*** > ***Gruppe*** können Sie den entsprechenden Haken setzen.

2.2.3 Das Browserfenster

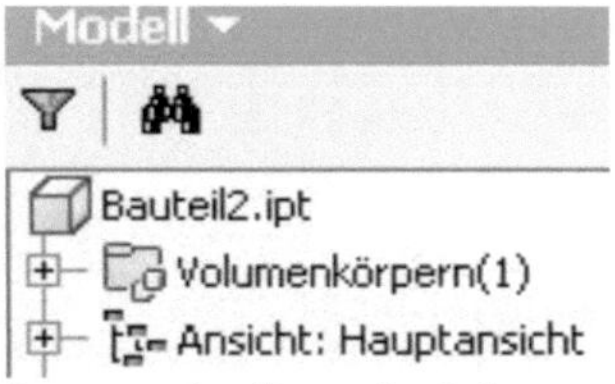

Auszug aus dem "Browserfenster"

Im ***Browserfenster*** (Modellbaumfenster) wird die Bearbeitungshistorie der jeweiligen Datei aufgelistet. Sie haben hier die Möglichkeit, die an der Datei durchgeführten Bearbeitungsschritte zu ändern oder zu löschen. Wählen können Sie zwischen den Optionen: Modell, Favoriten und Darstellungen (je nach Dateityp). des Weiteren gibt es eine Filter- und eine Suchfunktion.

2.2.4 Das Grafikfenster

Auszug aus dem "Grafikfenster"

Das ***Grafikfenster*** beinhaltet den jeweiligen Status Ihres erzeugten Objekts. Hier befindet sich der Haupt-Arbeitsbereich. Das Grafikfenster öffnet sich automatisch, wenn Sie eine neue Datei erstellen oder eine vorhandene Datei öffnen.

2.2.5 ViewCube, SteeringWheels & die Navigationsleiste

Der "ViewCube"

Der ***ViewCube*** ist ein Steuerelement zum Wechseln der jeweiligen Ansicht auf das Objekt im Grafikfenster. Sie können die Ansicht wechseln, indem Sie auf die jeweilige Schaltfläche (Oben, Unten, Rechts, Links, Vorne, Hinten) klicken. Ein freies Drehen der Ansicht im Raum wird möglich, wenn Sie den ViewCube bei gedrückter ***LiM*** bewegen.

HINWEIS: Ein komfortableres Drehen der Ansicht erreichen Sie mit der Kombination der Shift ***Umschalt-Taste*** mit der mittleren Maustaste.

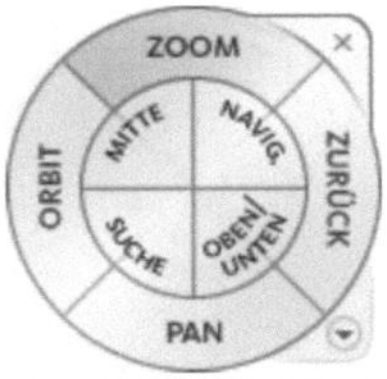

Eines der "SteeringWheels"

SteeringWheels (Vollnavigationsräder) kombinieren einige der Navigationswerkzeuge auf einer einzigen Oberfläche. Es gibt sechs verschiedene Navigationsräder mit unterschiedlichen Befehlskombinationen. Starten können Sie diese über die Navigationsleiste oder über das Register: "***Ansicht*** > ***Navigieren*** > ***Navigationsrad***".

Navigationsleisten beinhalten verschiedene Anzeige- und Navigationsbefehle, wie z. B. auch den ***ViewCube*** und die ***SteeringWheels***. Hier eine kurze Befehlsübersicht:

- SteeringWheels
- Komponente planar verschieben
- Diverse Zoombefehle
- Drehen im freien Orbit
- Ausrichten nach Fläche
- Alles zoomen
- Fenster zoomen
- Auf ein Objekt zoomen
- Vorherige Ansicht
- Letzte Ansicht
- Ansicht perspektivisch/ orthogonal
- Ansicht (schattiert, Drahtkörper etc.)
- Ausgangsebene Ein/ Aus

2.2.6 *Allgemeine Befehle der Startseite*

Dieser Schnellstartbereich enthält einige Befehle aus dem Hauptmenü und weitere, häufig verwendete Befehle aus anderen Bereichen des Programmes. Einige der Befehle werden in den folgenden Kapiteln des Buches genauer untersucht. Hier eine kurze Befehlsübersicht:

- Neue Datei (Pop-up-Menü)
- Öffnen
- Speichern
- Rückgängig
- Wiederherstellen
- Aus Tresor öffnen
- Drucken
- iProperties
- Projekte
- Zurück (Pop-up-Menü)
- Aktualisieren (Pop-up-Menü)
- Körper auswählen (Pop-up-Menü)
- Farbe Farbüberschreibung (Pop-up-Menü)
- f_x Parameter
- Messen (Pop-up-Menü)
- Design Doctor
- Stichwort Suchbefehl
- Suche
- Subscription-Center
- Kommunikationscenter
- Favoriten
- An Autodesk® Online- Dienste anmelden
- Hilfen (Pop-up-Menü)

2.3 Register Erste Schritte
2.3.1 Befehlsübersicht Register ERSTE SCHRITTE

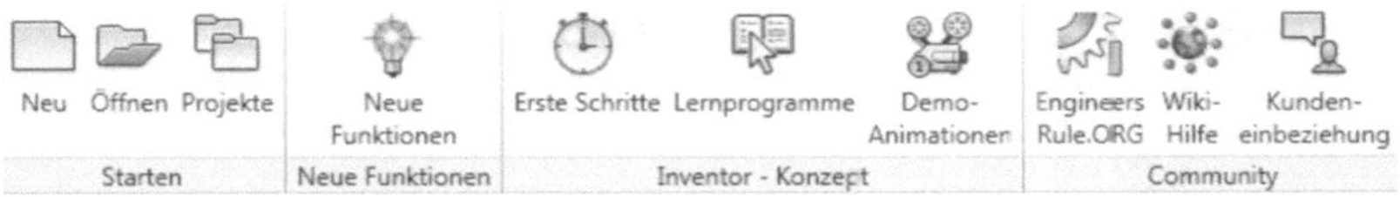

Dieses Register enthält die Befehlsgruppen: ***Starten***, ***Neue Funktionen***, ***Inventor®-Konzept*** und ***Community***. Es bietet neben den bereits bekannten Befehlen einige Hilfen beim Neueinstieg in das Programm. Sie können erweiterte Funktionen im Vergleich zur letzten Programmversion kennenlernen, diverse Lernprogramme und Hilfen einsehen oder selbst aktiv an der Verbesserung des Programmes teilnehmen. Die folgenden Befehle finden Sie in diesem Bereich:

- Neue Datei
- Datei öffnen
- Projekte
- Neu in Inventor®
- Handbuch Erste Schritte
- Lernprogramme
- Demo-Animationen
- Engineers Rule.ORG
- Wiki-Hilfe
- Kundeneinbeziehung

2.4 Register Extras
2.4.1 Befehlsübersicht Register Extras

Das Register ***Extras*** enthält die Befehlsgruppen: ***Beginnen***, ***Messen***, ***Optionen***, ***Zwischenablage*** und ***Suchen***. Sie können Sonderfunktionen starten, Objekte vermessen/ kopieren/ ausschneiden/ einfügen oder Komponenten suchen lassen. In der Befehlsgruppe ***Optionen*** haben Sie die Möglichkeit, grundlegende benutzerdefinierte Einstellungen vorzunehmen, die beim Programmstart automatisch zu ladenden Zusatzmodule zu definieren oder sich die Arbeit mit Inventor® durch die Verwendung eigener Makros zu vereinfachen. Beachten Sie, dass für das Programmieren von Makros Grundkenntnisse im Umgang mit Visual Basic notwendig sind. Folgende Befehle finden Sie hier:

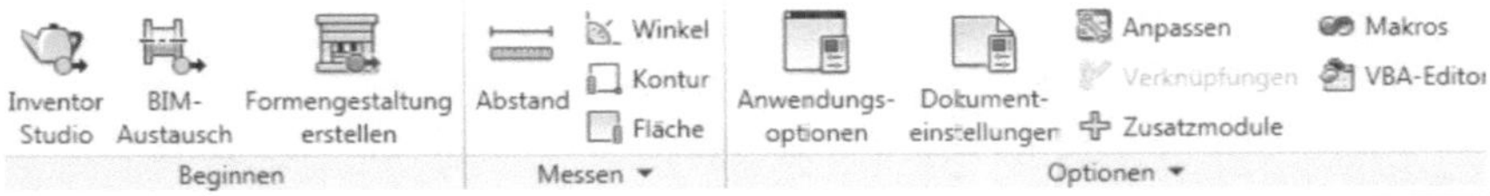

- Abstand messen
- Winkel messen
- Kontur messen
- Anpassen
- Verknüpfungen
- Zusatzmodule

Fläche messen
Bereichseigenschaften
Anwendungsoptionen
Dokumenteinstellungen

Makros
VBA Editor
iLogic-Konfigurator

Kopieren
Ausschneiden

Inhalte einfügen (Pop-up-Menü)
Komponente suchen

2.5 Projektverwaltung

Das Arbeiten mit ***Autodesk® Inventor® 2012*** sollte grundsätzlich in ***Projekten*** geschehen. Ein Projekt erstellt einen Arbeitsbereich, in dem projektbezogene Daten (Dateien, Sicherungskopien, Projektinformationen) gespeichert werden. Wie genau Sie ein Projekt erstellen können und was dabei noch zu beachten ist, erfahren Sie in einem weiteren Kapitel.

3 GRUNDLAGEN & ALLGEMEINE BEFEHLE

3.1 Erstellen einer neuen Datei

Der Befehl ***Neu*** (Register: ***Erste Schritte*** > ***Neu***) enthält die Bereiche: ***Standard***, ***Englisch***, ***Metrisch*** und ***Mold Design***. Jede der vier Optionen enthält Vorlagen zum Erstellen verschiedener Dateitypen für metrische oder englisch-amerikanische Dateien bzw. Schweiß- oder Gussbaugruppen. Folgende Dateitypen finden Sie im Bereich ***Standard***:

Auszug aus dem Befehlsfenster "Neu"

- ***Norm.ipt*** erstellt ein Standard-Bauteil
- ***Blech.ipt*** erstellt ein Blech-Bauteil
- ***Norm.iam*** erstellt eine Standard-Baugruppe
- ***Norm.idw*** erstellt eine *.idw Zeichnung
- ***Norm.dwg*** erstellt eine *.dwg Zeichnung
- ***Norm.ipn*** erstellt eine Präsentation
- ***Schweißkonstruktion.iam*** erstellt eine Schweiß-Baugruppe

HINWEIS: Sie können auch eigene Dateivorlagen erstellen und abspeichern.

3.2 2D-Skizzen

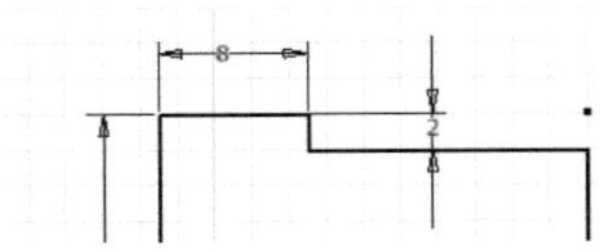

Auszug aus einer "Skizze"

Skizzen bilden die Grundlage eines Bauteils. Hier werden Grundkonturen erstellt, welche dann später im Register ***Modell*** mit 3D-Befehlen zu Volumenkörpern verarbeitet werden.

3.2.1 Befehlsübersicht Register Skizze

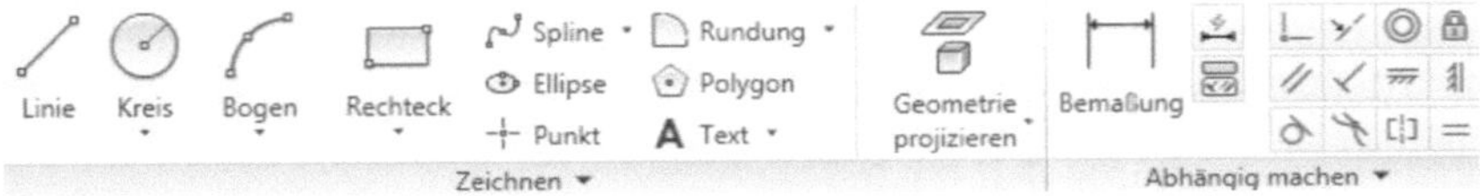

- Linie
- Kreis durch Mittelpunkt
- Kreis durch Tangenten
- Bogen durch drei Punkte
- Bogen durch Tangente
- Bogen durch Mittelpunkt
- Rechteck durch zwei Punkte
- Rechteck durch drei Punkte
- Spline
- Brückenkurve
- Ellipse
- Punkt
- Rundung
- Fase
- Polygon
- Text
- Geometrietext
- Geometrie projizieren
- Schnittkanten projizieren
- Abwicklung projizieren
- Auf 3D-Skizze projizieren
- Bemaßung
- Automatische Bemaßung
- Abhängigkeiten einblenden
- Abhängigkeit Lotrecht
- Abhängigkeit Koinzident
- Abhängigkeit Kollinear
- Abhängigkeit Konzentrisch
- Abhängigkeit Fest
- Abhängigkeit Parallel
- Abhängigkeit Horizontal
- Abhängigkeit Vertikal
- Abhängigkeit Tangential
- Abhängigkeit Stetig
- Abhängigkeit Symmetrisch
- Abhängigkeit Gleich

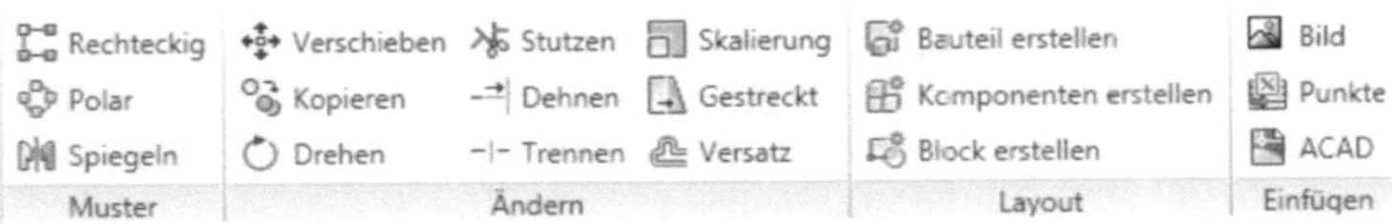

- Rechteckige Anordnung
- Runde Anordnung
- Spiegeln
- Drehen
- Trennen
- Versatz

- Verschieben
- Stutzen
- Skalierung
- Kopieren
- Dehnen
- Strecken

- Bauteil erstellen
- Komponente erstellen
- Block erstellen
- Bild einfügen
- Punkte importieren
- AutoCAD®-Datei einfügen

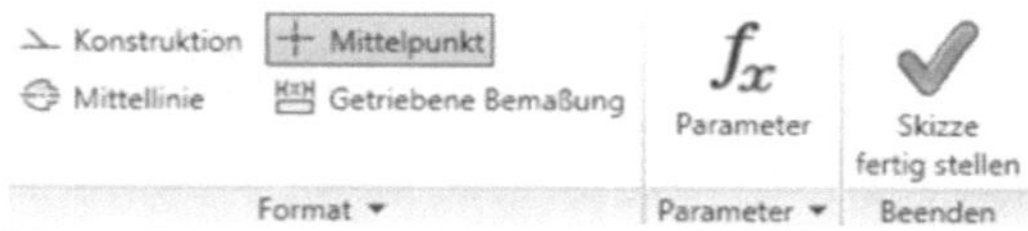

- Konstruktionslinie
- Mittelpunkt
- Mittellinie
- Getriebene Bemaßung

- Parameter
- Aus XML importieren
- Nach XML exportieren
- Skizze fertig stellen

3.3 Bauteile (Modellbereich)

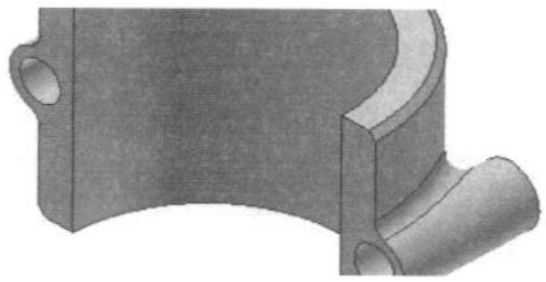

Im Bereich ***Bauteile*** (Modellbereich) werden aus Skizzen neue Volumenkörper (Komponenten) erstellt, vorhandene Komponenten bearbeitet oder weitere Features angewendet.

3.3.1 Befehlsübersicht Register Modell

- 2D-Skizze erstellen
- 3D-Skizze erstellen
- Extrusion
- Drehung
- Erhebung
- Sweeping
- Rippe
- Spirale
- Prägen

- Bohrung
- Rundung
- Fase
- Gewinde
- Fläche verschieben
- Wandstärke
- Trennen
- Objekt kopieren
- Flächenverjüngung

Ableiten
Aufkleber

Kombinieren
Körper verschieben

Form bearbeiten
Ebene (Pop-up-Menü)
Arbeitsachse (Pop-up-Menü)
Arbeitspunkt (Pop-up-Menü)
Benutzerkoordinatensystem
Rechteckige Anordnung
Runde Anordnung
Spiegeln
Verdickung/ Versatz
Umgrenzungsfläche
Fläche heften
Fläche stutzen
Formen
Fläche löschen
Dehnen
Fläche ersetzen
Körper reparieren
In Konstruktion kopieren
Parameter

Aus XML importieren
Nach XML exportieren
Lüftungsöffnung
Schnappverschluss
Schraubloch
Regelbasierte Abrundung
Absatz
Lippe
Abstand
Winkel
Kontur
Fläche
Bereichseigenschaften
Ableiten
Element aus Inhaltscenter platzieren
iFeature einfügen
Objekt einfügen
iFeature aus Katalog einfügen
Daten importieren

Pin platzieren
Pin-Gruppe platzieren
Kabelbaumeigenschaften
iPart/ iAssembly erstellen
Mit Tabellenkalkulation bearbeiten

Familienbereich bearbeiten
Variantenbereich bearbeiten
Belastungsanalyse
In Blech konvertieren

3.4 Baugruppen

In ***Baugruppen*** werden Bauteile und Normteile zusammengesetzt und mit Abhängigkeiten versehen. Sie haben die Möglichkeit, neue Bauteile zu erstellen und viele weitere Optionen zu starten.

3.4.1 Befehlsübersicht Register Zusammenfügen

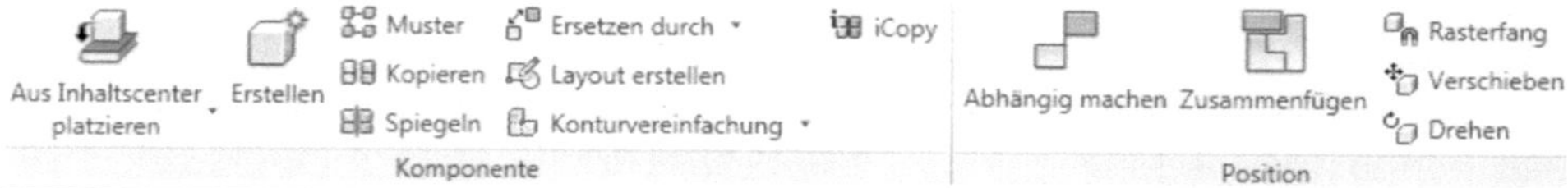

- Komponente platzieren
- Aus Inhaltscenter platzieren
- Aus Tresor platzieren
- Komponente erstellen
- Komponente anordnen
- Ersetzen
- Alle ersetzen
- Komponenten kopieren
- Layout erstellen
- Komponenten spiegeln
- Konturvereinfachung
- Ersatz für Konturvereinfachung
- iCopy
- Abhängig machen
- Zusammenfügen
- Rasterfang
- Komponente verschieben
- Komponente drehen

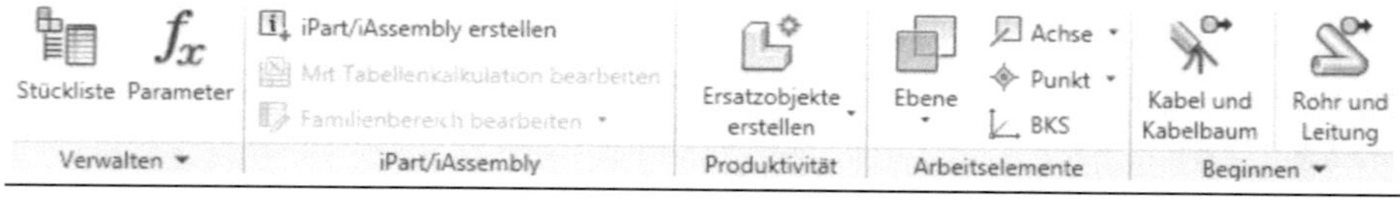

- Stückliste
- Parameter
- Aus XML importieren
- Nach XML exportieren
- iPart/ iAssembly erstellen
- Mit Tabellenkalkulation bearbeiten
- Familienbereich bearbeiten
- Variantenbereich bearbeiten
- Ersatzobjekte erstellen
- Ersatzobjekte aktualisieren
- Speichern und Komponente ersetzen
- Am Komponentenursprung platzieren
- Browser-Knoten umbenennen
- Komponenten alphabetisch sortieren
- Komponenten fixieren platzieren
- Freiheitsgrad-Analyse
- Ebene (Pop-up-Menü)
- Arbeitsachse (Pop-up-Menü)
- Arbeitspunkt (Pop-up-Menü)
- Benutzerkoordinatensystem
- Kabel und Kabelbaum
- Rohr und Leitungen

- Bauteil hinzufügen
- Baugruppe hinzufügen
- Detailgenauigkeit verknüpfen
- Abgeleitete Komponente
- ISOGEN-Ausgabe
- Schwerkraft definieren
- Rohr- und Leitungsstile

- Dynamische Simulation
- Belastungsanalyse
- Gestellanalyse
- Schweißkonstruktion (Pop-up-Menü)
- Abstand messen
- Winkel messen
- Kontur messen
- Fläche messen
- Bereichseigenschaften

3.4.2 Befehlsübersicht Register Konstruktion

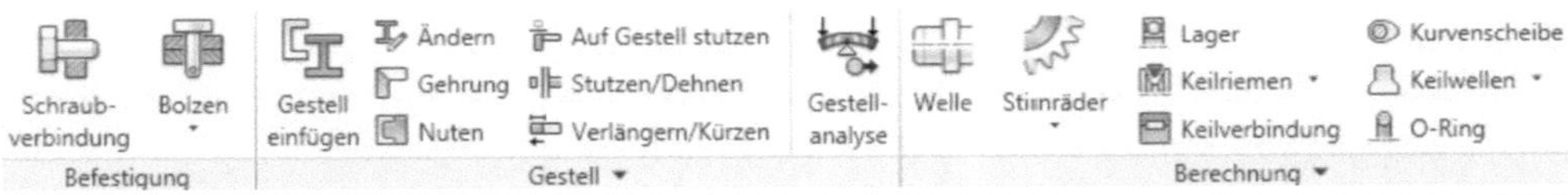

Register ***Konstruktion*** enthält die Befehlsgruppen: ***Befestigung*** (Schraubverbindung, Bolzen), ***Gestell*** (Gestellgenerator und weitere Tools), ***Berechnung*** (Welle, Zahnräder, Lager, Riemen, Schlüssel, Scheiben/ Nocken, Wellen/ Profile). ***Feder*** (Druck-, Zug-, Teller-, Torsionsfeder) und ***Messen***.

3.4.3 Befehlsübersicht Register Prüfen

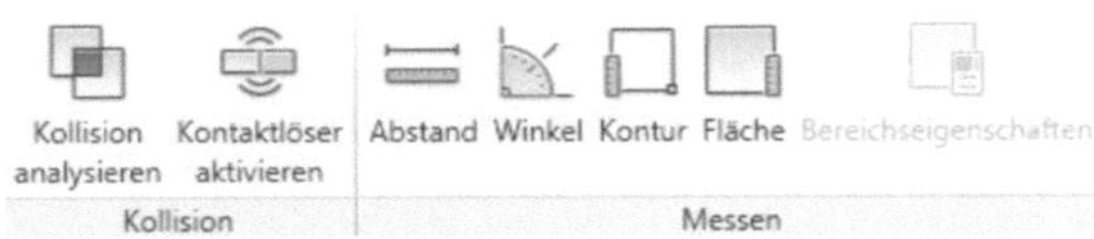

Register ***Prüfen*** enthält die Befehlsgruppen: ***Kollision*** (Analyse auf Kollision verschiedener Komponenten, Kontaktlöser) und ***Messen***.

3.4.4 Befehlsübersicht Register Verwalten

Register ***Verwalten*** enthält die Befehlsgruppen: ***Aktualisieren*** (Aktualisieren der vorhandenen Komponenten), ***Parameter***, ***Stile und Normen***, ***Einfügen***, ***Autor*** (iAssembly, iMate, Objekte exportieren und iCopy-Generierung), ***iLogic***, ***Inhaltscenter*** (Bearbeiten vorhandener oder Erstellen neuer Inhaltscenter-Bibliotheksteile) und ***Web*** (Streamline und Lieferanteninhalt für Projektmanagement und Zusammenarbeit).

3.4.5 Befehlsübersicht Register Ansicht

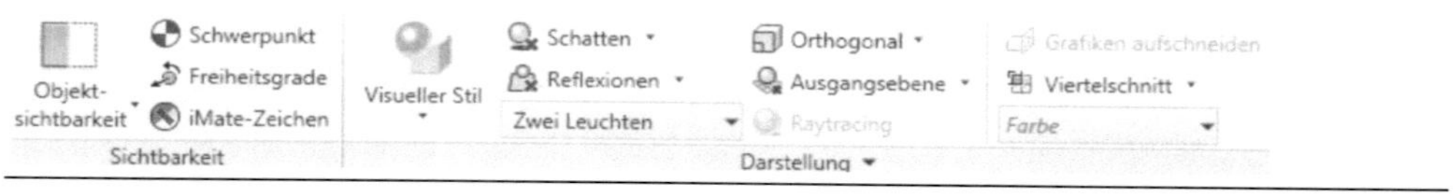

Register ***Ansicht*** enthält die Befehlsgruppen: ***Sichtbarkeit*** (Objektsichtbarkeit und Schwerpunkt), ***Darstellung***, ***Gespeicherte Ansichten***, ***Fenster*** und ***Navigieren***.

3.4.6 Befehlsübersicht Register Umgebung

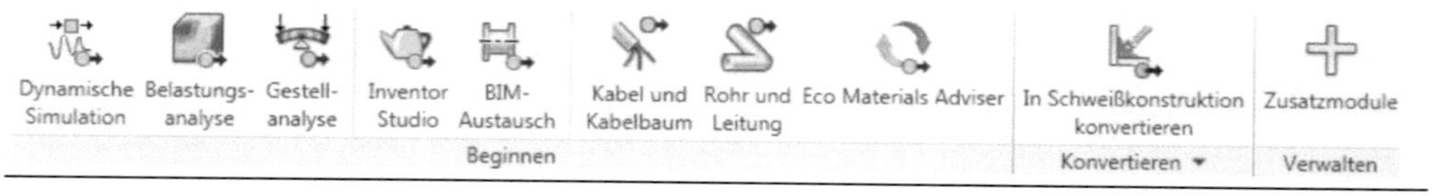

Register ***Umgebung*** enthält die Befehlsgruppen: ***Beginnen*** (Dynamische Simulation, Belastungsanalyse, Gestellanalyse, Inventor Studio, BIM-Austausch, Kabel und Kabelbaum, Rohr und Rohrleitung und Eco Materials Adviser), ***Konvertieren*** (In Schweißkonstruktion konvertieren und weitere) und ***Verwalten*** mit dem Befehl: Zusatzmodule.

3.5 2D-Zeichnungen

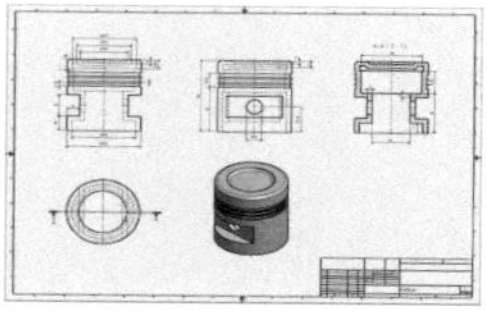

Im Bereich ***Zeichnungen*** werden zuvor erstellte Bauteile oder Baugruppen auf ein Zeichenblatt abgeleitet und somit für den Druck vorbereitet. Sie können bemaßen, beschriften und die Zeichendatei in verschiedene Formate exportieren.

3.5.1 iProperties, Arbeitsblätter & Zeichnungsressourcen

3.5.1.1 iProperties

iProperties können in Bauteilen, Baugruppen und Zeichnungen verwaltet werden und enthalten Dateiinformationen (z. B. Typ, Speicherort, Größe, Titel, Thema, Autor und Projektdaten) der aktuellen Datei.

Sie finden die grundlegenden sechs Register: ***Allgemein***, ***Übersicht***, ***Projekt***, ***Status***, ***Benutzerdefiniert*** und ***Speichern***. Um die iProperties zu öffnen, klicken Sie auf den Dateinamen im Modellbereich und dann "***ReM*** > ***iProperties***", oder starten den Befehl: ***I-Pro*** > ***iProperties***.

3.5.1.2 Arbeitsblätter

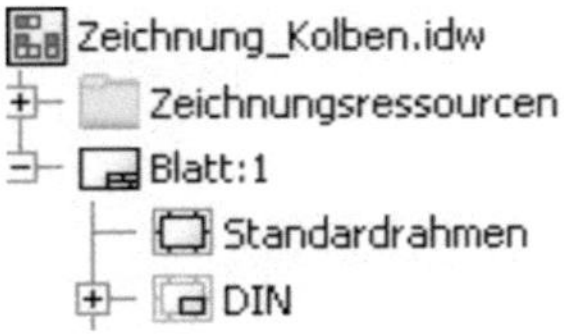

Arbeitsblätter enthalten Standardrahmen und Standardschriftfelder für die Zeichnung. Vorhandene Vorlagen können bearbeitet werden (***ReM*** > ***Bearbeiten***) oder neue Vorlagen hinzugefügt.

3.5.1.3 Zeichnungsressourcen

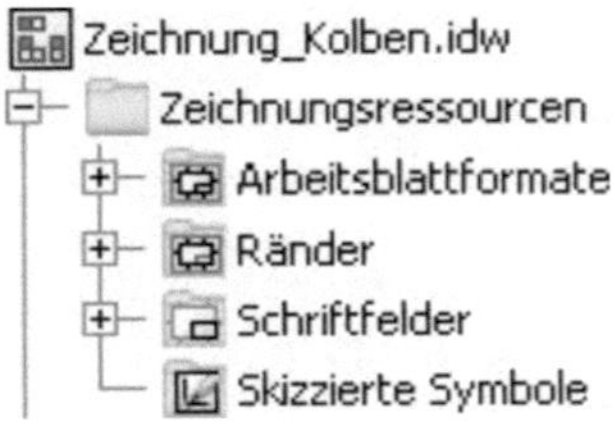

Zeichnungsressourcen beinhalten verschiedene Arbeitsblattformate, Ränder, Schriftfelder und Symbole. Neben den bereits vorhandenen Vorlagen, können Sie auch hier eigene Vorlagen erstellen und abspeichern.

3.5.2 Befehlsübersicht Register Ansichten platzieren

- Erstansicht
- Parallele Ansicht
- Hilfsansicht
- Schnittansicht
- Detailansicht

- Entwurfsansicht
- Lösen
- Ausschnittansicht
- Aufschneiden
- Zuschneiden

- Überlagerungsansicht
- Nagelbrettansicht
- Verbindungsansicht
- Abhängigkeiten erzeugen/ aufheben
- Neue 2D-Skizze
- Neues Blatt

3.5.3 Befehlsübersicht Register Mit Anmerkungen versehen

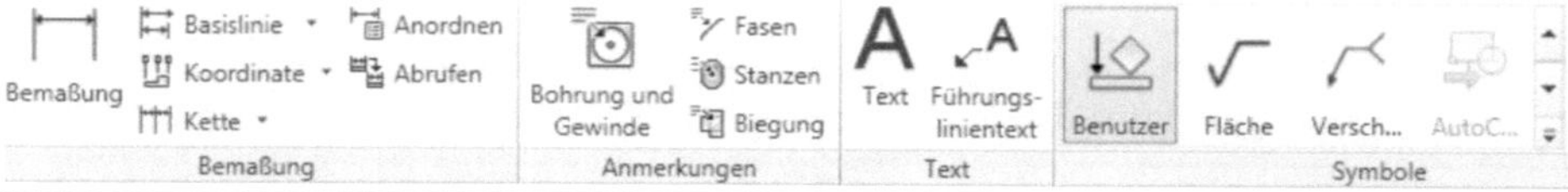

- Bemaßung
- Basislinienbemaßung
- Basisliniensatz
- Abrufen einer Bemaßung
- Koordinatenbemaßung
- Koordinatensatz
- Anordnen einer Bemaßung
- Kette
- Kettensatz
- Bohrung-/ Gewindeinfos
- Fasen-Bemaßung
- Stanzinfo
- Biegungshinweise
- Text
- Text mit Führungslinie
- Benutzerdefiniertes Symbol erzeugen
- Schweißsymbole
- Flächensymbole
- Importieren von AutoCAD®-Blöcken
- Mittellinie
- Symmetrielinie
- Mittelpunktmarkierung
- Zentrierte Anordnung
- Erstellen einer 2D-Skizze
- Teileliste
- Bohrungstabelle
- Revisionstabelle
- Allgemeine Tabelle
- Positionsnummern
- Automatische Positionsnummern
- Layer bearbeiten
- Layer/ Stile auswählen

3.6 Präsentationen & Inventor Studio

3.6.1 Befehlsübersicht Bereich Präsentationen

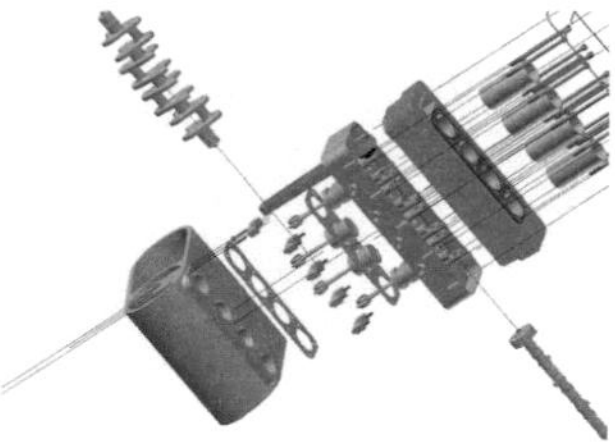

Im Bereich ***Präsentationen*** können Sie Explosionsdarstellungen einer Baugruppe erzeugen, diese anschließend animieren und als Videodatei abspeichern. Sie können die Datei automatisch "sprengen" oder alle Bauteile der Baugruppe manuell verschieben.

Ansicht erstellen
Komponentenposition ändern

Präzise Drehung der Ansicht
Animieren der Ansicht

3.6.2 Befehlsübersicht Bereich Inventor Studio

Mit dem Befehl ***Inventor Studio*** (***Extras*** > ***Inventor Studio***) können unter Verwendung der Randbedingungen (Beleuchtung, Oberflächen-, Szenen- und Farbstile) aus Bauteilen oder Baugruppen qualitativ hochwertige Bilder erstellt werden. Ebenfalls können Sie Animations-, Parameter- oder Videoablauffolgen aufzeichnen und daraus Videos erzeugen.

Bild rendern
Letzte anzeigen
Animation rendern
Oberflächenstile
Beleuchtungsstile
Szenenstile
Kamera
Komponentenspezifische Beleuchtung
Animationsablaufprogramm
Komponenten animieren

Pfade animieren
Abhängigkeiten animieren
Parameter animieren
Positionsdarstellungen animieren
Kamera animieren
Video-Ersteller
Licht animieren
Parameterfavoriten
Beendet Inventor Studio

3.7 Blechbereich & Schweißkonstruktionen

3.7.1 Befehlsübersicht Bereich Blechbearbeitung

Ein ***Blechteil*** gleicht grundlegend einem Standard-Bauteil. Unterschiede gibt es in den Befehlen und der Bearbeitung des Volumenmodells. Im Bereich Blech können Sie Bleche erstellen, bearbeiten, Abwicklungen erzeugen Stanzwerkzeuge verwenden, Laschen und Rollen erstellen und viele weitere Tools nutzen.

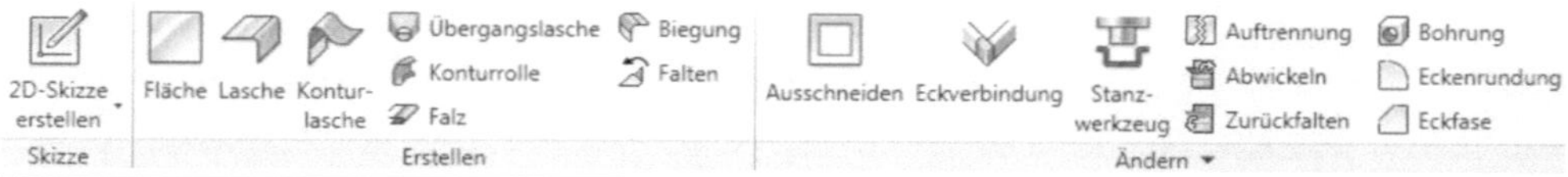

- 2D-Skizze
- Fläche
- Lasche
- Konturlasche
- Übergangslasche
- Konturrolle
- Falz
- Biegung
- Falten
- Ausschneiden
- Eck-Verbindung
- Stanzwerkzeug
- Auftrennen
- Abwickeln
- Zurückfalten
- Bohrung
- Eckenrundung
- Eck-Fase
- Ebene (Pop-up-Menü)
- Arbeitsachse (Pop-up-Menü)
- Arbeitspunkt (Pop-up-Menü)
- Benutzerkoordinatensystem
- Rechteckige Anordnung
- Polare Anordnung
- Spiegeln
- Bearbeiten der Blechstandards
- Zurück zur erzeugten Abwicklung
- Parameter
- Winkel messen
- Kontur messen
- Fläche messen
- Bereichseigenschaften

3.7.2 Befehlsübersicht Bereich Schweißkonstruktionen

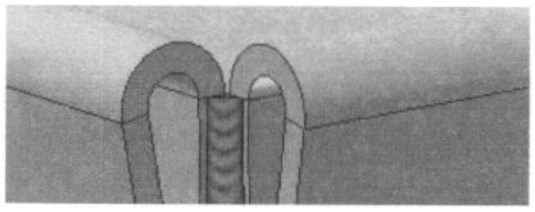

Eine ***Schweißkonstruktion*** ist eine Baugruppe mit weiteren Befehlen im Bereich Schweißnahterzeugung und -bearbeitung.

- Vorbereitung
- Schweißnähte
- Bearbeitung
- Kehlnaht
- Kelchnaht
- Dekorative Naht
- Symbol
- Schweißnähte Seitenansicht
- Schweißnahtbericht
- Schweißnahtberechnung
- 2D-Skizze
- Extrusion
- Drehung
- Bohrung
- Rundung
- Fasen
- Sweeping
- Ebene (Pop-up-Menü)
- Arbeitsachse (Pop-up-Menü)
- Arbeitspunkt (Pop-up-Menü)
- Rechteckige Anordnung
- Polare Anordnung
- Spiegeln
- Parameter
- Winkel messen
- Kontur messen
- Fläche messen
- Bereichseigenschaften
- Zurück zu Übergeordnetem

3.8 Belastungsanalyse & Parameter

3.8.1 Befehlsübersicht Bereich Belastungsanalyse

Im Bereich ***Belastungsanalyse*** (Register: ***Umgebung***) können Bauteile und Baugruppen auf Belastungen geprüft werden. Die Ergebnisse können später exportiert und weiter verwendet werden.

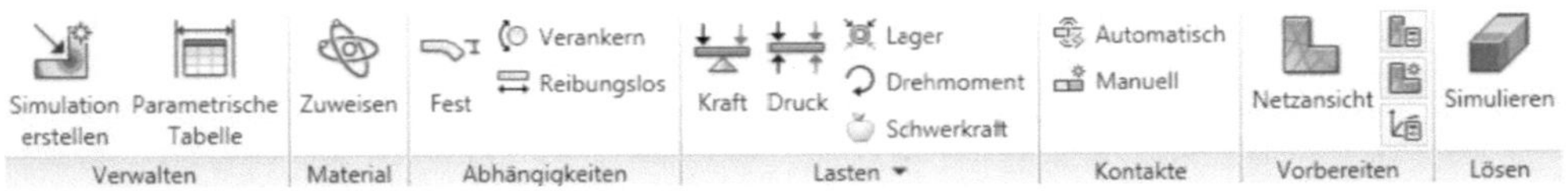

- Simulation erstellen
- Parametrische Tabelle
- Material zuweisen
- Feste Abhängigkeit
- Verankern
- Reibungslos
- Kraftbelastung
- Lokale Netzeinstellungen
- Konvergenzeinstellungen
- Simulieren
- Animieren
- Prüfen
- Konvergenz
- Gleicher Maßstab

- Druckbelastung
- Lagerbelastung
- Drehmoment
- Schwerkraft
- Automatische Kontakte
- Manuelle Kontakte
- Netzansicht
- Netzeinstellungen
- Farbleiste
- Prüfungsbeschriftungen
- Glattschattierung
- Angepasst
- Bericht
- Anleitung
- Einstellungen
- Belastungsanalyse beenden

3.8.2 Bereich Parameter

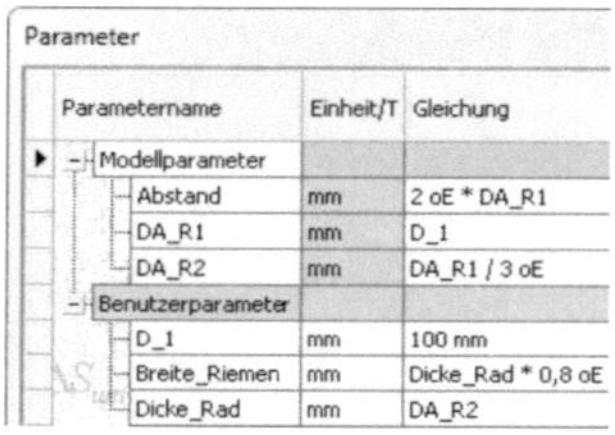

Mit ***Parametern*** steuern Sie Komponenteneigenschaften wie z. B. Größe und Form eines Bauteils. Sie können Maße mit Gleichungen versehen und abhängige Werte automatisch miteinander verknüpfen. Ebenfalls können Tabellen in die Wertesteuerung einbezogen werden. Parameter können in Skizzen, Bauteilen oder Baugruppen verwendet werden.

4 PROJEKTERSTELLUNG & ANSICHT ANPASSEN

4.1 Projekt 4-Takt-Motor

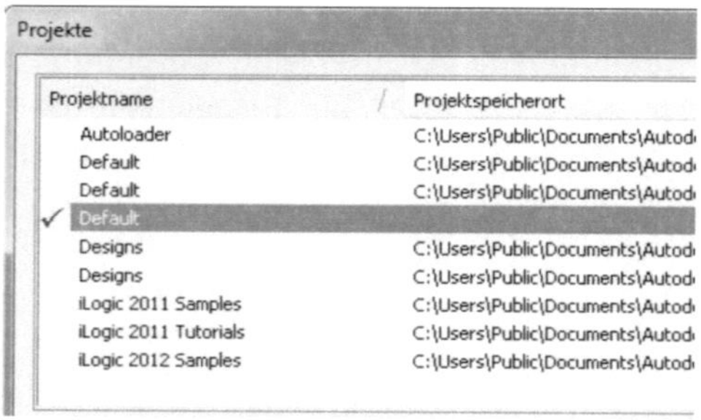

Auszug aus der "Projektübersicht"

Bevor wir nun mit den ersten Zeichenübungen starten, werden wir ein erstes, eigenes Projekt erzeugen. In diesem werden alle zum Projekt gehörenden Informationen gesammelt und ein Arbeitsbereich für das Öffnen und Speichern von Dateien festgelegt.

Wechseln Sie hierfür in das Register: ***Erste Schritte*** und starten Sie ein ***neues Einzelnutzer-Projekt***.

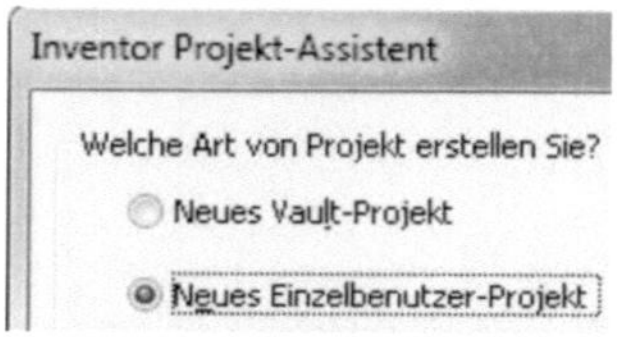

Auszug aus dem "Projekt-Assistent"

- Register: ***Erste Schritte*** > ***Starten*** > ***Projekte***
- Fenster: Projekte
- ***Neu***
- Fenster: Inventor Projekt-Assistent
- ***Neues Einzelbenutzer-Projekt***
- ***Weiter***

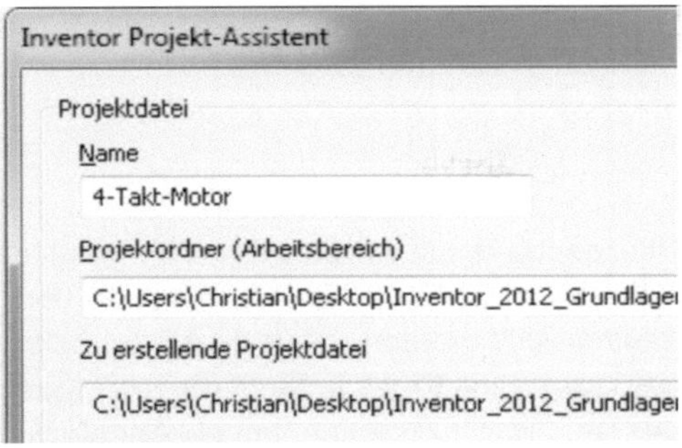

"Inventor Projekt-Assistent"

Tragen Sie im Feld: ***Name*** die Projektbezeichnung: ***4-Takt-Motor*** ein und wählen Sie im Feld: ***Projektordner*** einen passenden Speicherort für Ihr Projekt und die Übungsdateien. Beenden Sie die Projekterstellung mit dem Befehl ***Fertig stellen***.

Das Fenster: ***Inventor Projekt-Assistent*** schließt sich und Sie gelangen wieder zum Fenster: ***Projekte***. Hier sollte das neue Projekt bereits ✓ aktiviert sein.

Sollte dies nicht der Fall sein, doppelklicken Sie bitte darauf. [Fertig] ***Fertig*** beendet die Projekterzeugung. Das Projekt wurde jetzt erstellt und aktiviert, somit kann die eigentliche konstruktive Arbeit beginnen.

4.2 Anpassen der Benutzeransicht

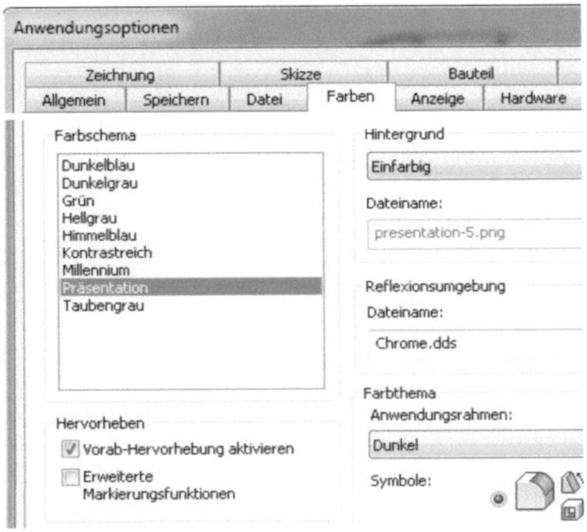

Auszug aus den "Anwendungsoptionen"

Bevor Sie mit der Konstruktion starten, sollten Sie die farbliche Programmansicht auf Ihre Wünsche anpassen. Öffnen Sie den Befehl: ***IPro*** > ***Optionen*** und dort in den Reiter: ***Farben***.

Wählen Sie im Feld: ***Farbschema*** die gewünschte Farbkombination für den Bereich: [Konstruktion] ***Konstruktion*** (oben links im Bild) und variieren Sie ggf. etwas in den Bereichen: ***Hintergrund*** und ***Farbthema***.

[Anwenden] ***Anwenden*** bestätigt die Auswahl und [Schließen] ***Schließen*** beendet die Anwendungsoptionen.

5 SKIZZEN & BAUTEILE

5.1 Bauteil Ventil

5.1.1 Grundlagen zum Bauteil

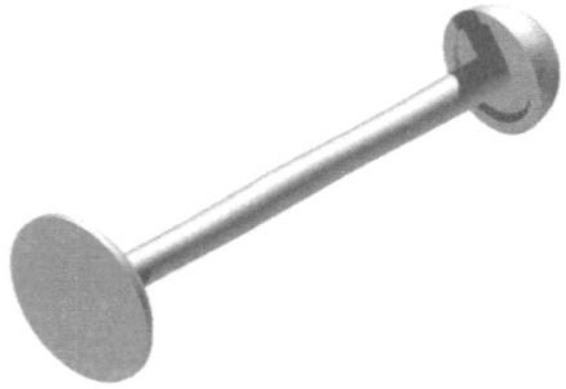

Unser erstes Übungsobjekt soll ein Ventil werden. Ventile öffnen und schließen die Ein- und Auslasskanäle zu den Verbrennungsräumen und werden durch die Nocken der Nockenwelle gesteuert. Eine Feder erzeugt die Kraft, den Ventilteller in den Ventilsitz zu drücken, um die Kanäle zu schließen.

5.1.2 Aktivieren der drei Hauptachsen & symmetrisches Zeichnen

Für unsere erste Modellierungsübung haben wir ein einfaches Rotationsteil gewählt. Wir werden im Skizzenbereich eine Hälfte des Ventils zeichnen und diese dann im Modellbereich mittels Befehl ***Drehung*** in einen Volumenkörper konvertieren.

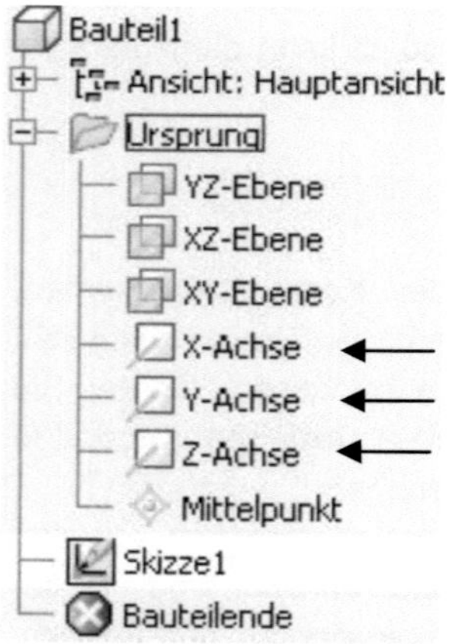

Ausschnitt aus dem "Modellbaum"

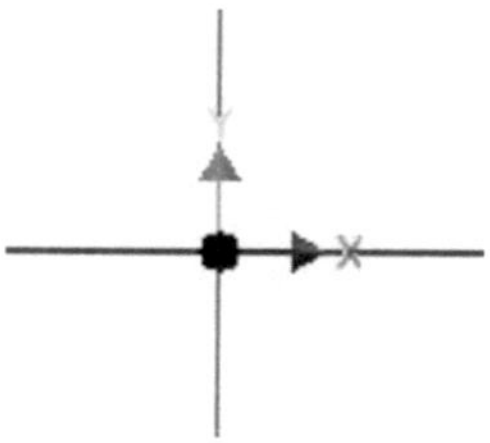

Aktivierte Achsen (X, Y, Z) mit dargestelltem Koordinatensystem

Erstellen Sie ein ***neues Bauteil*** (Schnellstartleiste: ***Neu*** > ***Norm.ipt***) und ***speichern*** Sie dieses als ***Ventil.ipt*** im Projektordner ab. Das neue Bauteil öffnet sich jetzt automatisch im Skizzenbereich der ***Skizze1*** (erste Skizze des Bauteils).

Grundlegend sollte man immer (soweit möglich) symmetrisch zu den Hauptachsen (X, Y, Z) zeichnen. Dies vereinfacht die Konstruktion und hilft beim späteren Einbau eines Bauteiles in eine Baugruppe.

Das Programm besitzt einen ***Koordinatennullpunkt***, sowie ***Achsen*** (X, Y, Z) und ***Ebenen*** (YZ, XY, XZ). Um diese vorhandenen Referenzen nutzen zu können, müssen diese erst in einer Skizze aktiviert werden. Hierfür verwenden wir den Befehl ***Geometrie projizieren***.

Starten Sie den Befehl und klicken Sie danach nacheinander auf die drei Achsen (X, Y, Z) im Modellbaum. Mit ***ESC*** beenden Sie den Befehl wieder. Alle drei Achsen wurden in die Skizze übernommen und können jetzt verwendet werden.

> **HINWEIS**: Wenn Sie eine neue Skizze erstellen oder bearbeiten, verwenden Sie als erstes den Befehl ***Geometrie projizieren*** um die drei Hauptachsen (X, Y, Z) in den Koordinatenursprung der Skizze zu projizieren. Ohne diesen Schritt können die 3 Hauptachsen nicht verwendet werden.

Um diesen Schritt nicht für jede Zeichnung wiederholen zu müssen, können Sie sich auch eine eigene Skizzenvorlage erstellen. Öffnen Sie hierfür ein neues Bauteil, ***projizieren*** Sie die drei Achsen in der Skizze, ***beenden*** Sie die Skizze und folgen Sie der Befehlskette: ***IPro*** > ***Speichern unter*** > ***Kopie als Vorlage speichern***.

Wenn Sie jetzt ein neues Bauteil erstellen wollen, können Sie die erzeugte Vorlage mit den projizierten Achsen aus den Vorlagen wählen.

5.1.3 Grundskizze erzeugen

Eine Skizze ist die Basis eines Bauteils. Mit diversen Zeichenbefehlen erzeugen Sie zusammenhängende Elemente, bemaßen diese, setzen Abhängigkeiten zwischen den Elementen und bearbeiten die Zeichnung bis ein zufriedenstellendes Ergebnis erreicht ist. Unsere erste Skizze besteht aus einfachen Linien- und Bogenelementen. Sie können die Punkte eines Zeichenelementes (z. B. einer Linie) mit der ***LiM*** absetzen und später bemaßen, oder die Koordinaten eines Punktes über die ***dynamische Werteeingabe*** bereits während des Zeichnens eingeben.

> **HINWEIS**: Um die dynamische Werteeingabe verwenden zu können, muss in den Anwendungsoptionen (***IPro*** > ***Optionen***) im Reiter ***Skizze*** die Option ***Exponierte Anzeige*** aktiviert sein!

5.1.4 Arbeiten mit der dynamischen Werteeingabe

Die drei Punkte der ersten beiden Linien erzeugen wir mit der dynamischen Werteeingabe. Nachdem der Linienbefehl gestartet wurden, gelangen Sie mit ***TAB*** in die Eingabefelder (X, Y). Folgen Sie der Befehlskette und tragen Sie die unten stehenden Werte darin ein:

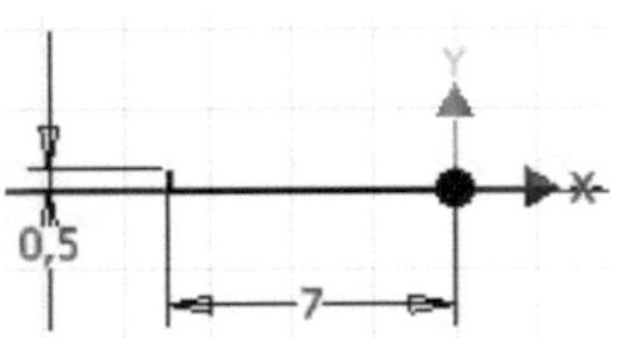

Linien mit der "dynamischen Werteeingabe"

- ***Linie***
- Werteingabe Punkt 1: X = 0 mm ; Y = 0 mm
- Werteingabe Punkt 2: Länge = 7 mm ; Winkel = 180°
- Werteingabe Punkt 3: Länge = 0,5 mm ; Winkel = 90°
- ***ESC***

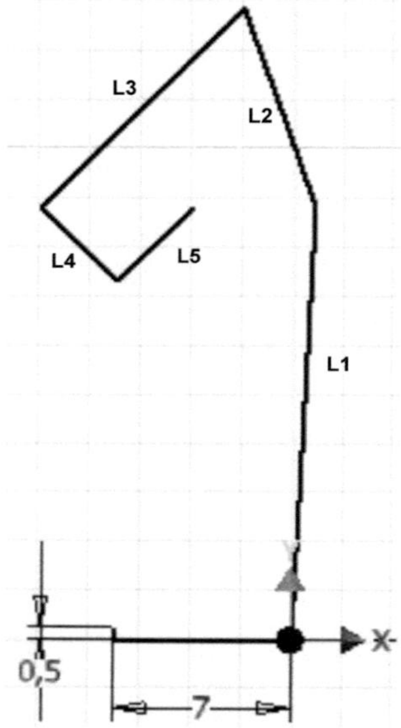

Linien mit der "LiM" zeichnen und anschließend mit "Abhängigkeiten" versehen

Die nächsten Punkte zeichnen wir durch Ablegen der Punkte mit der ***LiM*** im Zeichenfenster und anschließendem Bemaßen/ Abhängig machen. Zeichnen Sie die fünf neuen Linien so schief wie dargestellt. Achten Sie darauf, dass der erste Punkt der ersten Linie im Koordinatennullpunkt liegt.

- ***Linie***
- Fünf Linien wie dargestellt zeichnen
- ***ESC***

Verwenden Sie jetzt die folgenden Abhängigkeiten, um die schiefen Linien in eine gewünschte Richtung zu bringen:

- ***Vertikal***
- Linien L1, L3 und L5 wählen
- ***Horizontal***
- Linien L2 und L4 wählen
- ***ESC***

HINWEIS: Alle Abhängigkeiten können Sie mit ***F8*** einblenden, mit ***F9*** wieder ausblenden. Markieren Sie eine Abhängigkeit und drücken ***Entf*** um diese zu löschen.

5.1.5 Bemaßen von Grundelementen

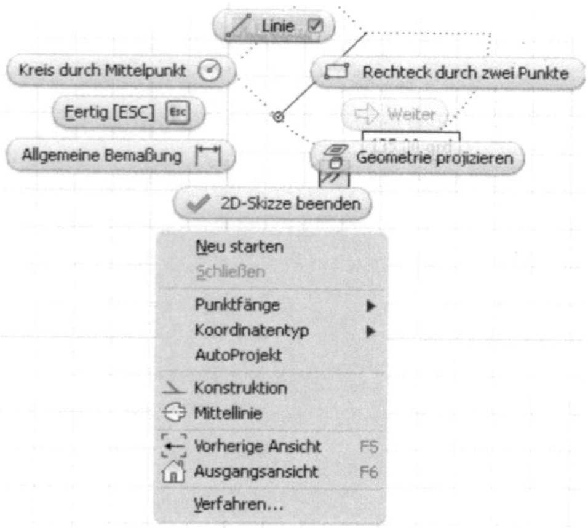

Erweiterte Optionen beim Klick mit der "ReM" in das Zeichenfenster

Wenn Sie beim Zeichnen einer Geometrie die ***ReM*** drücken, erscheint das nebenstehende Bild. Sie haben dann die Möglichkeit (je nach aktuellem Befehlsreiter und dem derzeit verwendeten Befehl) weitere Optionen zu wählen.

Beim Zeichnen einer Linie können Sie z. B. weitere Zeichenbefehle starten, bemaßen, eine Geometrie projizieren, die Skizze beenden, Fangoptionen einstellen und weiteres. Sie sollten diese Funktion in möglichst vielen Situationen ausprobieren und die vielen Optionen testen, die sich hierdurch eröffnen.

"Bemaßen" von Linien

Im nächsten Schritt müssen wir die Linien ***bemaßen***. Starten Sie den Befehl und folgen Sie der Befehlskette:

- ***Allgemeine Bemaßung***
- Linie L1 wählen: 49 mm
- Linie L2 wählen: 5 mm
- Linie L3 wählen: 5 mm
- Linie L4 wählen: 1 mm
- Linie L5 wählen: 0,5 mm
- ***ESC***

Bei der Auswahl der Linie L1 kann es passieren, dass beim Versuch die gewünschte Linie L1 zu wählen, die anfangs projizierte Y-Achse ständig markiert wird, sich die Linie L1 also nicht anwählen lässt.

Dies kann bei mehreren übereinander liegenden geometrischen Elementen vorkommen.

Hier hat das Programm eine Lösung parat: Halten Sie den Mauszeiger auf die Linie (ohne zu klicken) und warten bis sich das folgende Auswahlfeld öffnet. Hier klicken Sie

auf das kleine Dreieck und wählen im Pop-up-Menü die gewünschte Linie aus (eine der beiden "Kurven").

Mit dem Haken beenden Sie die Abfrage.

Da unser Ventil an der oberen Seite rund sein muss (Kontaktbereich mit dem Nocken der Nockenwelle), starten Sie nach der Bemaßung der Linien den Befehl ***Rundung***.

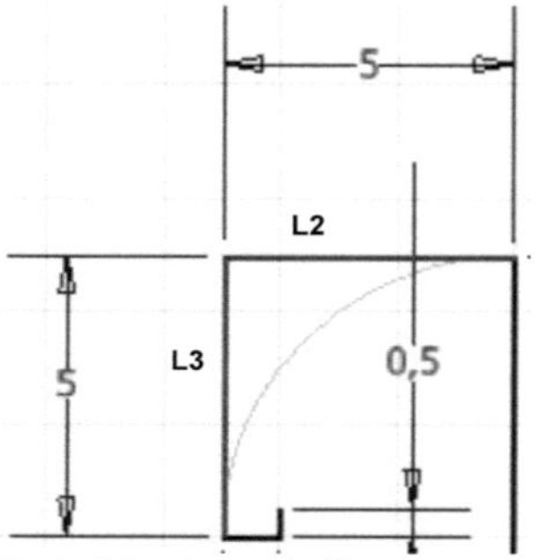

"Runden" des oberen Ventilbereiches

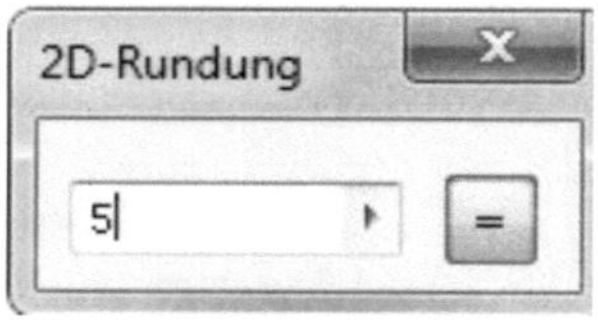

Tragen Sie in das Eingabefenster den Wert "5" ein und wählen Sie anschließend die Linien L2 und L3.

- ***Rundung***
- 5 mm
- Linie L2 wählen
- Linie L3 wählen
- ***ESC***

HINWEIS: Das ***Gleichheitszeichen*** beschreibt eine parametrische Abhängigkeit.

Wenn Sie das ***Gleichheitszeichen*** wählen und nach der ersten Rundung weitere Rundungen (ohne den Befehl zwischendurch zu beenden) erzeugen, sind alle Folgerundungen von der ersten parametrisch abhängig. Ändern Sie später das Maß der ersten Rundung, ändern sich auch alle weiteren Rundungen.

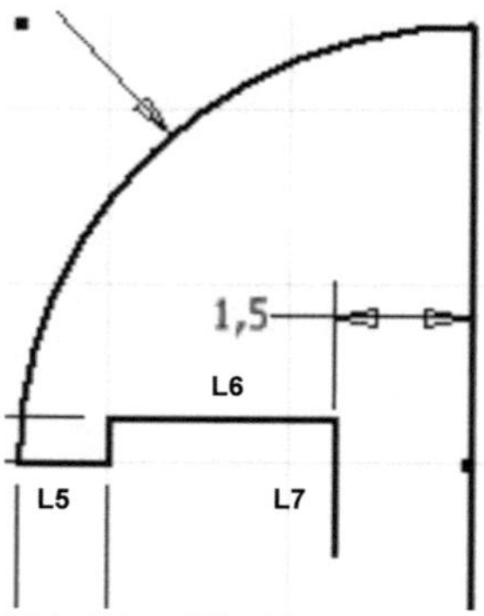

"Linien" L6 und L7 zeichnen

Zeichnen Sie jetzt zwei weitere Linien L6 und L7 wie dargestellt. L6 sollte am Endpunkt der Linie L5 anschließen, L6 im dargestellten Abstand von 1,5 mm zur Y-Achse liegen. Die Länge von L6 sollte wie abgebildet nur einige mm betragen.

- ***Linie***
- Linien L6 und L7 zeichnen
- ***Allgemeine Bemaßung***
- Abstand L7 zur Y-Achse: 1,5 mm
- ***ESC***

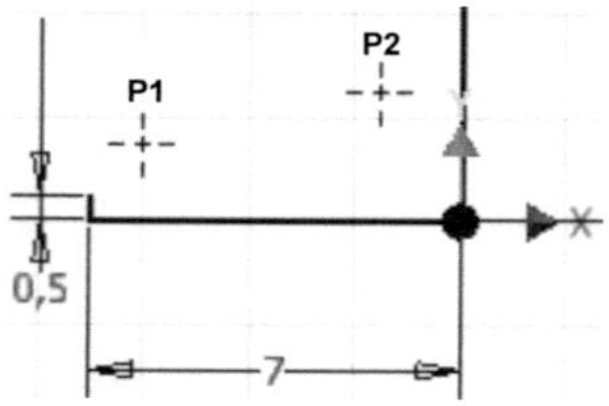

Zwei "Punkte" erzeugen

Wechseln Sie zum unteren Teil des Ventils und erzeugen Sie zwei ***Punkte*** mit den angegebenen Koordinaten.

- ***Punkt***
- Werteingabe Punkt P1: X = -6 mm ; Y = 1,5 mm
- ***Enter***
- Werteingabe Punkt P2: X = -1,5 mm ; Y = 2,5 mm
- ***Enter***
- ***ESC***

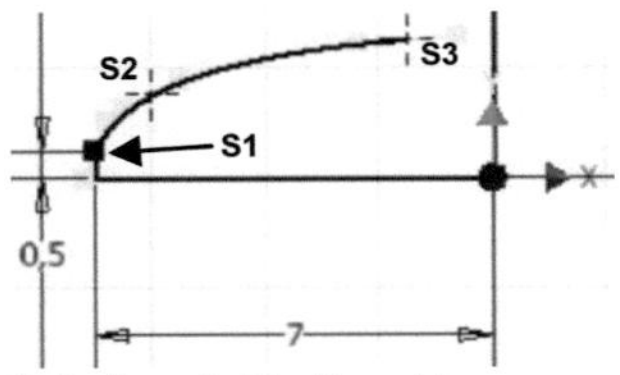

"Spline" aus drei Punkten zeichnen

Verbinden Sie die folgenden drei Punkte (S1-S3) jetzt mit einem ***Spline***.

- ***Spline***
- Punkt S1 wählen
- Punkt S2 wählen
- Punkt S3 wählen
- ***ReM*** > ***Erstellen***

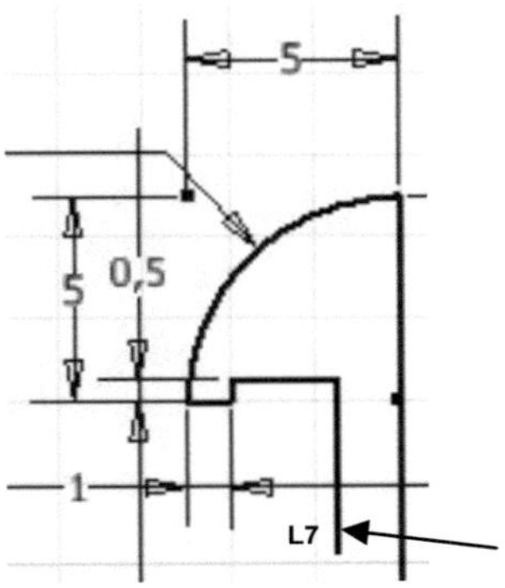

"Dehnen" der Linie L7 bis an den unteren Teil des Ventils

Um die Ventilhälfte im Modellbereich in einen Volumenkörper konvertieren zu können, muss diese vorerst geschlossen werden. Die Linie L7 wurde nur einige Millimeter kurz ausgeführt und muss jetzt noch mit dem unteren Teil des Ventiles verbunden werden. Verwenden Sie hierfür den Befehl ***Dehnen*** (Befehlsgruppe Ändern), halten Sie den Mauszeiger dann auf den unteren Bereich der Linie L7 (richtige Vorschau beachten!) und klicken Sie dann darauf.

- ***Dehnen***
- Markiertes Ende der Linie L7 wählen
- ***ESC***

5.1.6 3D-Befehle durch Multifunktionsleiste oder Schnellstartoptionen

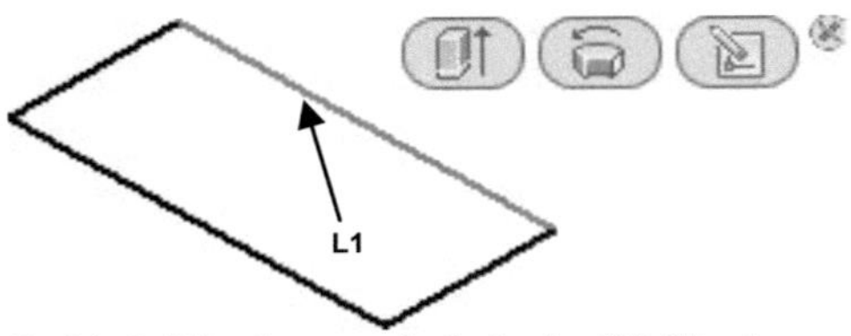

Mögliche Befehlsoptionen aus der Kontur einer "2D-Skizze"

Um einen 3D-Befehl aus dem Modellbereich zu starten, können Sie diesen über die Multifunktionsleiste aktivieren (siehe Bild oben), oder alternativ direkt aus dem Zeichenfenster heraus (Schnellstartoption). Im linken Bild wurde z. B. (im Modellbereich) die markierte Linie L1 mit der ***LiM*** angewählt.

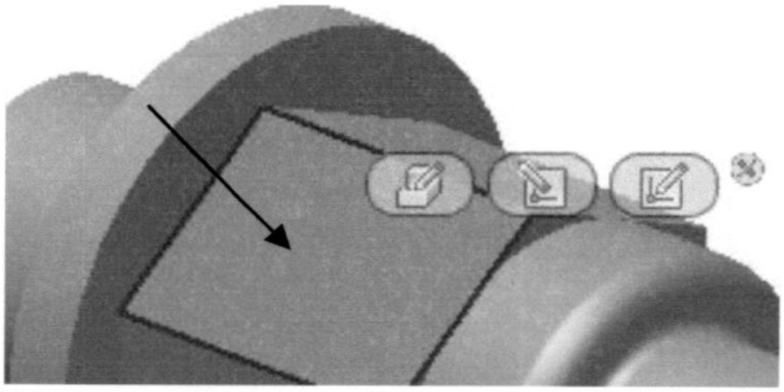

Mögliche Befehlsoptionen eines vorhandenen "3D-Elementes"

Automatisch öffnen sich die drei Befehlsoptionen: ***Extrusion***, ***Drehung*** und ***2D-Skizze bearbeiten***.

Ebenso können Sie vorhandene 3D-Elemente (z. B. die Fläche der Extrusion im linken Bild) anwählen und bekommen die Bearbeitungsoptionen aufgezeigt.

5.1.7 Volumenkörper durch Drehung

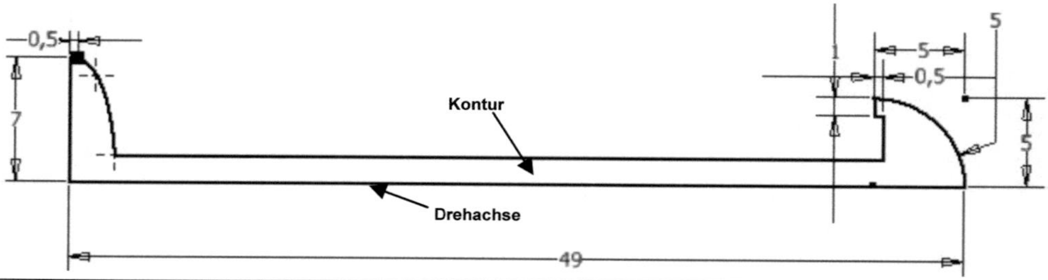

Befehlsoptionen Eingabefenster "Drehung"

Das Ventil sollte jetzt wie dargestellt aussehen. ***Beenden*** Sie die Skizze und wechseln Sie somit in den Modellbereich.

Starten Sie den Befehl ***Drehung***. Mit diesem Befehl können Sie mittels Drehung einer (geschlossenen!) 2D-Skizzenkontur um eine Achse/ Linie einen Volumenkörper erzeugen.

Ein ***Profil*** ist die zu drehende 2D-Kontur, eine ***Achse*** die Drehachse. Im Bereich ***Ausgabe*** können Sie zwischen den Resultaten ***Volumenkörper*** oder ***Fläche*** wählen, die ***Größe*** bestimmt den Drehwinkel.

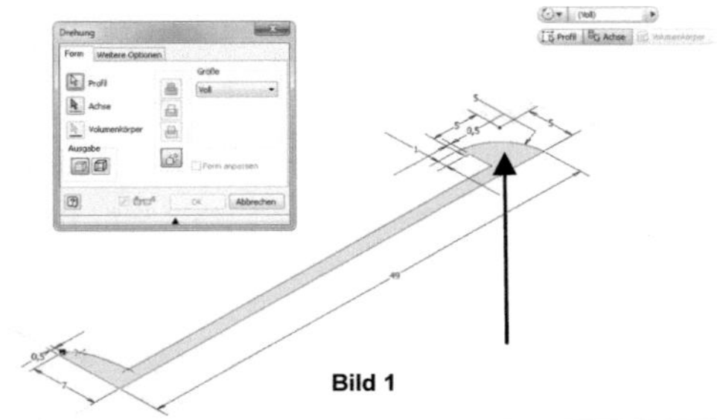

Bild 1

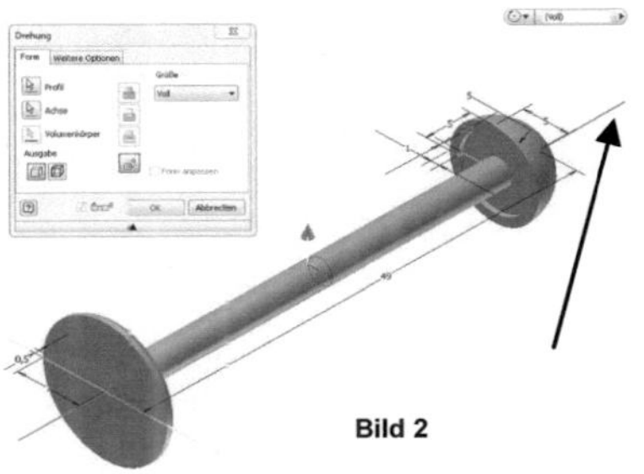

Bild 2

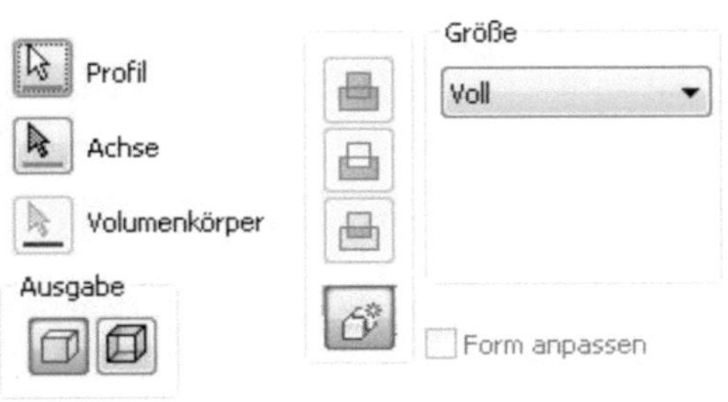

- **_Drehung_**
- Profil: Fläche (Bild 1)
- Achse: Y-Achse (Bild 2)
- Größe: Voll
- OK

HINWEIS: Sollte die 2D-Kontur nicht als Fläche erkannt werden, ist diese unter Umständen nicht richtig geschlossen. Beenden Sie den Drehbefehl in diesem Fall wieder (***ESC***), öffnen die ***Skizze1*** im Modellbaum per Doppelklick und markieren eine der gezeichneten Linien. Klicken Sie dann mit der ***ReM*** darauf, wählen ***Kontur schließen*** und folgen den Anweisungen.

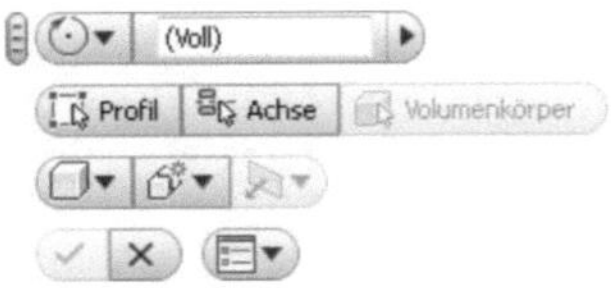

Befehlsoptionen Schnelloptionen "Drehung"

Neben dem Eingabefenster gibt es bei 3D-Befehlen im Zeichenbereich ebenfalls Schnellauswahloptionen. Hier finden Sie eine Zusammenfassung der wichtigsten Befehle aus dem Eingabefenster.

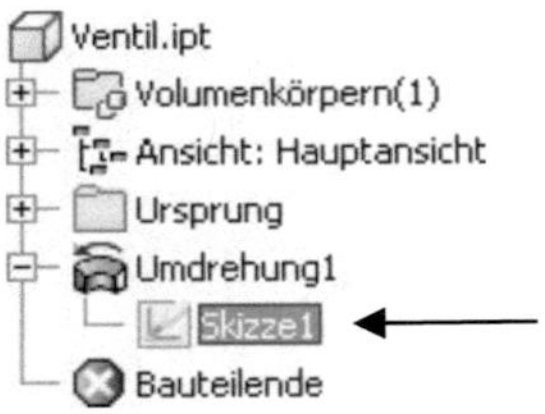

"Modellbaum" nach Drehbefehl

Nach einem 3D-Befehl werden die beteiligten 2D-Skizzen den 3D-Befehlen im Modellbaum untergeordnet. Per Doppelklick auf eine Skizze gelangen Sie jederzeit wieder in den entsprechenden Skizzenbereich und können dort geometrische Änderungen vornehmen. Ebenso gelangen Sie per Doppelklick auf den 3D-Befehl wieder in dessen Eingabebereich.

Das Bauteil ist jetzt komplett, Sie können die Datei speichern und schließen.

5.2 Bauteil Kurbelwelle-Riemenrad
5.2.1 Grundlagen zum Bauteil

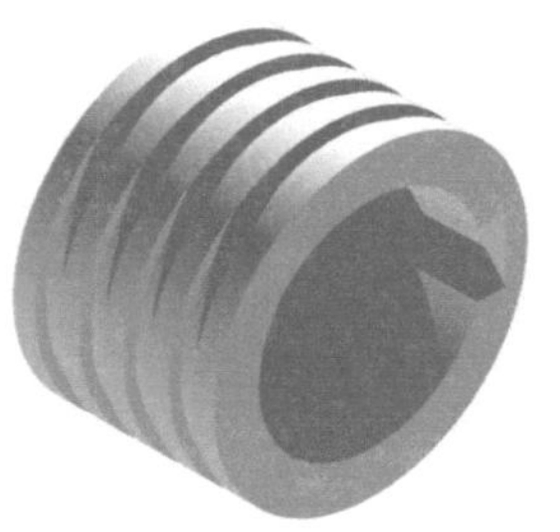
"Riemenrad der Kurbelwelle"

Unser Motor besitzt an Kurbel- und Nockenwelle jeweils ein Riemenrad. Zwischen beiden läuft ein Verbindungsriemen, welcher die Drehbewegung konstant überträgt.

Da die Drehgeschwindigkeit der Kurbelwelle doppelt so hoch sein muss wie die Drehbewegung der Nockenwelle, ist das Riemenrad der Kurbelwelle im Außendurchmesser nur halb so groß wie das der Nockenwelle, ansonsten geometrisch identisch.

5.2.2 Grundskizze erzeugen

Erstellen Sie ein neues Bauteil und speichern Sie es als ***Kurbelwelle-Riemenrad.ipt*** im Projektordner ab. Projizieren Sie die drei Achsen (X, Y, Z) und zeichnen Sie folgende Kontur. Achten Sie darauf, diese symmetrisch zur Y-Achse zu zeichnen.

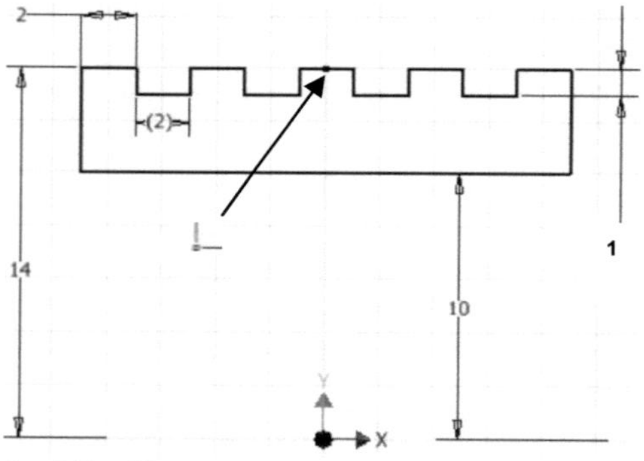

Grundskizze "Riemenrad der Kurbelwelle"

Verwenden Sie die Abhängigkeiten: ***Koinzident***, ***Gleich***, ***Vertikal*** und ***Horizontal*** und die dargestellten fünf Maße.

- ***Geometrie projizieren*** (3 Achsen)
- Dargestellte Kontur zeichnen
- ***Maße*** setzen
- ***Abhängigkeiten*** setzen
- Skizze prüfen (Maße, geschlossene Kontur)
- ***Skizze fertig stellen***

HINWEIS: Der Befehl ***Koinzident*** verbindet zwei Punkte oder einen Punkt und eine Linie miteinander.

5.2.3 Volumenkörper durch Drehung

Verwenden Sie den Befehl ***Drehung*** um die Kontur um die X-Achse zu drehen.

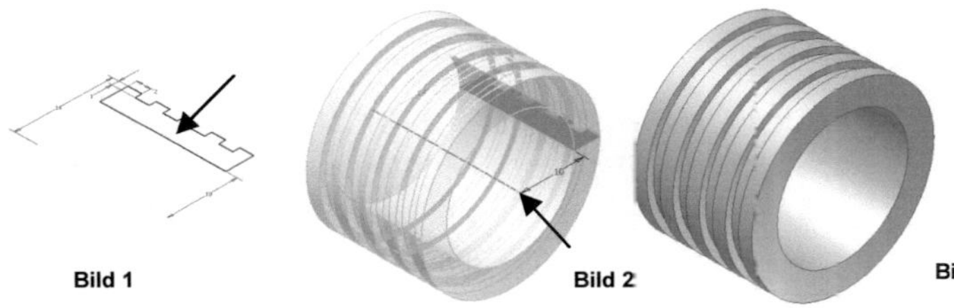

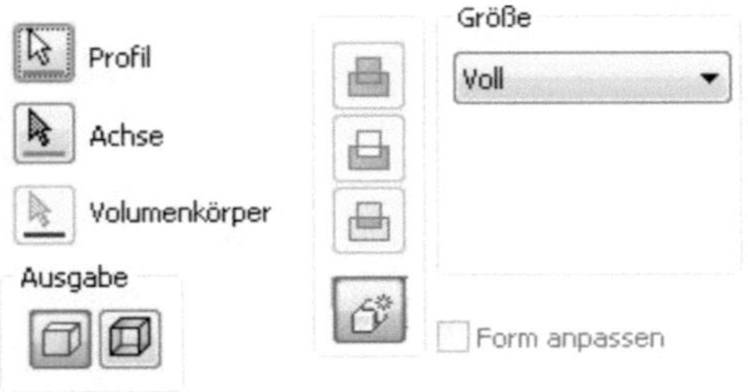

- ***Drehung***
- Profil: Fläche (Bild 1)
- Achse: X-Achse (Bild 2)
- Größe: Voll
- OK

5.2.4 Erzeugen einer Passfederaussparung

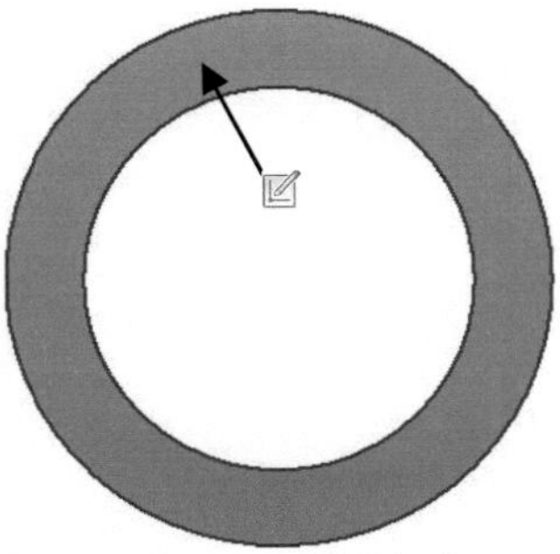

Erzeugen einer neuen "2D-Skizze"

Um die Aussparung für die Passfeder-Nut zu erstellen, benötigen wir eine weitere 2D-Skizze.

Wechseln Sie mit Hilfe des ***ViewCube*** auf die Ansicht ***Rechts***, starten Sie den Befehl ***2D-Skizze*** und wählen Sie die markierte Seitenfläche des Riemenrades.

Sie gelangen automatisch in den Skizzenmodus. Zeichnen Sie ein ***Rechteck*** und verwenden Sie die Option der dynamischen Werteeingabe, um die Koordinaten für das Rechteck zu definieren.

HINWEIS: Wenn Sie auf einer vorhandenen (planaren!) Volumenkörperfläche eine neue 2D-Skizze erzeugen, kann es passieren, dass alle Begrenzungskanten dieser Fläche in der neuen Skizze automatisch projiziert werden. Diese Regelung können Sie unter ***Anwendungsoptionen*** > ***Skizze*** > ***Modellkanten für Skizzenerstellung und -bearbeitung automatisch projizieren*** festlegen.

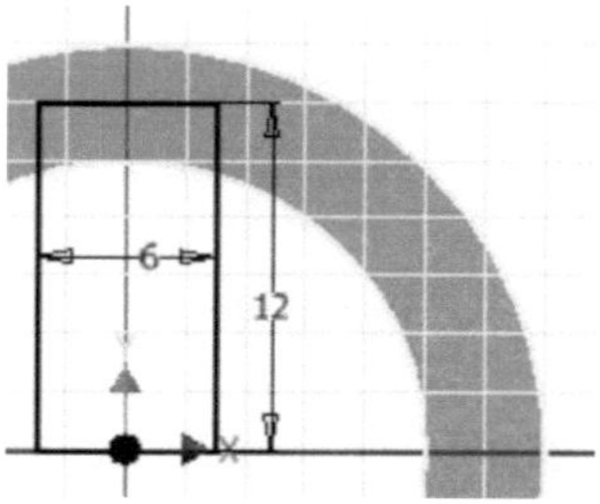

Zeichnen eines "Rechtecks" für eine Passfederaussparung

Achten Sie darauf, dass vor der Werteingabe von Länge und Höhe des Rechtecks der Mauszeiger rechts oberhalb des ersten Punktes liegt, da das Rechteck ansonsten in eine falsche Richtung gezeichnet werden würde.

- ***Rechteck***
- Werteingabe Punkt 1: X = -3 mm ; Y = 0 mm
- Werteingabe L/ B: Länge = 6 mm ; Breite = 12 mm
- ***Enter***

Das Ergebnis sollte wir dargestellt aussehen. Beenden Sie die Skizze anschließend.

Befehlsoptionen Eingabefenster "Extrusion"

Starten Sie den Befehl ***Extrusion*** und erzeugen Sie mit dem Rechteck der Skizze eine ***Differenz*** zum vorhandenen Volumenkörper.

Im Befehlsfenster ***Extrusion*** finden jetzt in der Mitte drei aktivierte Optionen:

- ***Vereinigung*** (bereits bekannt)
- ***Differenz*** (Subtraktion des neuen von den vorhandenen Volumenkörpern)
- ***Schnittmenge*** (des neuen mit den vorhandenen Volumenkörpern)

Verwendet werden können die beiden letzten Optionen erst, wenn bereits Material (Volumen) in einem Bauteil vorhanden sind. Wenn noch kein Material (Volumen) vorhanden ist, wird die erste Option standardmäßig aktiviert.

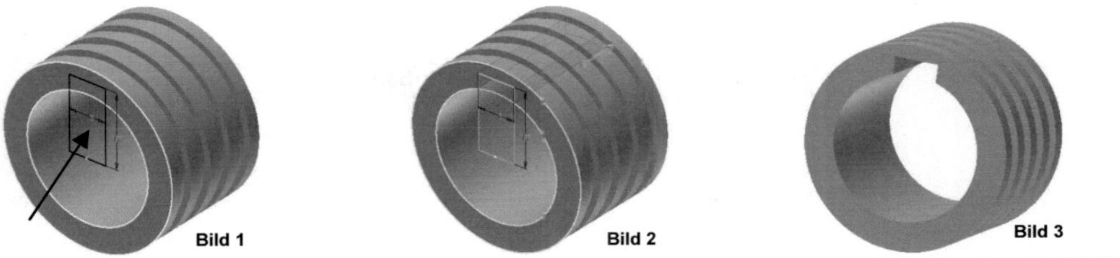

Bild 1 Bild 2 Bild 3

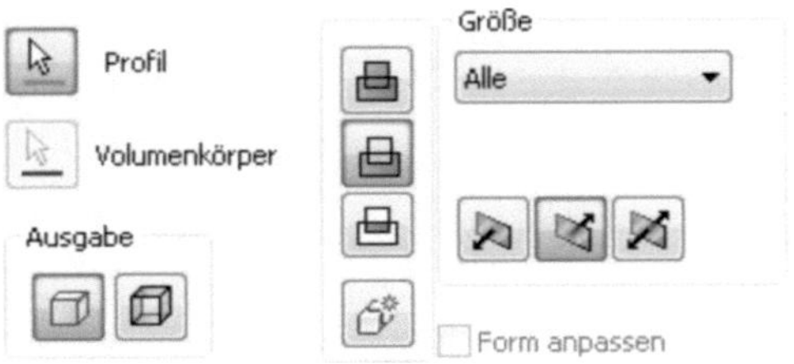

- Extrusion
- Profil: Rechteck (Bild 1)
- Verfahren: Differenz
- Größe: Alle
- Richtung: In Richtung des vorhandenen Volumenkörpers
- OK

Das Bauteil ist jetzt komplett, Sie können die Datei speichern und schließen.

5.3 Bauteil Nockenwelle-Riemenrad

5.3.1 Grundlagen zum Bauteil

"Riemenrad der Nockenwelle"

Das Riemenrad der Nockenwelle ist dem Riemenrad der Kurbelwelle geometrisch ähnlich, lediglich der Außendurchmesser ist unterschiedlich. Die Nockenwelle muss sich halb so schnell drehen wie die Kurbelwelle.

Wir benötigen also ein Übersetzungsverhältnis der Drehgeschwindigkeit von Nockenwelle zu Kurbelwelle von 1:2, was wir über ein Außendurchmesserverhältnis Nockenwelle zu Kurbelwelle von 1:2 lösen.

5.3.2 Bearbeiten vorhandener Konstruktionen

Unser Nockenwellenaußendurchmesser muss also doppelt so groß sein wie der der Kurbelwelle.

Hierzu ändern wir lediglich das Höhenmaß des Außendurchmessers des vorhandenen Riemenrades der Kurbelwelle und speichern die neue Konstruktion als Riemenrad der Nockenwelle ab.

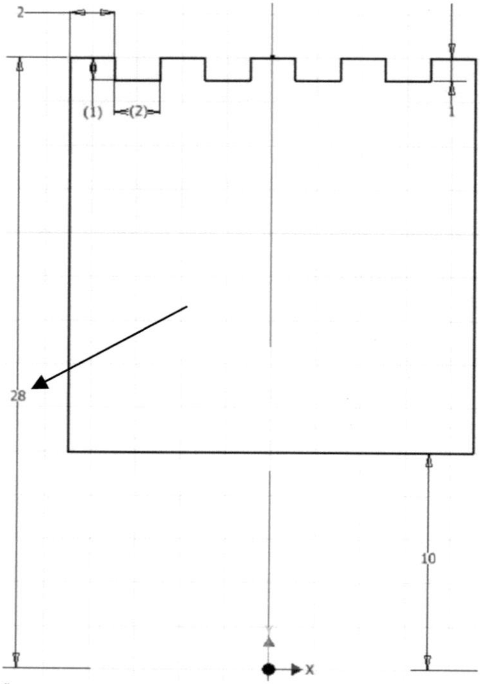

Änderung des Höhenmaßes

Öffnen Sie die Datei ***Kurbelwelle-Riemenrad.ipt*** und speichern Sie diese als ***Nockenwelle-Riemenrad.ipt*** ab.

Öffnen Sie im Modellbaum die der Umdrehung untergeordnete Skizze per Doppelklick und ändern Sie das Maß ***14 mm*** auf ***28 mm***.

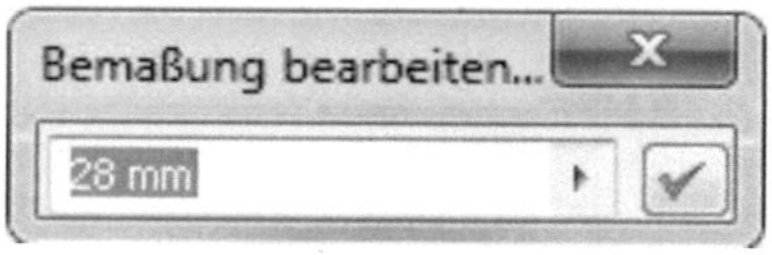

Anschließend beenden Sie die Skizze wieder. Im Modellbereich sollte sich der Volumenkörper automatisch geändert haben.

Wenn nicht, verwenden Sie den Befehl ***Aktualisieren*** (obere Schnellstartleiste).

Das Bauteil ist jetzt komplett, Sie können die Datei speichern und schließen.

5.4 Bauteil Zündkerze

5.4.1 Grundlagen zum Bauteil

"Zündkerze"

Eine Zündkerze erzeugt eine Zündspannung. Die Spannung erzeugt zwischen der Mittel- und der Massenelektrode einen Zündfunken, welcher dann das Kraftstoff-Luftgemisch zündet.

Unsere Zündkerze besteht aus zwei Gewinden (die auf der Mittelelektrode sitzen), einem Isolator und einem Sechskanten zum Einschrauben der Kerze in den Zylinderkopf.

5.4.2 Erzeugen eines Sechskanten

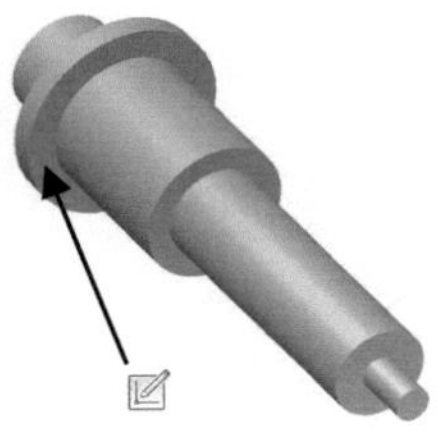

Bild 1

Öffnen Sie aus dem Downloadordner die Übungsdatei ***Uebung-Zuendkerze.ipt***. Hier wurde das Grundelement bereits erzeugt und soll abschließend noch etwas bearbeitet werden.

Erzeugen Sie auf der markierten Fläche (Bild 1) eine neue ***2D-Skizze***, zeichnen Sie ein ***Polygon*** mit 6 Seiten und extrudieren Sie dieses.

HINWEIS: Verwenden Sie die Taste ***F7*** um die Blickrichtung auf eine 2D-Skizze freizuschneiden.

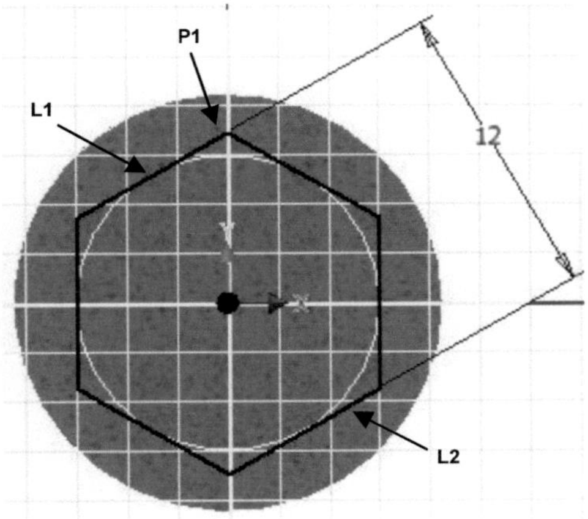

Erzeugen eines "Polygon"

Eingabefenster "Polygon"

- ***2D-Skizze*** auf markierter Fläche (oberes Bild) erzeugen
- ***F7*** (Skizze schneiden)
- ***Geometrie projizieren*** (3 Achsen)

- ***Polygon***
- 6 Seiten
- Option: Eingezeichnet
- Als Mittelpunkt des Polygons den Koordinatenursprung wählen
- Den ersten Polygon-Punkt (P1) frei ablegen
- Fertig

- ***Bemaßung***
- Abstand der Linien L1 und L2 = 12 mm
- ***ESC***
- ***Koinzident*** (Punkt P1 und Y-Achse koinzident setzen)
- ***ESC***

Prüfen Sie die Skizze noch einmal und verlassen Sie den Skizzenmodus wieder.

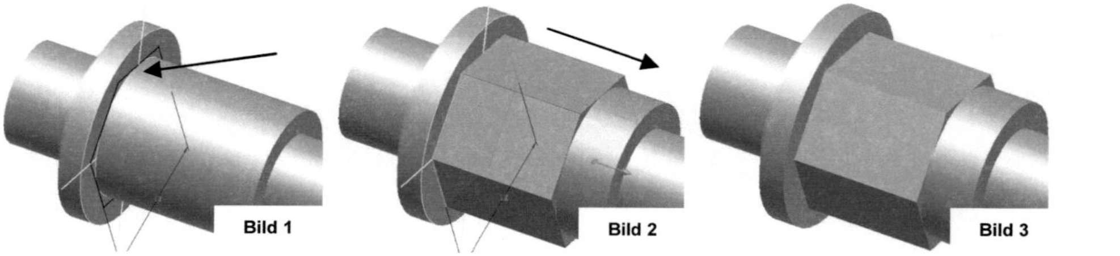

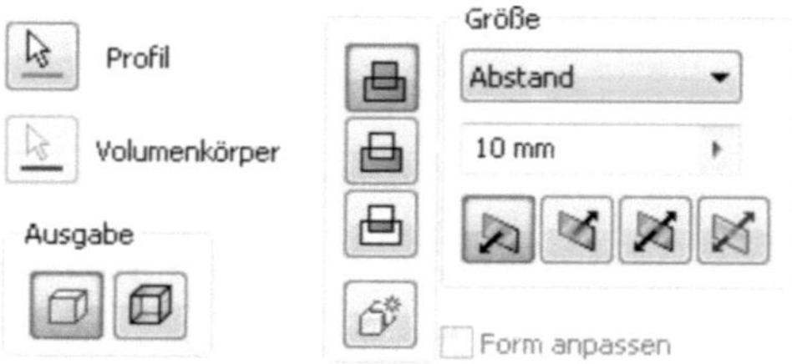

- ***Extrusion***
- Profil: Polygon (Bild 1)
- Verfahren: Vereinigung
- Größe: Abstand (10 mm)
- Richtung: Dargestellt (Bild 2)
- OK

5.4.3 Abrunden des Isolators

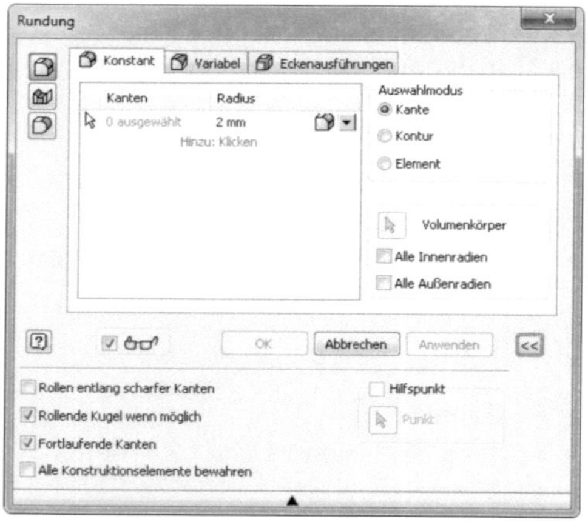

Befehlsoptionen Eingabefenster "Rundung"

In der folgenden Übung, soll der komplexe Befehl ***Rundung*** behandelt werden.

Zuerst einmal können Sie aus den drei Grundoptionen ***Kanten***-, ***Flächen***-, und ***Volle Abrundung*** wählen.

Im Bereich Kantenabrundung haben Sie die Optionen ***konstante***, ***variable Rundungen*** oder ***Rundungen mit Eckenausführungen*** zu erzeugen.

Für unsere erste Übung mit diesem Befehl erzeugen wir in einem Schritt zwei Rundungen mit unterschiedlichen Radien. Starten Sie den Befehl über die Multifunktionsleiste und setzen Sie die Rundungen an den Kanten K1 und K2.

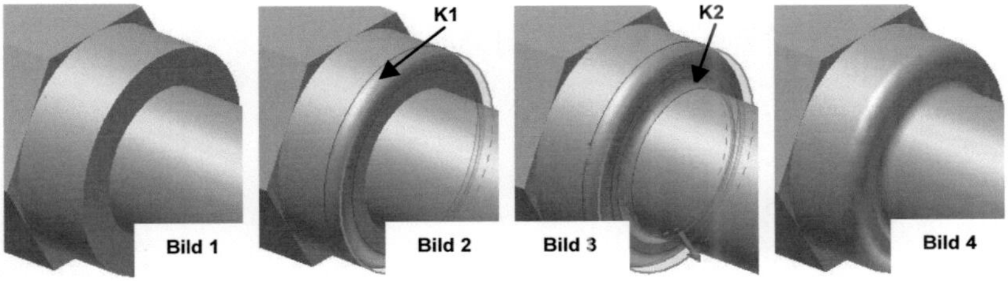

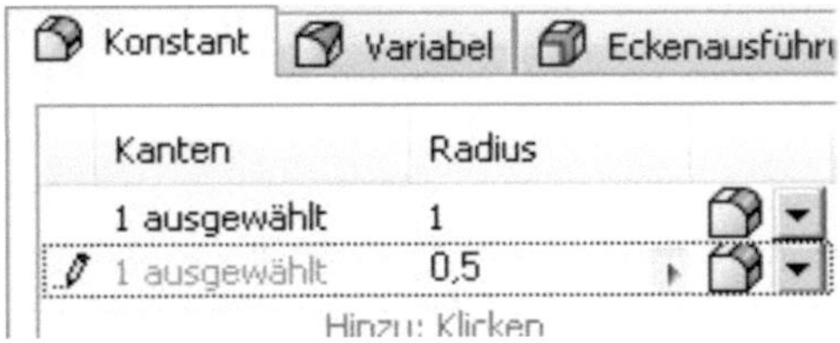

- **_Rundung_**
- Option: Kantenabrundung
- Reiter: Konstant
- Kanten: Kante K1 (Bild 2) wählen
- Radius: 1 mm
- ***Hinzu: Klicken*** wählen
- Kanten: Kante K2 (Bild 3) wählen
- Radius: 0,5 mm
- OK

Wie Sie gesehen haben, können Sie über die Option ***Hinzu: Klicken*** mehrere Rundungen mit unterschiedlichen Radien in einen Rundungsbefehl legen. Das minimiert die Dateigröße und schafft eine bessere Übersicht im Modellbaum.

Die weitere, dritte Rundung werden wir jetzt über die Schnellstartoption einfügen. Wählen Sie hierfür die markierte Kante K3 an und starten Sie die Option ***Rundung***.

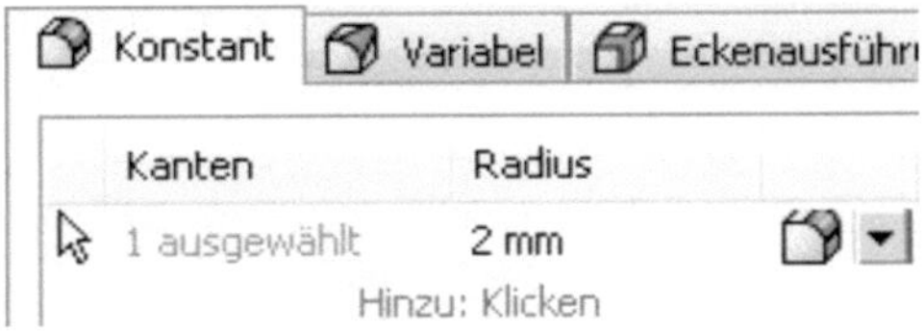

- **_Rundung_**
- Option: Kantenabrundung
- Reiter: Konstant
- Kanten: K3 (Bild1)
- Radius: 2 mm
- OK

5.4.4 Gewinde an vorhandenen Zylinderflächen erzeugen

Mit dem Befehl ***Gewinde*** können Sie zylindrische/ kegelförmige Volumenkörper mit einem Gewinde versehen. Dieses wird im 3D-Bereich nur als Bild auf die Oberfläche projiziert, in der späteren Zeichnungsableitung aber als vollwertiges Gewinde dargestellt. Im Bereich ***Spezifikation*** werden die Gewindedaten festgelegt. Bitte beachten Sie, dass das Programm die passende Gewindegröße aufgrund der gewählten Zylinderfläche selbst festlegt. Ändern können Sie nur Steigung, Klasse und Gewinderichtung. Starten Sie den Befehl und wählen Sie als ***Fläche*** die dargestellte Zylinderfläche (D=3mm) in Bild 1.

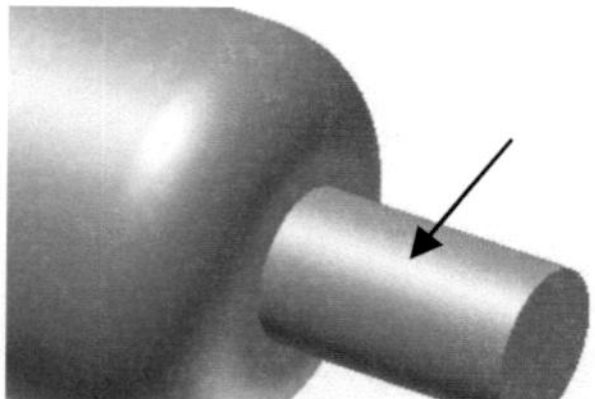
Bild 1

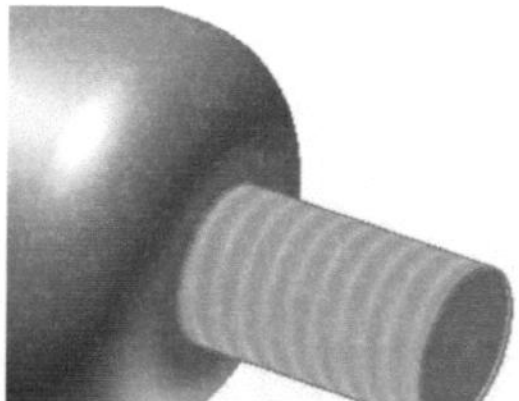
Bild 2

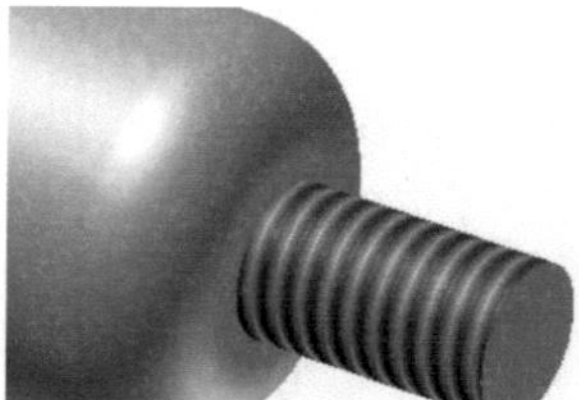
Bild 3

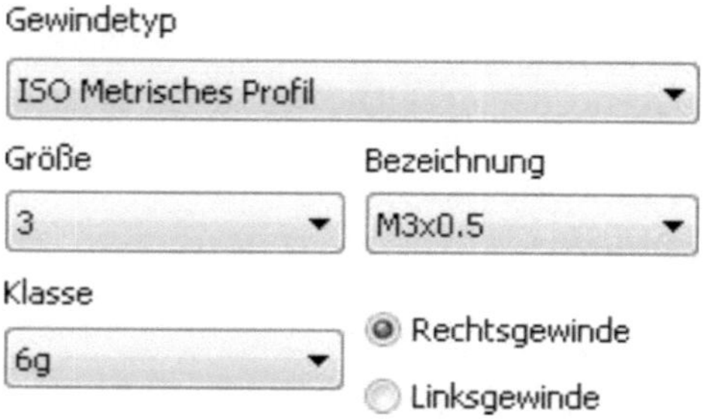

- ***Gewinde***
- Fläche: Markierte Fläche (Bild 1)
- Gewindelänge: Volle Länge
- Gewindetyp: ISO Metrisches Profil
- Größe: 3 - Rechtsgewinde
- Bezeichnung: M3 x 0,5
- Klasse: 6g
- OK

Wiederholen Sie den Befehl auf der anderen Seite der Zündkerze mit den unten angegebenen Werten.

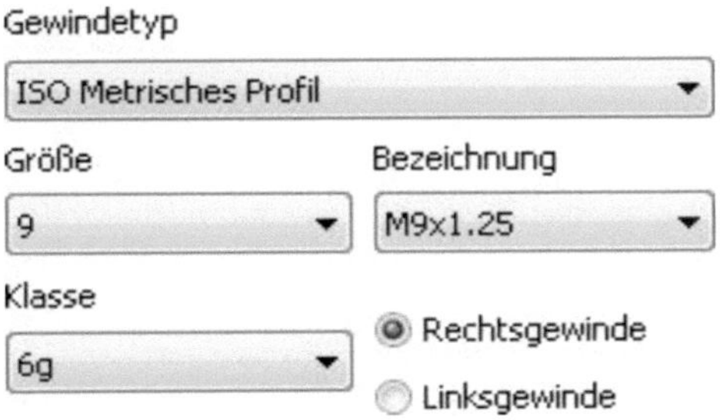

- ***Gewinde***
- Fläche: Markierte Fläche (Bild 1)
- Gewindelänge: Volle Länge
- Gewindetyp: ISO Metrisches Profil
- Größe: 9 - Rechtsgewinde
- Bezeichnung: M9 x 1,25
- Klasse: 6g
- OK

5.4.5 Erzeugen einer Fase

Befehlsoptionen Eingabefenster "Fase"

Die Gewindeseite, welche später in den Zylinderkopf geschraubt wird, soll zur einfachen Montage noch eine kleine Fase von 1 mm erhalten. Hier können Sie die Schnellstartfunktion verwenden. Wählen Sie die markierte Kante der folgenden Abbildung und starten Sie den Befehl ***Fase***.

Auswählen können Sie zwischen den Bemaßungsoptionen ***Abstand***, ***Abstand und Winkel*** oder ***Zwei Abstände***. Verwenden Sie für die folgende Übung die Option ***Abstand*** und tragen Sie im Fenster Abstand den Wert 1 mm ein.

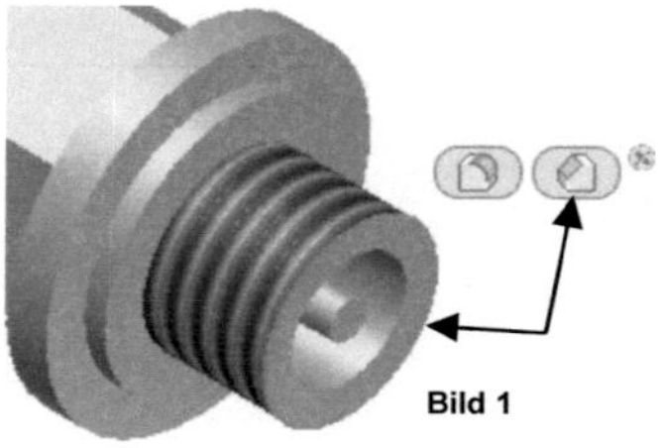

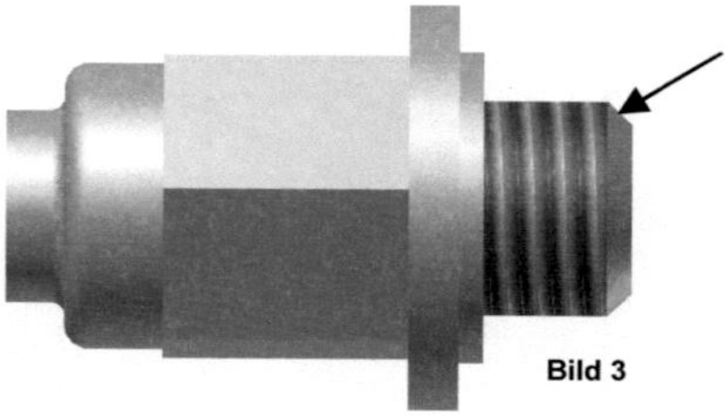

- Fase
- Kante: Markierte Kante (Bild 1)
- Option: Abstand
- Abstand: 1 mm
- OK

Das Bauteil ist jetzt komplett, Sie können die Datei speichern und schließen.

5.5 Bauteil Kolben

5.5.1 Grundlagen zum Bauteil

Ein Kolben dient zur linear beweglichen Abdichtung des Verbrennungsraumes und zur Kraftübertragung der Verbrennungsexpansion auf das Pleuel, welches die Verbrennungskraft dann auf die Kurbelwelle überträgt.

Unser Kolben besteht aus einem Drehelement, den Nuten für die Kolbendichtringe, einer Bohrung für den Kolbenbolzen und zwei Aussparungen. Kolben für Hubkolbenmotoren werden aus Aluminiumguss-legierungen, Gusseisen oder geschmiedet hergestellt.

5.5.2 Nuten für Kolbendichtringe erzeugen

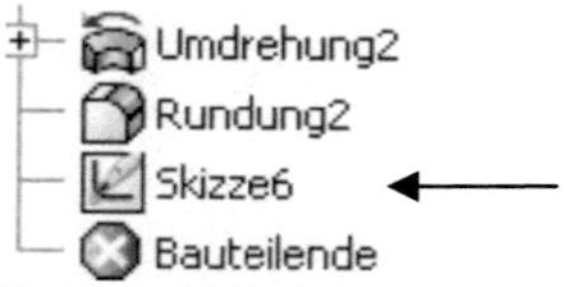

Modellbaum "Kolben"

Öffnen Sie die Übungsdatei ***Uebung-Kolben.ipt*** aus dem Downloadordner.

Die Grundform des Kolbens wurde bereits durch ein einfaches Drehteil erzeugt, welches wir nun weiter bearbeiten werden.

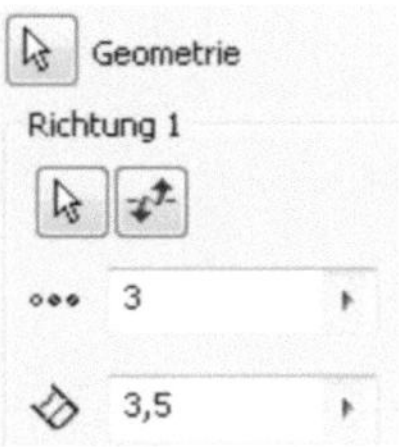

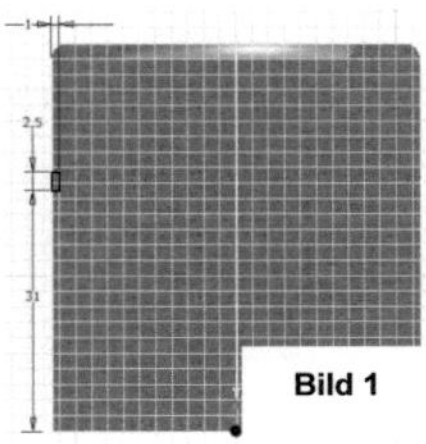

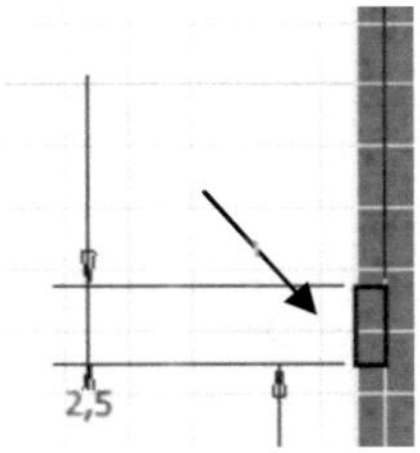

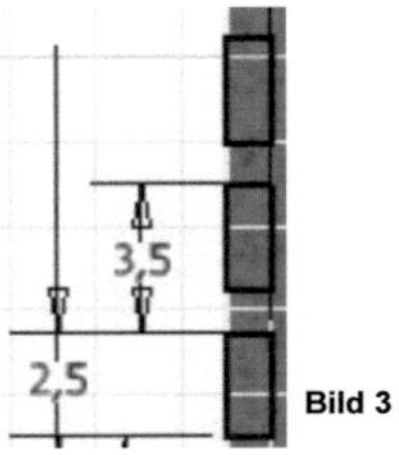

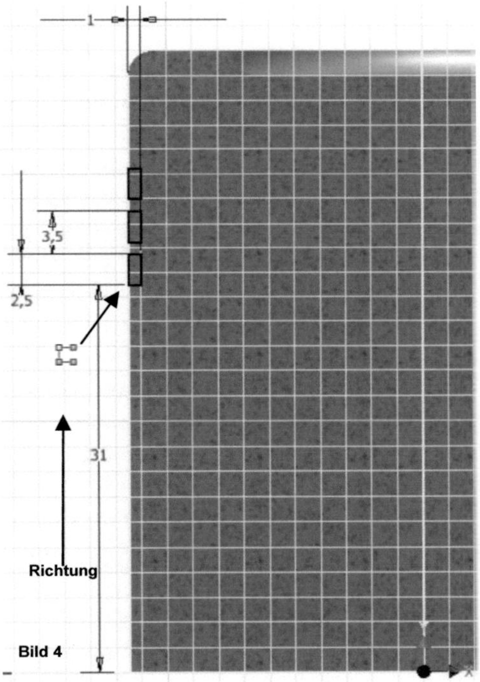

Kopieren einer Geometrie mit "Rechteckiger Anordnung"

Öffnen Sie die ***Skizze6*** per Doppelklick und schneiden Sie die Skizze auf (***F7***).

An der linken Seite des Kolbens (Ansicht ***Vorne***) finden Sie ein Rechteck von 2,5 x 1 mm, welches mittels Befehl ***Rechteckige Anordnung*** kopiert werden soll.

- Doppelklick auf ***Skizze6***
- ***F7***
- ***Rechteckige Anordnung***
- Geometrie: Markiertes Rechteck (Bild 2)
- Richtung 1: Y-Achse (in markierte Richtung Bild 4)
- Anzahl: 3
- Intervall: 3,5 mm
- OK
- ***Skizze fertig stellen***

Aus den drei Rechtecken wird anschließend mittels Befehl ***Drehung*** und der Option ***Differenz*** ein Materialschnitt für die drei Nuten erzeugt.

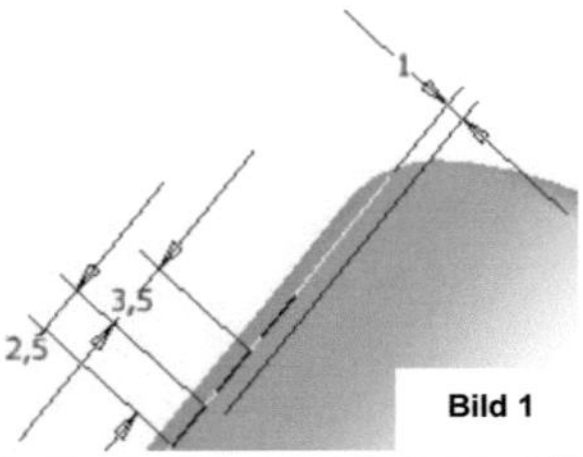

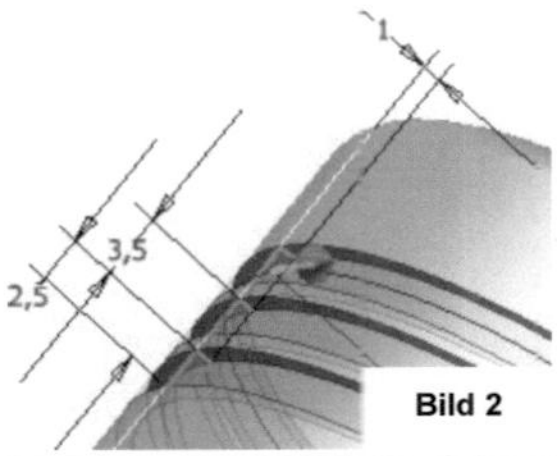

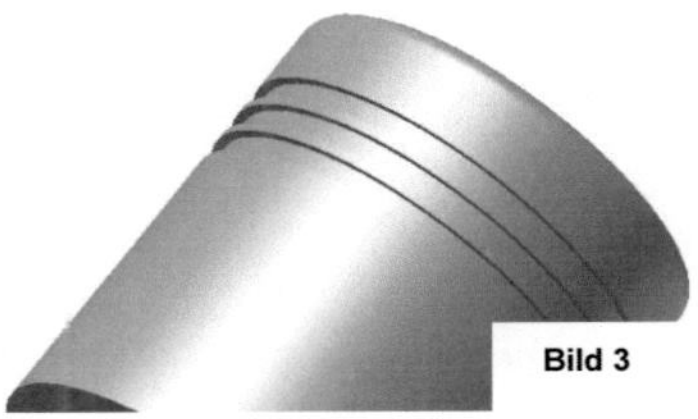

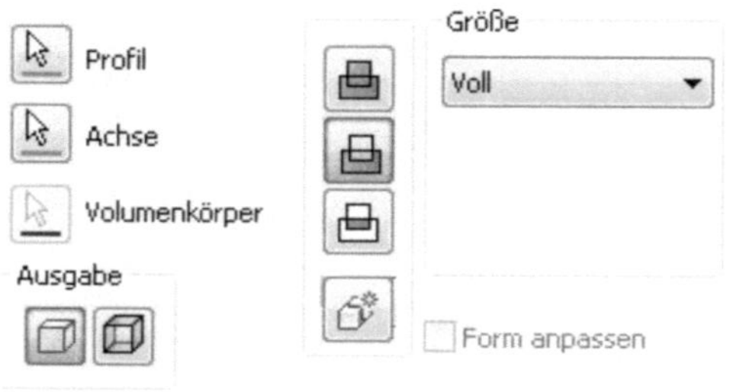

- ***Drehung***
- Profil: 3 Rechtecke
- Achse: Y-Achse
- Verfahren: Differenz
- Größe: Voll
- OK

5.5.3 Aussparungen für den Kolbenbolzen

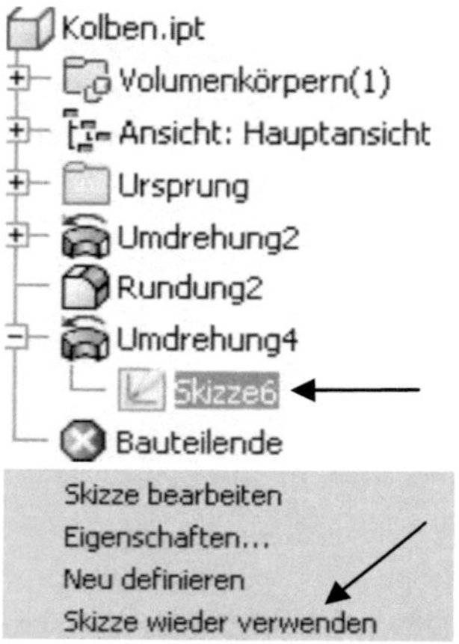

"Modellbaum" des Kolbens und Auszug aus den Optionen der "ReM"

Die drei Nuten wurden erzeugt, jetzt benötigen wir noch zwei Aussparungen an den Seiten des Kolbens, um eine spätere Montage des Kolbenbolzens zu ermöglichen. Es befindet sich in der gerade verwendeten Skizze ein weiteres Rechteck (8 x 15 mm) auf der rechten Seite des Kolbens (Ansicht ***Vorne***). Die ***Skizze6*** wurde nach dem letzten 3D-Befehl diesem untergeordnet.

Da wir die Skizze für den nächsten Schritt wieder benötigen, müssen wir sie erneut aktivieren. Klappen Sie im Modellbaum die zuletzt erzeugte ***Umdrehung*** auf, klicken Sie mit der ***ReM*** auf die darunter liegende Skizze und wählen ***Skizze wieder verwenden***. Die Skizze erscheint danach erneut im Modellbaum (mit einem kleinen Handsymbol) und kann wieder verwendet werden.

Öffnen Sie diese Skizze durch Doppelklick, schneiden Sie die Skizze auf und spiegeln Sie das große Rechteck (8 x 15 mm) an der Y-Achse. Aktivieren Sie das Rechteck, indem Sie mit der Maustaste ein Fenster darüber aufziehen.

In diesem Zusammenhang sollte kurz das Markieren von 2D-Elementen mit einem ***Fenster*** erklärt werden. Es gibt zwei grundlegende Möglichkeiten.

- ***Fenster*** bei gedrückter ***LiM*** von ***Links nach Rechts*** aufziehen

oder:

- ***Fenster*** bei gedrückter ***LiM*** von ***Rechts nach Links*** aufziehen

In den folgenden vier Grafiken wurden beide Optionen dargestellt. Im ersten Bild wurde ein Fenster von Rechts nach Links aufgezogen, alle angrenzenden Linien (und Punkte) wurden aktiviert (zweites Bild). Im dritten Bild wurde das Fenster von Links nach Rechts aufgezogen und es wurde nur die vollständig im Fenster liegende Linie aktiviert.

Fenster von: Rechts nach Links	**Ergebnis: Drei Linien aktiv**	**Fenster von: Links nach Rechts**	**Ergebnis: Eine Linie aktiv**

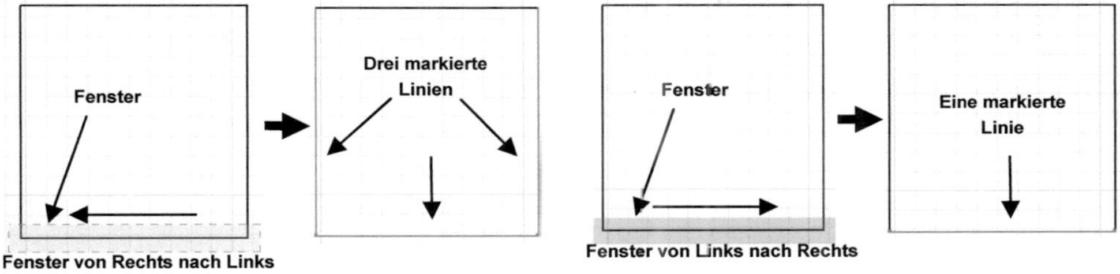

Bei der Option ***Links nach Rechts*** erscheint ein rotes Fenster. Alle ***vollständig*** innerhalb dieses Fensters liegenden Elemente werden markiert. Bei der Option ***Rechts nach Links*** werden nicht nur alle vollständig innerhalb des Fenster liegenden Elemente markiert, sondern auch die Elemente, welche nur ***teilweise*** im Fenster liegen.

Um unser zu spiegelndes Rechteck zu markieren, ziehen Sie bitte ein Fenster von ***Links nach Rechts*** (vollständig) über das in Bild 1 markierte Rechteck.

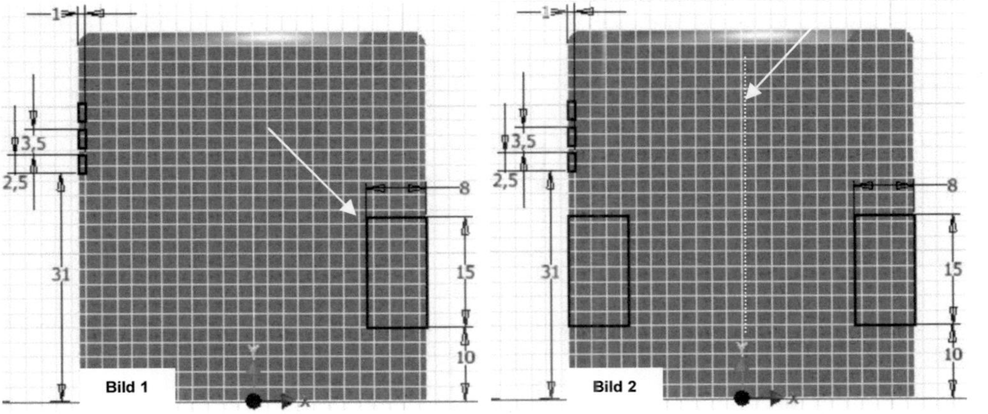

- ***Doppelklick*** auf ***Skizze6***
- ***F7***
- ***Spiegeln***
- Auswahl: Markiertes Rechteck (Bild 1)
- Spiegelachse: Y-Achse (Bild 2)
- Anwenden
- Fertig
- ***Skizze fertig stellen***

Im folgenden Schritt werden beide Rechtecke (8 x 15 mm) mittels ***Extrusion*** vom Kolben subtrahiert. Achten Sie auf die Optionen ***Differenz*** und ***Symmetrisch***.

HINWEIS: Achten Sie darauf, einen Spiegelbefehl im 2D-Skizzenbereich zuerst mit Anwenden ***Anwenden*** zu bestätigen, danach erst mit Fertig ***Fertig*** zu beenden, da der Spiegelbefehl sonst nicht ausgeführt wird.

Bild 1 Bild 2 Bild 3

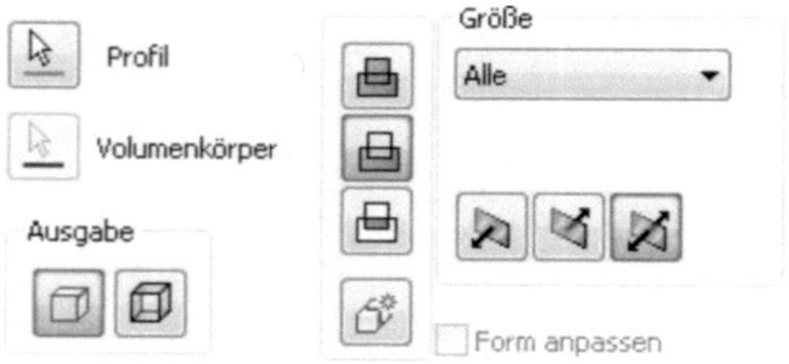

- ***Extrusion***
- Profil: Beide Rechtecke (8 x 15 mm)
- Verfahren: Differenz
- Größe: Alle
- Richtung: Symmetrisch
- OK

Eine 2D-Skizze wird automatisch ausgeblendet, sobald diese in einem 3D-Befehl verwendet wurde. Wenn eine 2D-Skizze wieder aktiviert wurde, ist das nicht so. Dann muss sie manuell wieder ausgeblendet werden. Dies ist z. B. bei der ***Skizze6*** der Fall. Klicken Sie mit der ***ReM*** darauf und deaktivieren die Option ***Sichtbarkeit***.

Der nächste Schritt wird die Erzeugung eins Bohrungsloches für den Kolbenbolzen sein. Erstellen Sie auf der in Bild 1 markierten Linie eine neue 2D-Skizze, projizieren Sie die in

Bild 4 markierten 4 Kanten, verbinden Sie diese mit zwei Diagonalen und zeichnen Sie in deren Schnittpunkt einen Kreis (D= 10 mm).

Beenden Sie die Skizze anschließend und erzeugen Sie einen Materialschnitt durch den vorhandenen Volumenkörper.

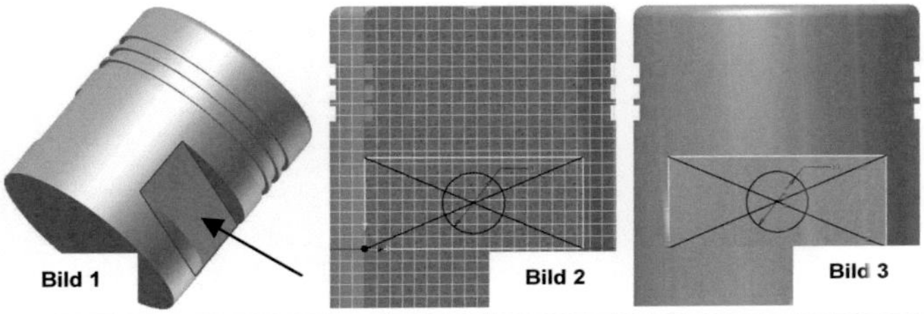
Bild 1 Bild 2 Bild 3

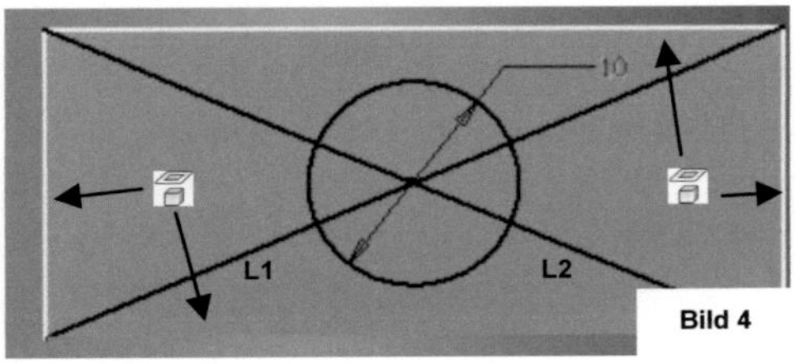

Bild 4

- **_2D-Skizze erstellen_** (Bild 1)
- 4 Kanten **_projizieren_** (Bild 4)
- **_Linien_** L1, L2 (Diagonalen) zeichnen
- **_Kreis_** im Schnittpunkt der Linien L1/ L2 mit D= 10 mm zeichnen (Bild 4)
- **_Skizze fertig stellen_**

Bild 1 Bild 2 Bild 3

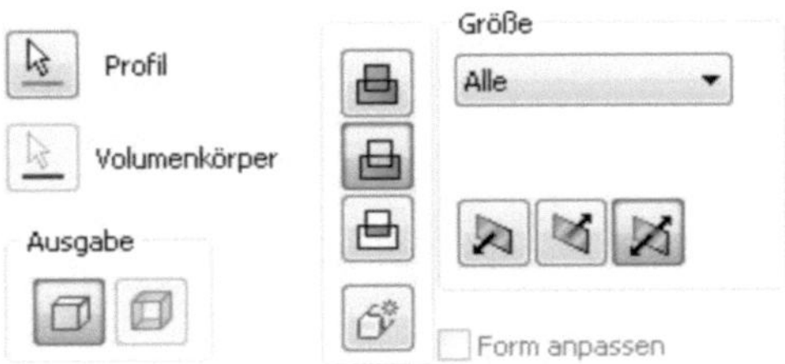

- **_Extrusion_**
- Profil: Kreis
- Verfahren: Differenz
- Größe: Alle
- Richtung: Symmetrisch
- OK

5.5.4 Hohlkörper durch Wandstärke

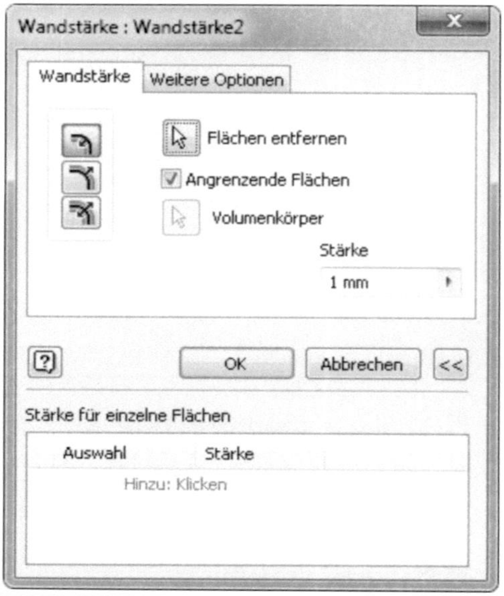

Mit dem Befehl ***Wandstärke*** kann aus einem Vollkörper ein Hohlkörper erzeugt werden. Alle Außenkonturen eines Volumenkörpers werden in eine Fläche (mit einer Dicke Null) gewandelt und mit einer definierten Materialstärke versehen (nach innen, außen oder in beide Richtungen). Sie können den gesamten Körper mit einer konstanten Materialstärke versehen, oder einzelnen Flächen eine abweichende Materialstärke zuweisen (Reiter: ***Weitere Optionen***)

Unser Kolben soll so wenig Gewicht wie möglich haben und daher von einem Voll- in einen Hohlkörper gewandelt werden. Starten Sie den Befehl ***Wandstärke***, wählen Sie die in Bild 2 markierte Fläche und folgen Sie der Befehlskette.

Bild 1

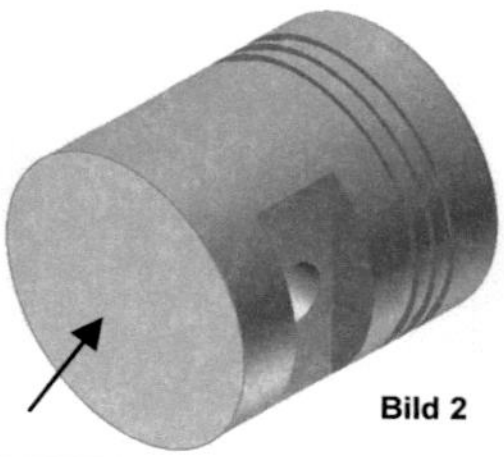
Bild 2

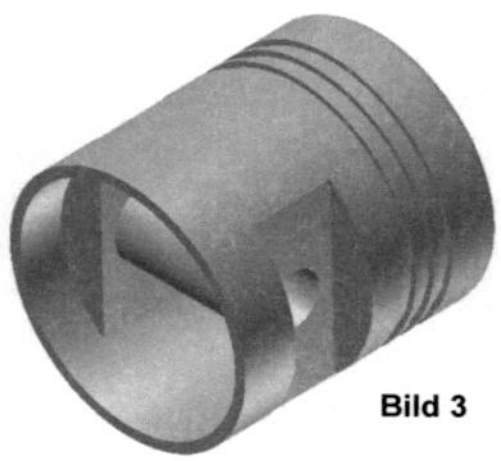
Bild 3

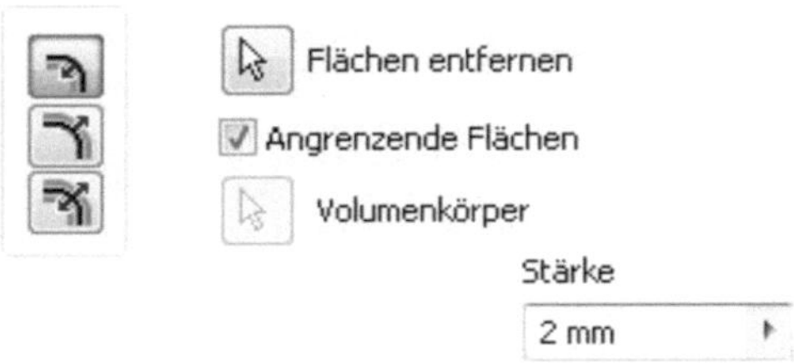

- **Wandstärke**
- Flächen entfernen: Fläche (Bild 2)
- Stärke: 2 mm
- Angrenzende Flächen aktivieren
- Richtung: Innerhalb
- OK

5.5.5 Alle Innen- & Außenkanten des Kolbens abrunden

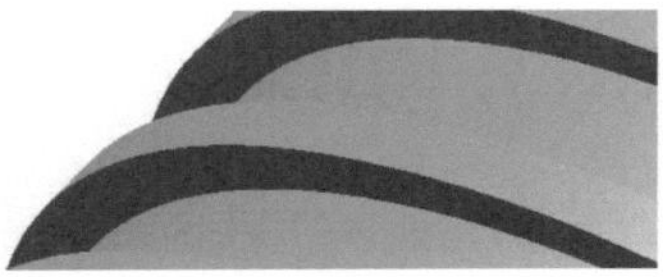

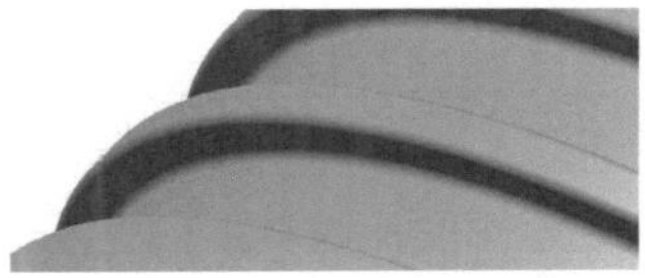

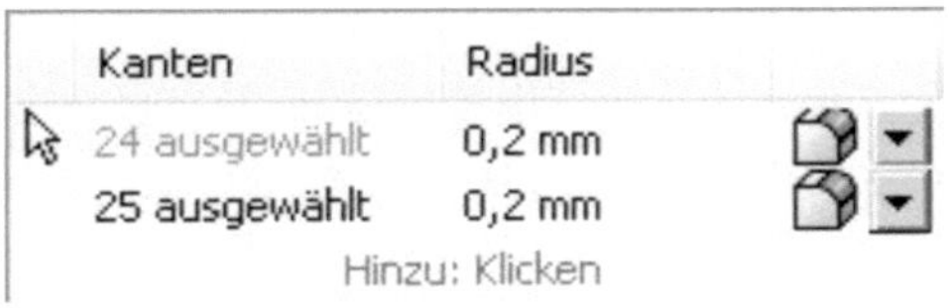

Unser Kolben soll jetzt noch etwas abgerundet werden. Starten Sie den Befehl ***Rundung***, aktivieren Sie im Bereich unten rechts die beiden Optionen: ***Alle Innenradien*** sowie ***Alle Außenradien*** und geben Sie jeweils den Radius 0,2 mm ein.

5.5.6 Verschieben von Arbeitsschritten im Modellbaum

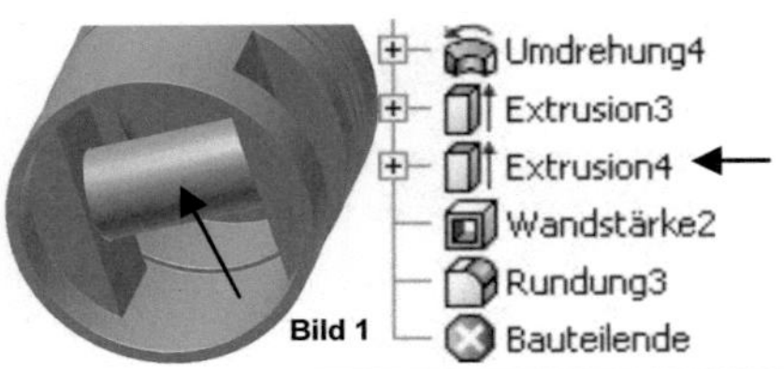

Bild 1

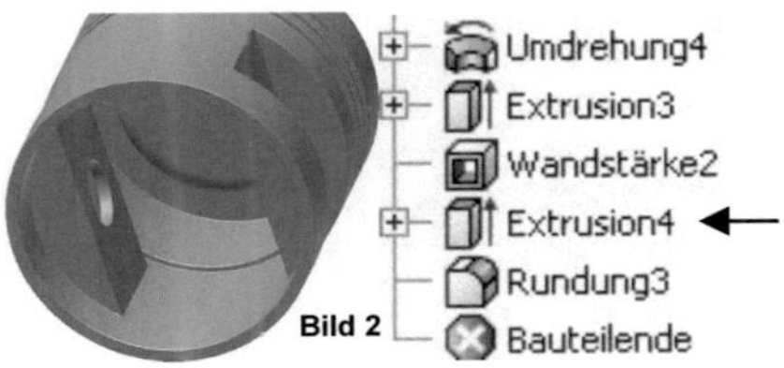

Bild 2

Es ist an der Zeit, einen kleinen Schönheitsfehler zu korrigieren. Unsere zuletzt erzeugte Extrusion (Bohrungsloch für Kolbenbolzen) wurde durch die Wandstärke als ein Rohr dargestellt (Bild 1). Dort sollen allerdings später Pleuel und Kolben mit einem Bolzen verbunden werden. Das Material muss an dieser Stelle also wieder entfernt werden.

Schieben Sie im Modellbaum die ***Wandstärke*** einfach oberhalb der letzten ***Extrusion***. Hierfür klicken Sie auf ***Wandstärke***, lassen die ***LiM*** gedrückt und schieben diese über die letzte ***Extrusion***. Das Programm berechnet die Änderungen sofort und der Fehler ist behoben. Das Bauteil ist jetzt komplett, Sie können die Datei speichern und schließen.

5.6 Bauteil Pleuel-Oberseite
5.6.1 Grundlagen zum Bauteil

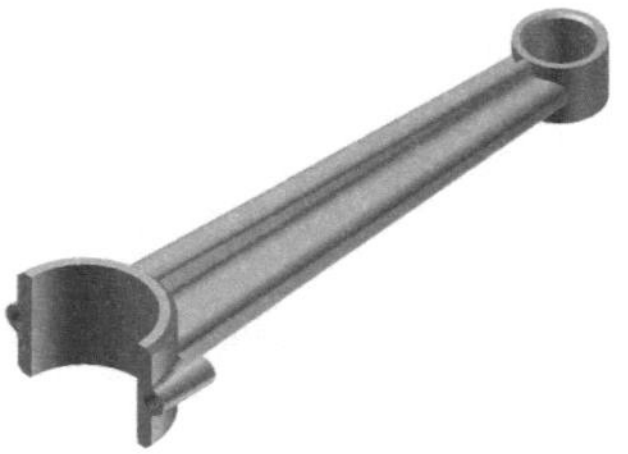

Das Pleuel wandelt die Linearbewegung des Kolbens in eine linear- oszillierende Axialbewebung um. Das Pleuel besteht aus einem Ober- und einem Unterteil, welche in der Baugruppe später miteinander verschraubt werden.

5.6.2 Erzeugen des Basiskörpers

Erstellen Sie ein ***neues Bauteil*** und speichern Sie es als ***Pleuel-Oberseite.ipt*** im Projektordner ab. Im Skizzenbereich projizieren Sie die drei Achsen und zeichnen die folgende Kontur.

Verwenden Sie die Zeichenbefehle ***Linie*** und ***Bogen durch Mittelpunkt***. Mit dem Befehl ***Extrusion*** erzeugen Sie anschließend einen symmetrischen Volumenkörper.

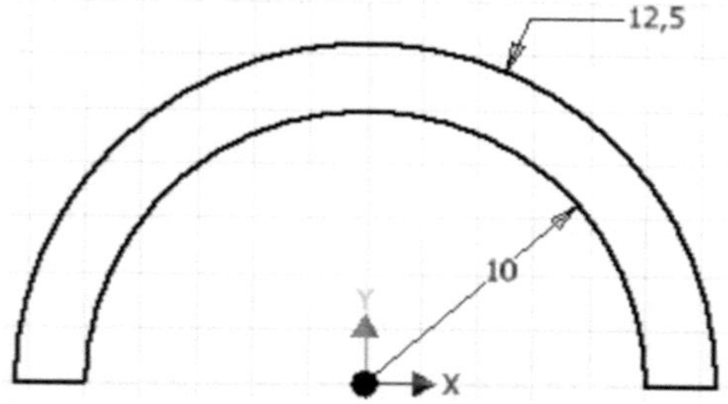

Grundskizze des unteren "Pleuel-Bereiches"

- ***Geometrie projizieren*** (3 Achsen)
- Dargestellte Kontur zeichnen
- ***Maße*** setzen
- Skizze prüfen (Maße, geschlossene Kontur)
- ***Skizze fertig stellen***

Achten Sie darauf, dass beide Kreisbögen durch zwei kurze Linien miteinander verbunden werden.

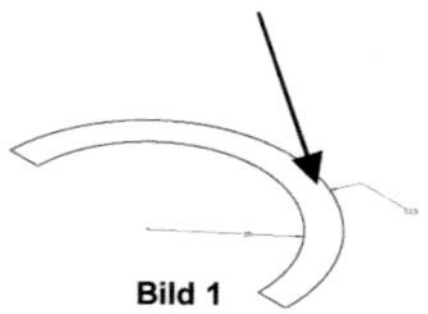
Bild 1

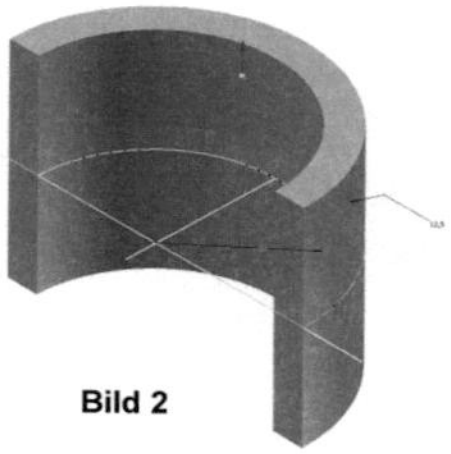
Bild 2

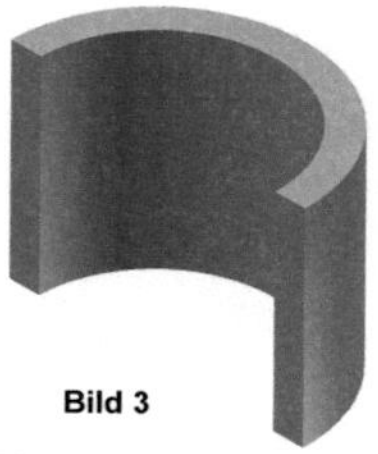
Bild 3

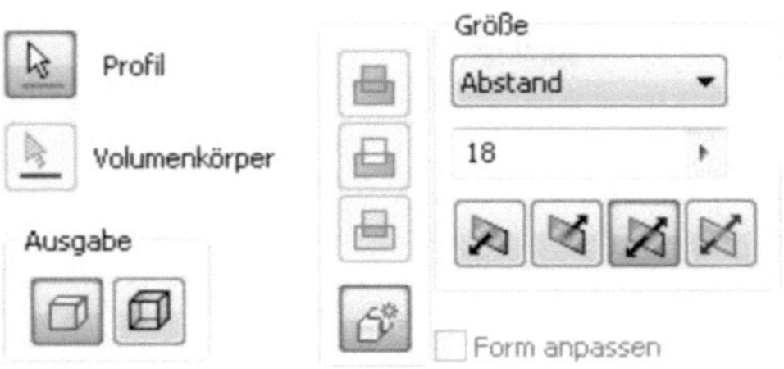

- **_Extrusion_**
- Profil: Fläche (Bild 1)
- Verfahren: Vereinigung
- Größe: Abstand (18 mm)
- Richtung: Symmetrisch
- OK

5.6.3 Befestigungslaschen für Schraubverbindung

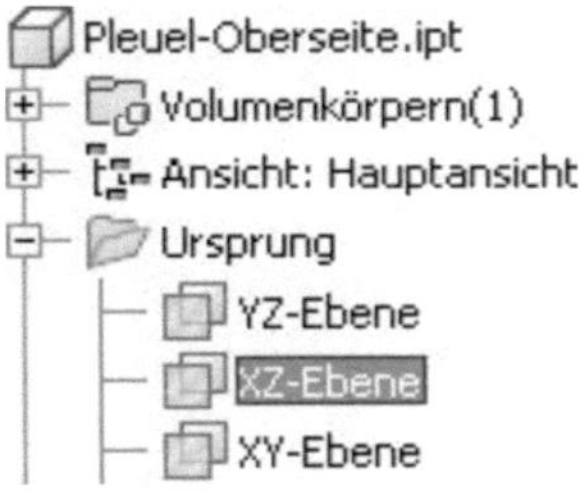

Auszug aus dem Modellbaum

Ober- und Unterseite des Pleuels sollen später miteinander verschraubt werden können. Hierzu benötigen wir zwei gebohrte Befestigungslaschen. Erzeugen Sie auf der ***XZ-Ebene*** eine neue ***2D-Skizze*** und wechseln Sie danach in die Ansicht ***Vorne***. Projizieren Sie die drei Achsen und zeichnen Sie einen der beiden dargestellten Kreise. Verwenden Sie den Befehl ***Spiegeln*** um den zweiten Kreis zu erzeugen. ***Extrudieren*** Sie die Kreise anschließend um 10 mm.

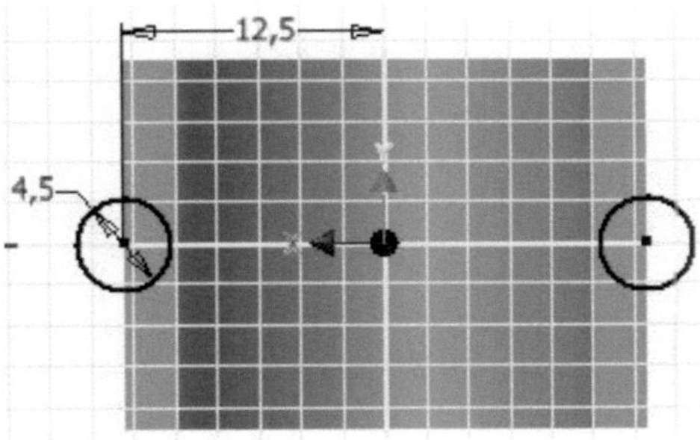

Beide Kreise zeichnen

- Im Modellbaum ***XZ-Ebene*** markieren
- ***2D-Skizze erstellen***
- ***Geometrie projizieren*** (3 Achsen)
- Kreis zeichnen (D= 4,5 mm)
- ***Maße*** setzen
- ***Abhängigkeit*** setzen
- ***Spiegeln*** (zweiten Kreis erzeugen)
- ***Skizze fertig stellen***

Mit ***Koinzident*** können Sie den Kreismittelpunkt auf die X-Achse legen.

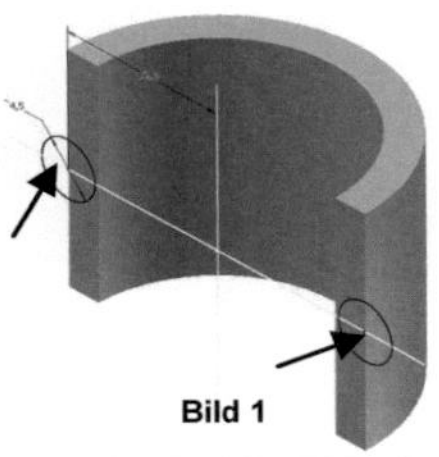
Bild 1

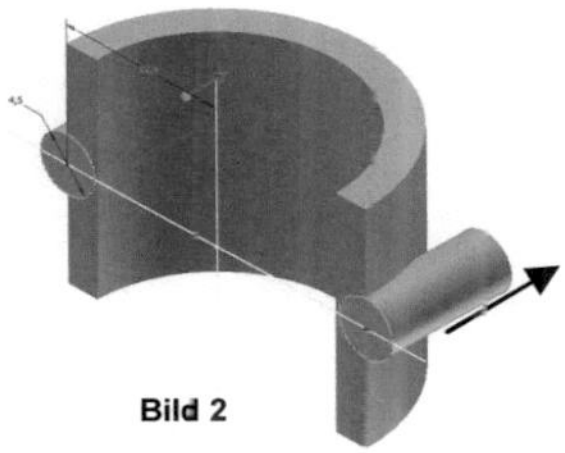
Bild 2

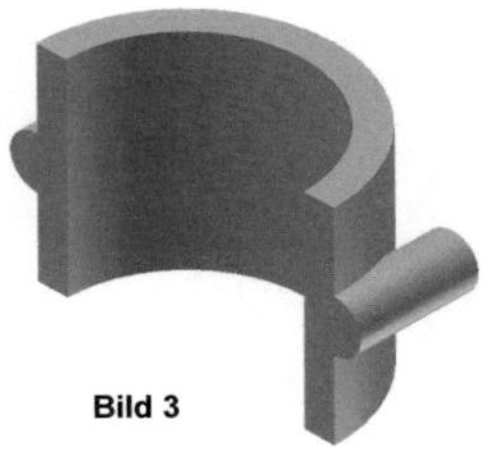
Bild 3

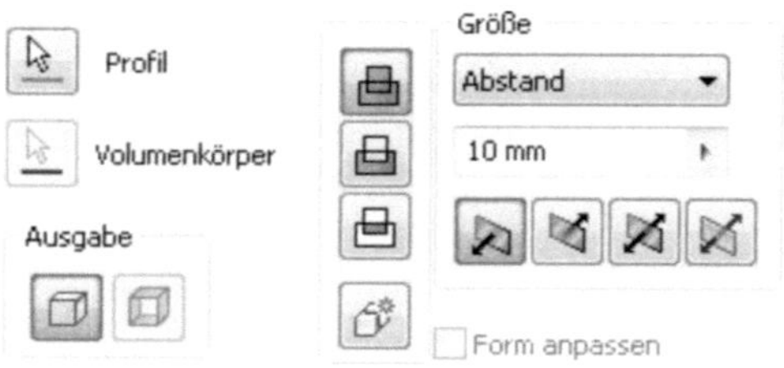

- **_Extrusion_**
- Profil: Beide Kreise (Bild 1)
- Verfahren: Vereinigung
- Größe: Abstand (10 mm)
- Richtung: Dargestellt (Bild 2)
- OK

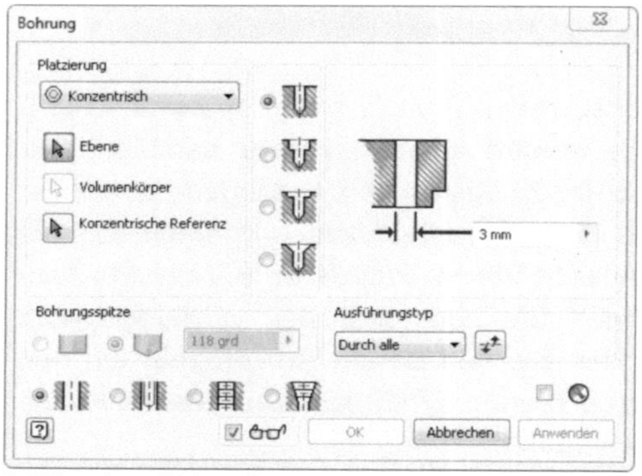

Befehlsoptionen "Bohrung"

Beide Laschen werden jetzt mit Löchern versehen. Starten Sie hierfür den Befehl ***Bohrung***. Dieses Tool erzeugt Löcher (zylindrisch/ konisch), auf Wunsch mit einer zusätzlichen Senkung (zylindrisch/ konisch) am oberen Bereich, einer flachen oder winkligen Bohrungsspitze, mit oder ohne Gewinde. Im Folgenden werden wir eine Bohrung (ohne Gewinde) auf einer Volumenkörperfläche mit konzentrischer Referenz erzeugen.

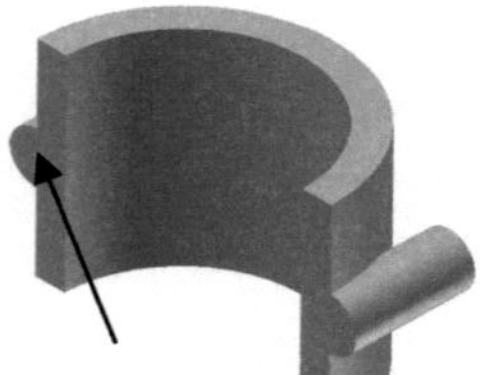

Bild 1

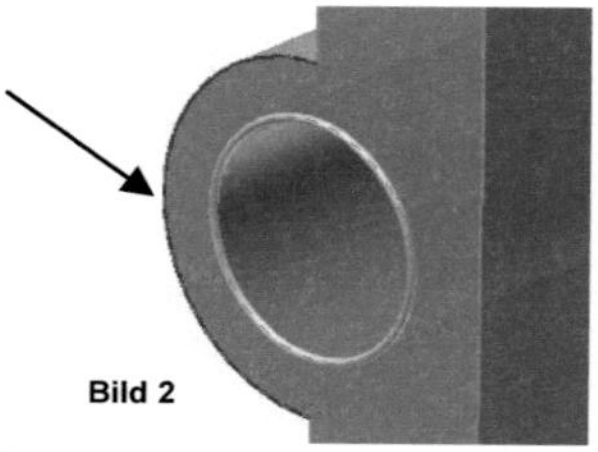

Bild 2

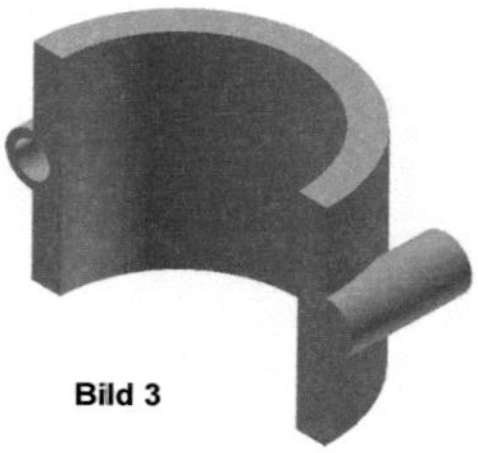

Bild 3

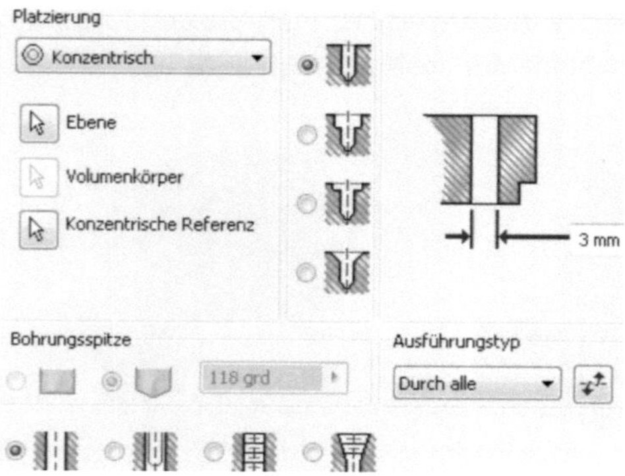

- **_Bohrung_**
- Platzierung: Konzentrisch
- Ebene: Markierte Fläche (Bild 1)
- Konz. Referenz: Markierte Kante (Bild 2)
- Typ: Bohren
- Durchmesser: 3 mm
- Ausführungstyp: Durch alle
- Gewinde: Nein
- OK

Wenn alle Eingaben richtig waren, sollte das Bauteil auf der einen Seite jetzt mit einer Bohrung versehen sein (Bild 1). Sie können diese Vorgehensweise auf der anderen Laschenseite wiederholen, oder einen anderen, schnelleren Weg wählen, indem Sie die vorhandene Bohrung an der YZ-Ebene spiegeln.

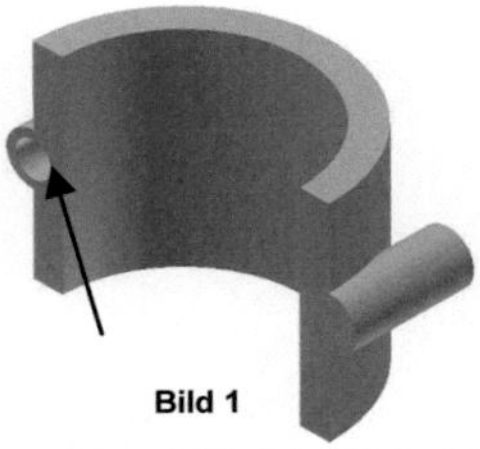

Bild 1

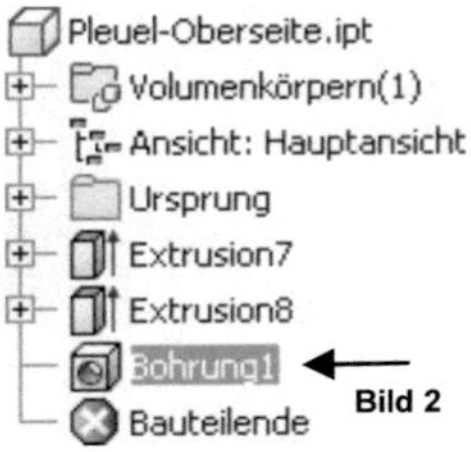

Bild 2

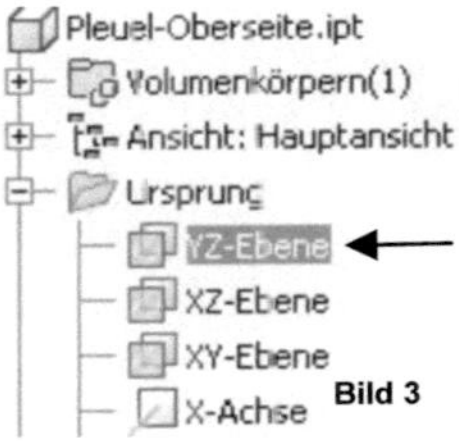

Bild 3

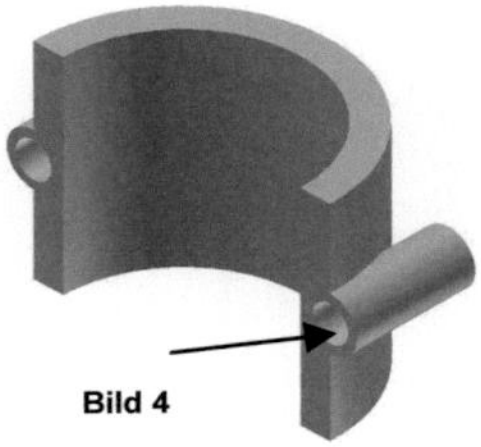

Bild 4

- ***Spiegeln***
- Option: Einzelne Elemente spiegeln
- Elemente: Bohrung (Bild 2)
- Spiegelebene: YZ-Ebene (Bild 3)
- OK

Eine Vorschau zeigt Ihnen an, wo das zu spiegelnde Element sich nach dem Vorgang befinden wird.

5.6.4 Fasen, Runden & Gewinde erzeugen

Wiederholen Sie jetzt in den folgenden Übungen die Befehle ***Fasen,*** ***Rundung*** und ***Gewinde***.

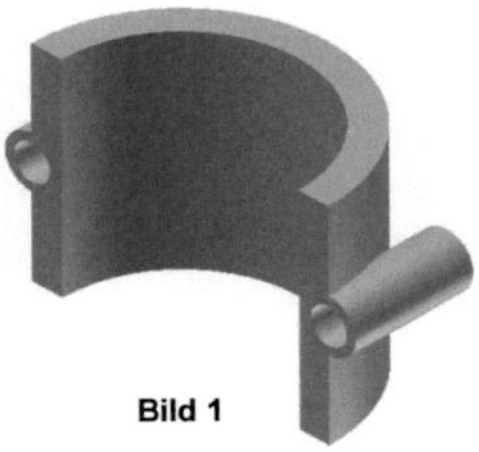

Bild 1

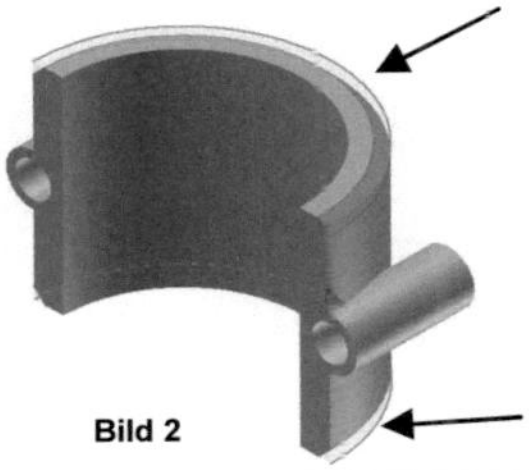

Bild 2

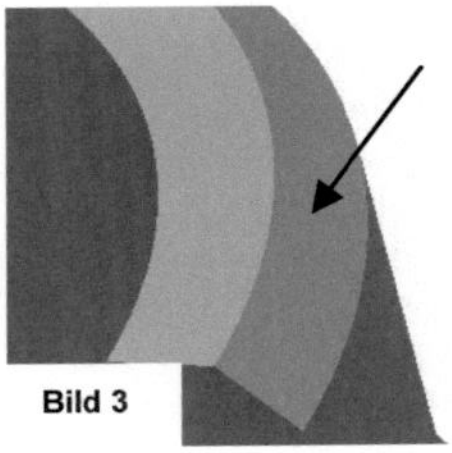

Bild 3

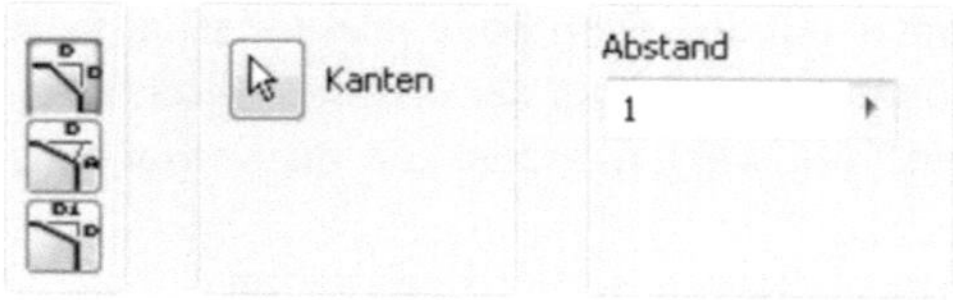

- **_Fase_**
- Kante: 2 Markierte Kanten (Bild 2)
- Option: Abstand
- Abstand: 1 mm
- OK

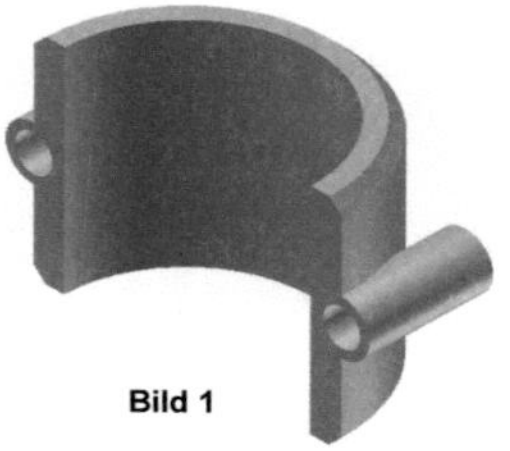
Bild 1

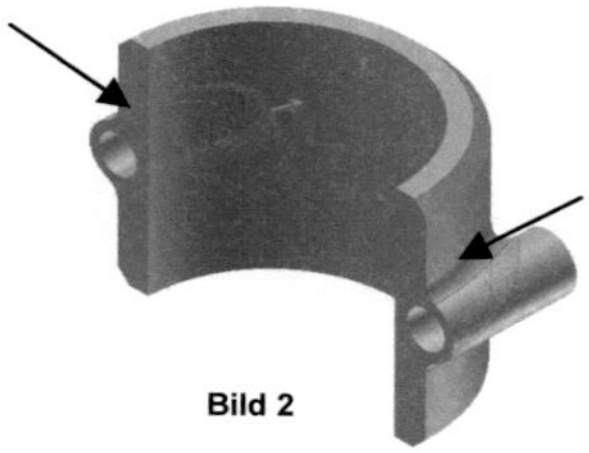
Bild 2

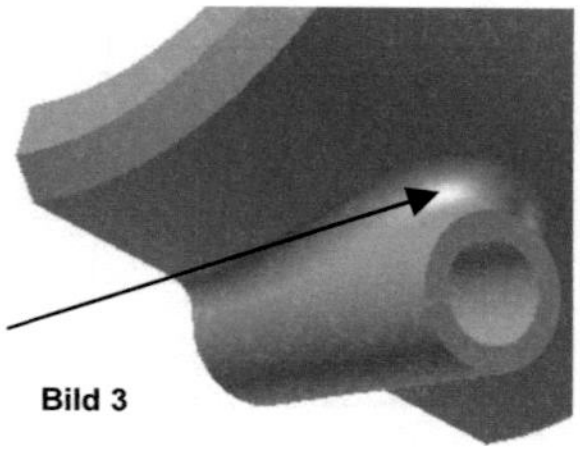
Bild 3

- **_Rundung_**
- Typ: Kantenabrundung
- Option: Konstant
- Kanten: 2 Markierte Kanten (Bild 2)
- Radius: 1 mm
- OK

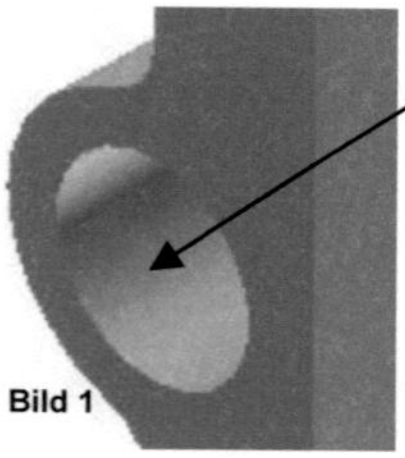
Bild 1

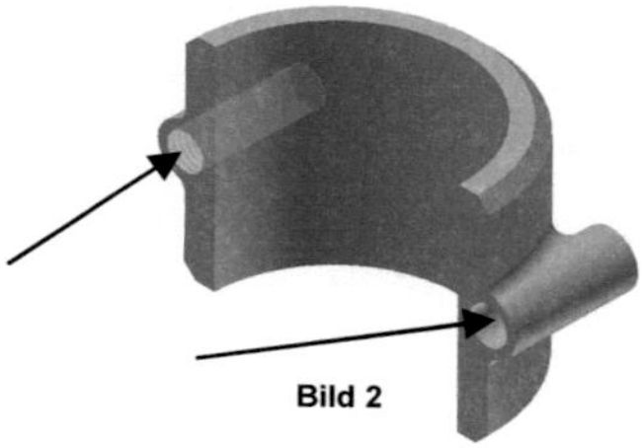
Bild 2

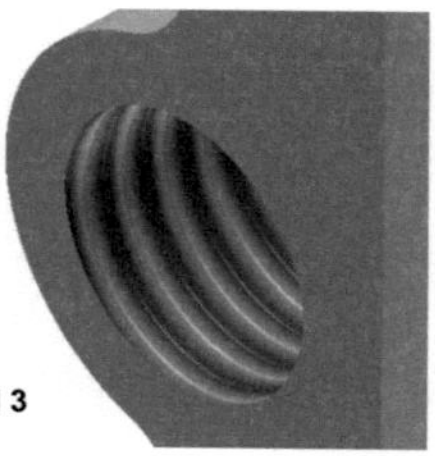
Bild 3

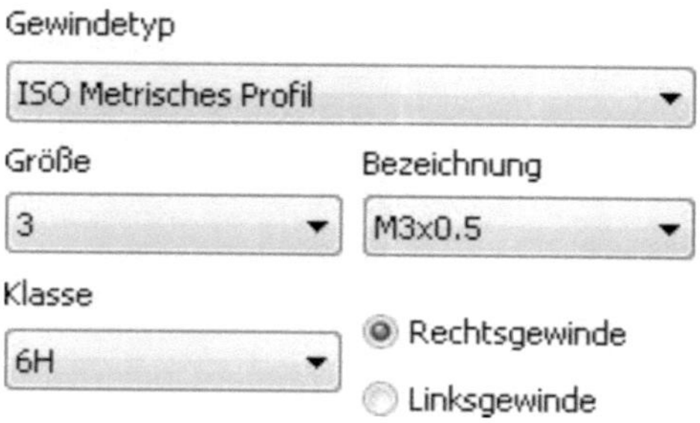

- **_Gewinde_**
- Fläche: Zylinderflächen der beiden Bohrungen (Bild 2)
- Gewindelänge: Volle Länge
- Gewindetyp: ISO Metrisches Profil
- Größe: 3 - Rechtsgewinde
- Bezeichnung: M3 x 0,5
- Klasse: 6H
- OK

HINWEIS: Sie können mit dem Gewindebefehl leider keine 2 Gewinde gleichzeitig setzen. Wenn Sie aber nach der Auswahl der ersten Zylinderfläche [Anwenden] ***Anwenden*** statt [OK] ***Ok*** drücken, können Sie die zweite Zylinderfläche sofort wählen, ohne den Befehl neu starten zu müssen.

5.6.5 Erzeugen einer parallelen Ebene

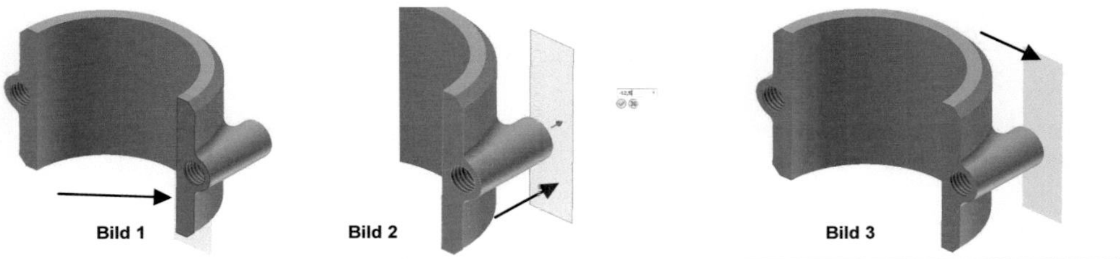

Als nächstes erzeugen wir den Pleuelschaft. Hierfür benötigen wir eine neue Ebene. Starten Sie den Befehl ***Versatz von Ebene***, wählen Sie als Startfläche die in Bild 1 markierte Fläche, ziehen Sie den kleinen Pfeil in die dargestellte Richtung und tragen Sie den Versatzwert -12,5 mm ein.

HINWEIS: Per Doppelklick auf eine neu erzeugte Ebene öffnet sich ein Eingabefenster, in welchem Sie den eingestellten Versatz jederzeit ändern können.

5.6.6 Unterer Pleuelschaft

Auf dieser neuen Ebene erzeugen Sie eine Skizze. Auch hier können Sie die Schnellstartfunktion nutzen. Klicken Sie die Ebene an und wählen Sie die Schnellstartoption ***2D-Skizze erstellen***.

Wechseln Sie dann in die Ansicht ***Hinten*** (ViewCube), projizieren Sie die drei Achsen und zeichnen Sie ein Rechteck 18 x 6 mm. Verwenden Sie die Abhängigkeit ***Koinzident***, um das Rechteck symmetrisch zu den Achsen X und Z auszurichten.

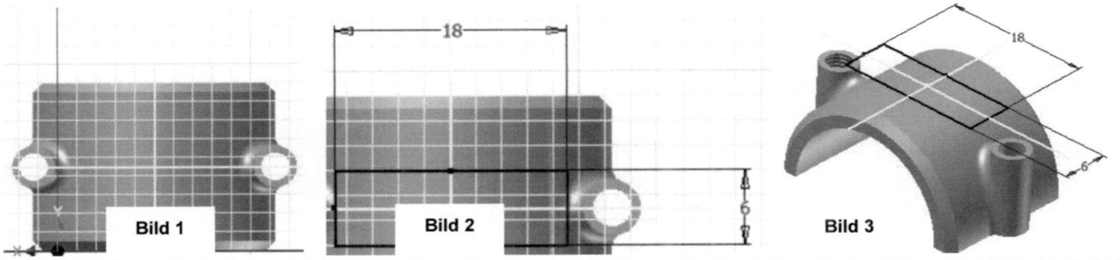

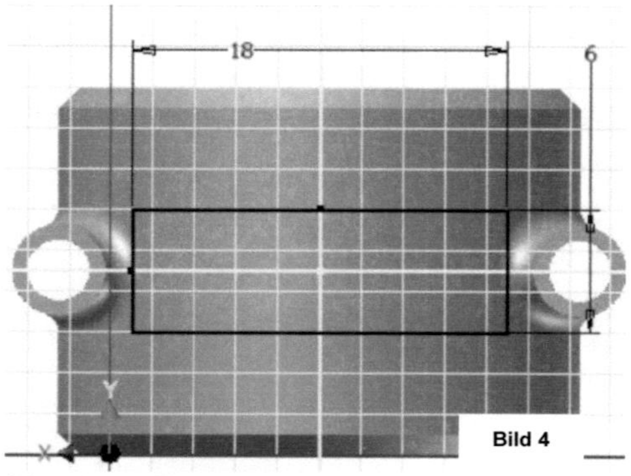

Bild 4

Skizze "Unterer Pleuelschaft"

- Neue Ebene anklicken
- Option: ***2D-Skizze erstellen***
- Ansicht: ***Hinten*** wählen
- ***Geometrie projizieren*** (3 Achsen)
- ***Rechteck*** 18 x 6 mm zeichnen
- ***Maße*** setzen
- ***Abhängigkeiten*** setzen
- ***Skizze fertig stellen***

Extrudieren Sie das Rechteck, verwenden Sie die Größe ***Zur Nächsten*** um sauber mit dem vorhandenen Volumenkörper abzuschließen.

Als ***Endezeichen*** (Objekt, an dem die Extrusion enden soll) wählen Sie die markierte Oberfläche in Bild 2.

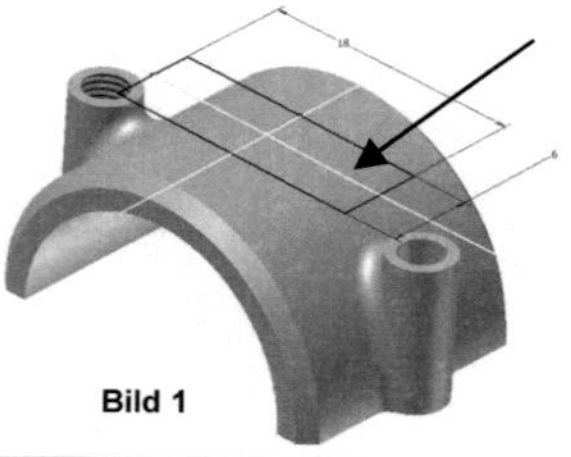

Bild 1

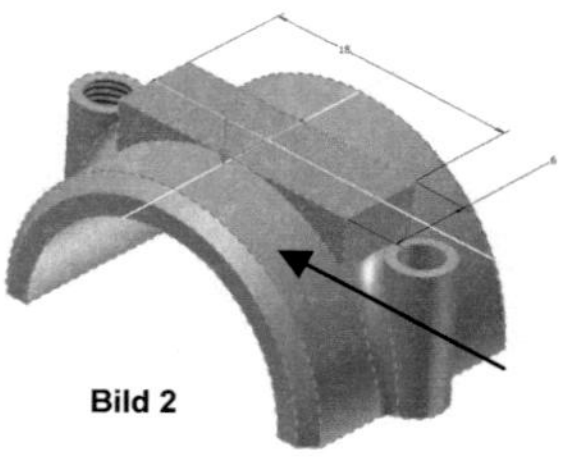

Bild 2

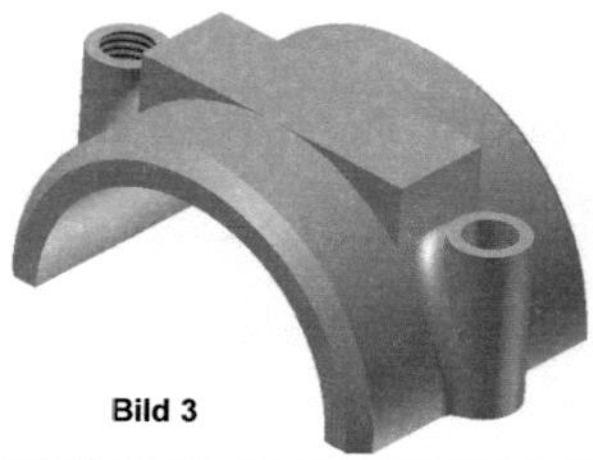

Bild 3

- ***Extrusion***
- Profil: Rechteck (Bild 1)
- Verfahren: Vereinigung
- Größe: Zur Nächsten
- Endezeichen: Markierte Fläche (Bild 2)
- OK

5.6.7 Oberer Pleuelschaft

Der untere Pleuelschaft schließt sauber mit der unteren Schale ab und der restlichen Pleuel-Steg kann jetzt konstruiert werden. Hierfür benötigen wir eine neue Ebene mit einer weiteren Skizze.

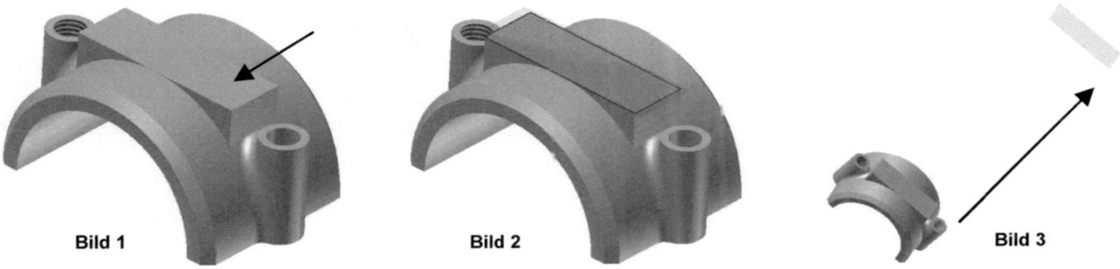

Starten Sie den Befehl ***Versatz von Ebene***, wählen Sie als Startfläche die in Bild 1 markierte Fläche, ziehen Sie den kleinen Pfeil in die dargestellte Richtung (Bild 3) und tragen Sie den Versatzwert 78 mm ein.

Erstellen Sie auf dieser Ebene eine neue ***2D-Skizze***, wechseln Sie in die Ansicht ***Hinten***, projizieren Sie die drei Achsen und zeichnen Sie ein Rechteck mit 10 x 5 mm, symmetrisch zu den Achsen X und Z.

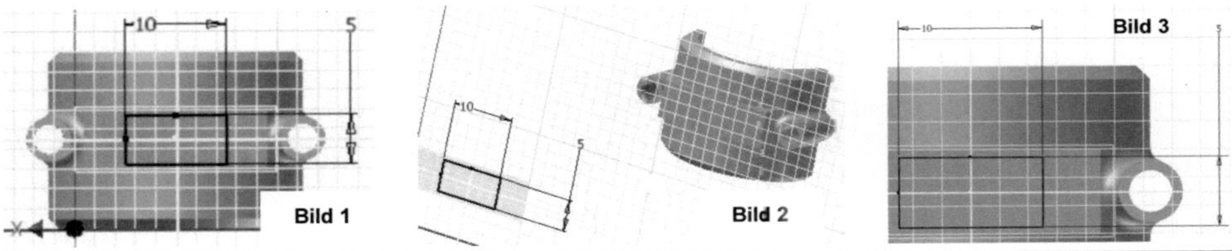

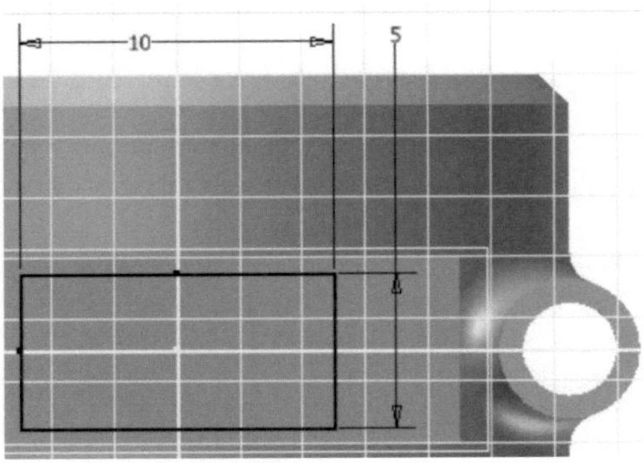

Skizze "Oberer Pleuelschaft"

- Neue Ebene anklicken
- Option: ***2D-Skizze erstellen***
- Ansicht: ***Hinten*** wählen
- ***Geometrie projizieren*** (3 Achsen)
- ***Rechteck*** 10 x 5 mm zeichnen
- ***Maße*** setzen
- ***Abhängigkeiten*** setzen
- ***Skizze fertig stellen***

Befehlsoptionen "Erhebung"

Verwenden Sie den Befehl ***Erhebung***, um den oberen Pleuelschaft zu erzeugen. Mit diesem Befehl können unterschiedliche Konturen aus mehreren 2D-Skizzen entlang eines Pfades miteinander verbunden werden. In unserem Beispiel werden zwei Rechtecke verbunden, möglich wären aber geometrisch völlig unterschiedliche Formen (wie z. B. Kreis und Rechteck).

HINWEIS: Die 2D-Skizzen mit den zu verbindenden Konturen dürfen nicht auf der selben Ebene liegen.

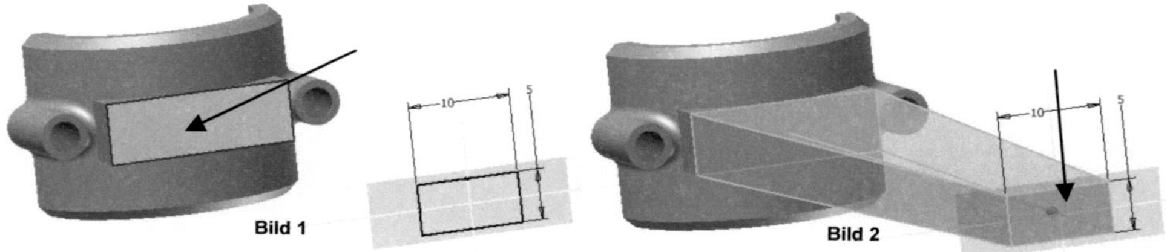

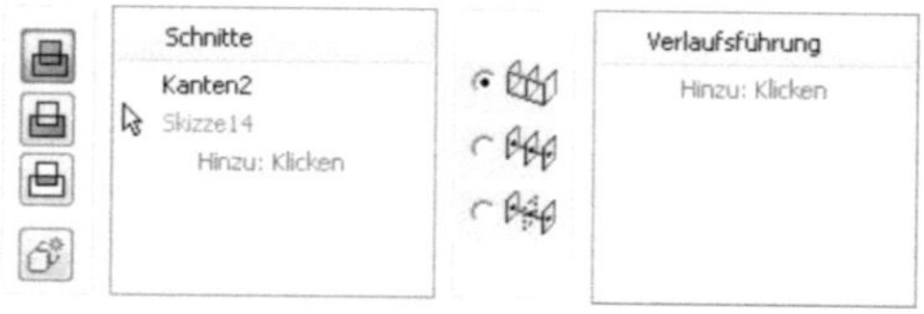

- ***Erhebung***
- Auswahl 1: Markierte Fläche (Bild 1)
- Auswahl 2: Markiertes Rechteck (Bild 2)
- Restlichen Optionen unverändert lassen
- OK

5.6.8 Pleuelauge für die Bolzenführung

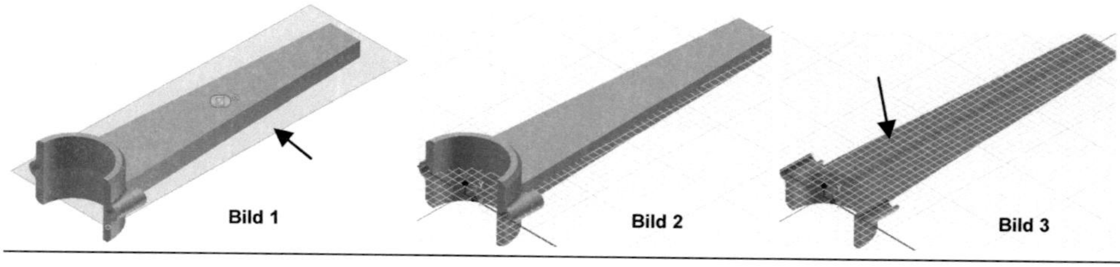

Für das Pleuelauge erstellen wir auf der XY-Ebene eine neue ***2D-Skizze***, zeichnen einen Kreis (D= 13 mm) und erzeugen anschließend mit dem Befehl ***Extrusion*** einen Zylinder daraus. Achten Sie darauf, dass der Kreismittelpunkt im Schnittpunkt der projizierten, markierten Linie mit der Y-Achse liegt.

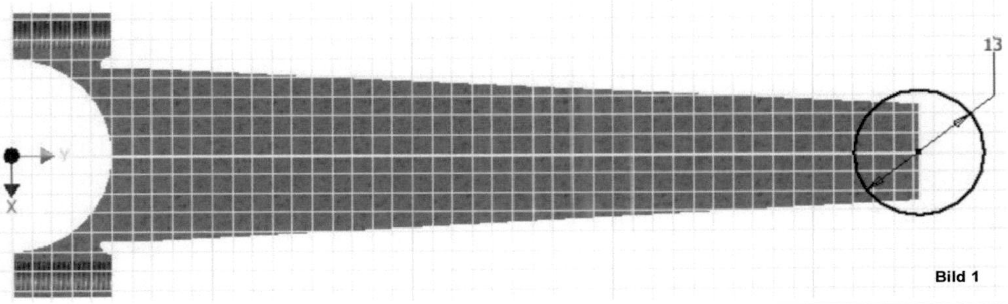

Bild 1

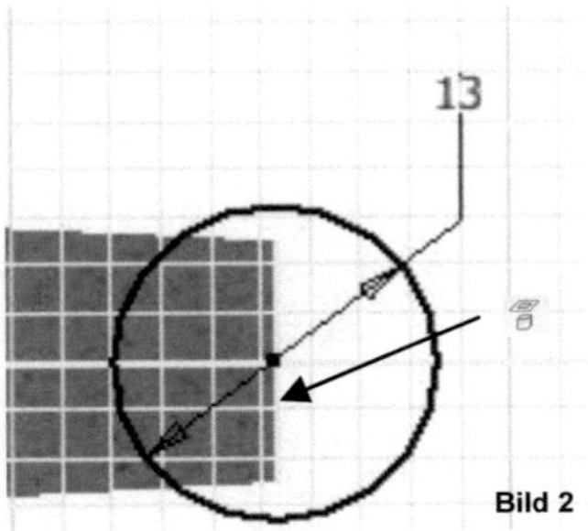

Bild 2

- XY-Ebene markieren
- ***2D-Skizze erstellen***
- ***Geometrie projizieren*** (3 Achsen und markierte Kante Bild 2)
- ***F7***
- ***Kreis*** D= 13 mm zeichnen
- ***Maß*** setzen
- ***Abhängigkeiten*** setzen
- ***Skizze fertig stellen***

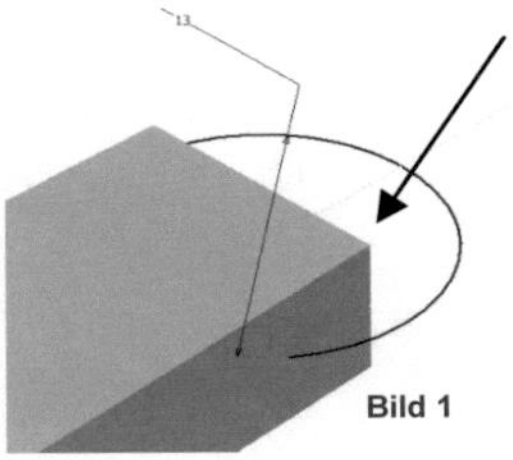

Bild 1

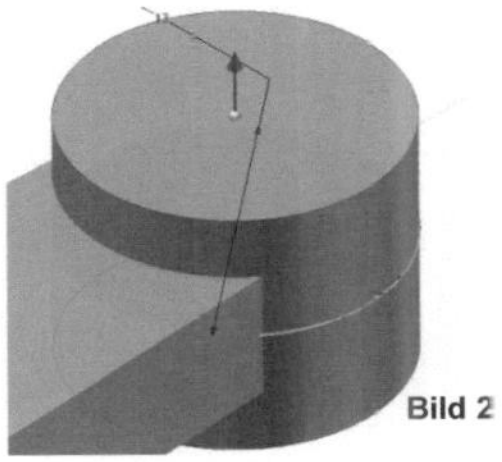

Bild 2

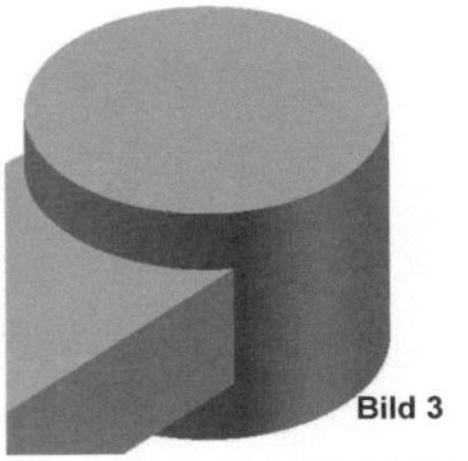

Bild 3

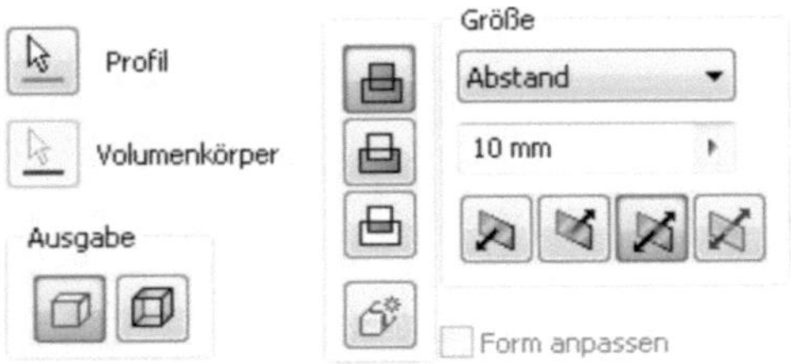

- ***Extrusion***
- Profil: Kreis
- Verfahren: Vereinigung
- Größe: Abstand (10 mm)
- Richtung: Symmetrisch
- OK

5.6.9 Erzeugen einer Rippe

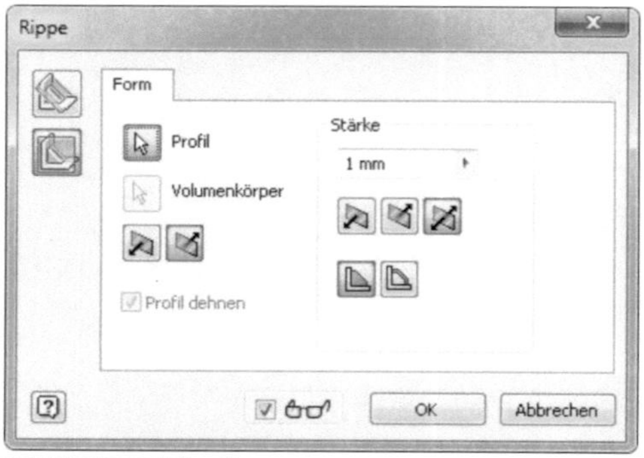

Befehlsoptionen "Rippe"

Der Befehl ***Rippe*** erzeugt einen Steg (geschlossen oder offen) an einem Volumenkörper. Sie benötigen lediglich eine Skizze mit einer Linienkontur, welche nicht geschlossen sein darf. Grundsätzlich können Sie zwischen den beiden Optionen ***Lotrecht*** oder ***Parallel zur Skizzierebene*** unterscheiden. In der ersten Option gibt es Zusatzoptionen für ***Verjüngungen*** und ***Schraublöcher***.

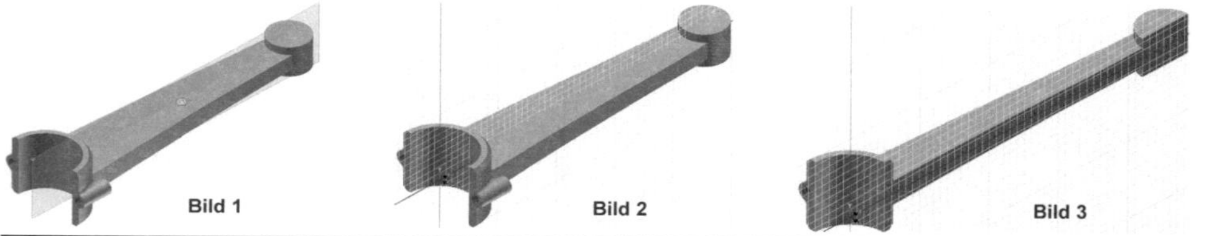

Um das Pleuel noch etwas zu versteifen, werden wir zwei zusätzliche Rippen einfügen. Erzeugen Sie hierfür auf der YZ-Ebene eine neue ***2D-Skizze***, projizieren Sie die beiden markierten Kanten und zeichnen Sie die dargestellte Linie L1. Diese Linie ist die Verbindungslinie der oberen Endpunkte der beiden projizierten Kanten.

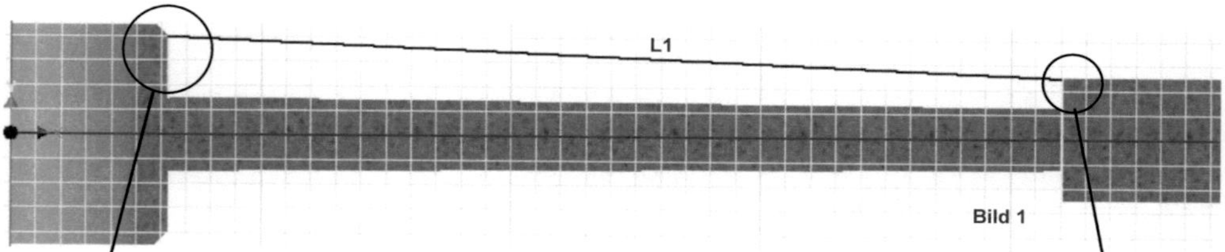

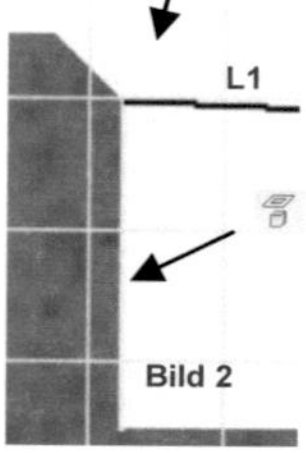

- Ansicht: ***Hinten*** wählen
- YZ-Ebene markieren
- ***2D-Skizze erstellen***
- ***Geometrie projizieren*** (markierte zwei Kanten in Bild 2 und 3)
- ***Linie L1*** zeichnen
- ***Skizze fertig stellen***

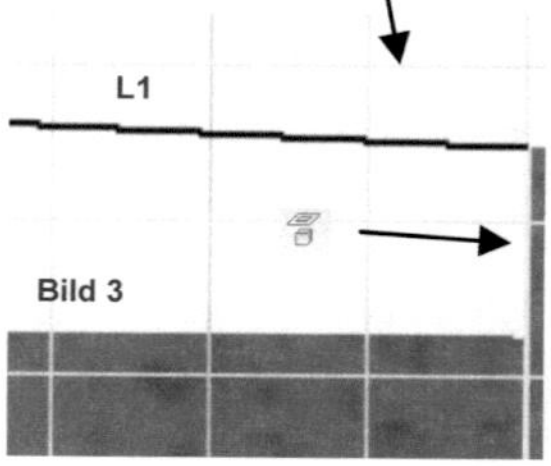

Zur Erstellung der ersten Rippe benötigen wir die soeben erstellte Linie L1. Starten Sie den Befehl *Rippe*, wählen Sie die Option ***Parallel zur Skizzierebene*** und folgen Sie der Befehlskette.

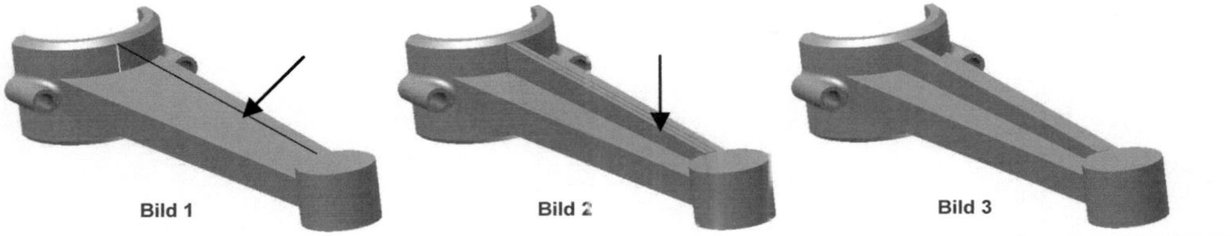

- ***Rippe***
- Option: Parallel zur Skizzierebene
- Profil: Linie L1 (Bild1)
- Maus in markierte Richtung (Bild 2) ziehen
- Starke: 2 mm
- Option: Zur Nächsten
- OK

Die zweite Rippe erzeugen wir mittels ***Spiegeln*** der ersten Rippe an der XY-Ebene.

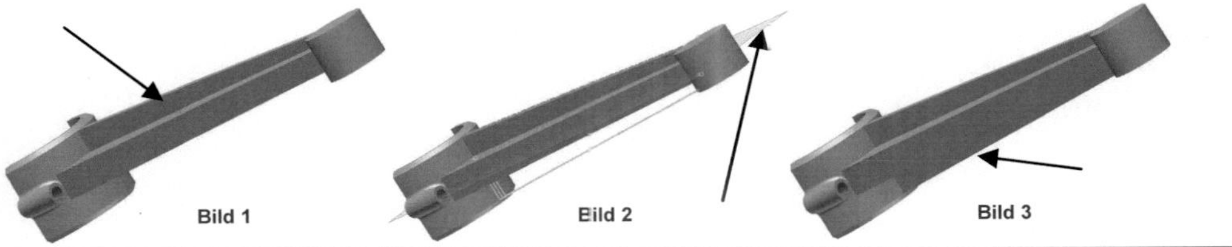

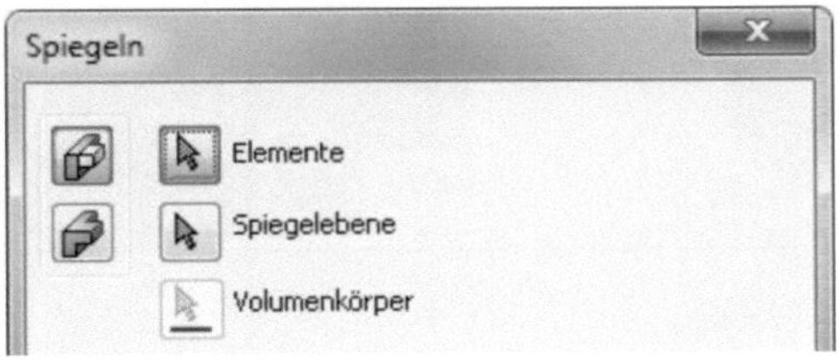

- ***Spiegeln***
- Option: Einzelne Elemente spiegeln
- Elemente: Rippe (Bild 1)
- Spiegelebene: XY-Ebene (Bild 2)
- OK

5.6.10 Bohren, Fasen & Runden

Wiederholen Sie die Befehle ***Bohrung***, ***Fase*** und ***Rundung***. Achten Sie beim Bohren auf eine ***konzentrische Platzierung*** und beim Fasen darauf, dass auch beide Seiten der Bohrung gefast werden.

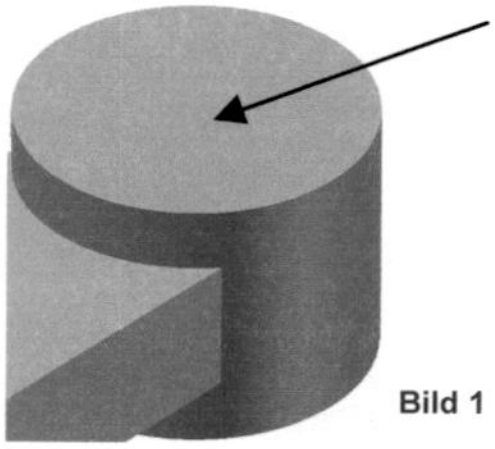

Bild 1

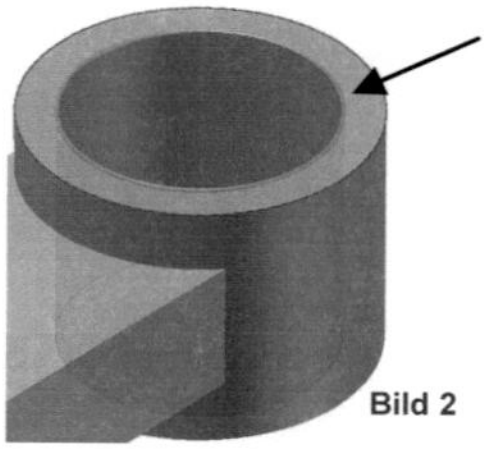

Bild 2

Bild 3

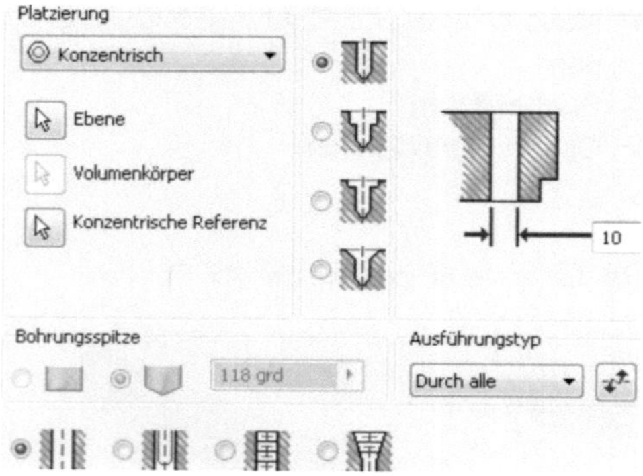

- ***Bohrung***
- Platzierung: Konzentrisch
- Ebene: Markierte Fläche (Bild 1)
- Konz. Referenz: Markierte Kante (Bild 2)
- Typ: Bohren
- Durchmesser: 3 mm
- Ausführungstyp: Durch alle
- Gewinde: Kein
- OK

Bild 1

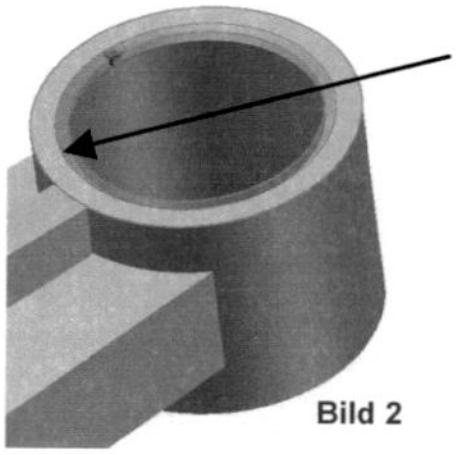

Bild 2

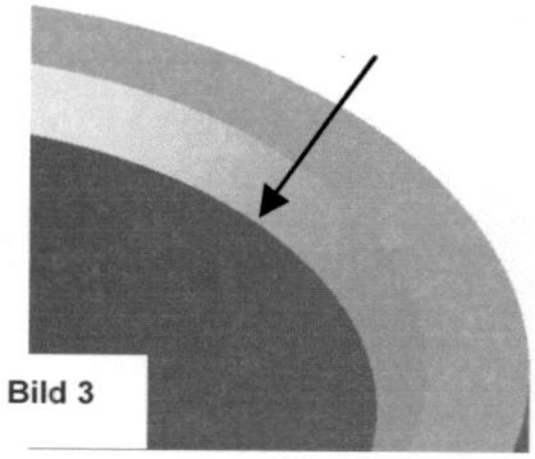

Bild 3

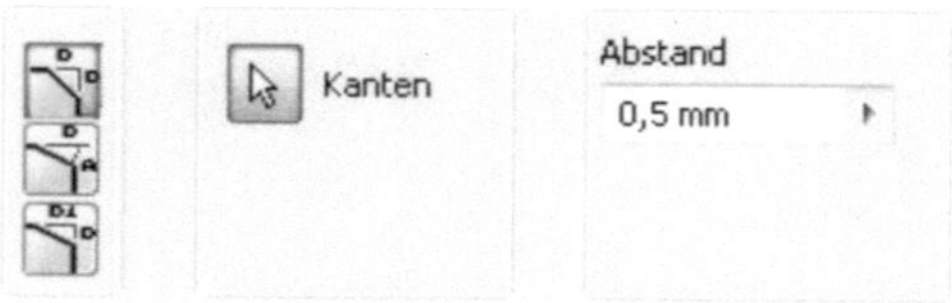

- ***Fase***
- Kante: Markierte Kante (Bild 2)
- Abstand: 0,5 mm
- Option: Abstand
- OK

HINWEIS: Wiederholen Sie das Fasen auf der anderen Seite der Bohrung.

Beispieldarstellung: ***Rundung*** > ***Kanten*** > ***Konstant*** > ***Element***

Beispieldarstellung: ***Rundung*** > ***Flächen***

Die Rundung erfolgt in zwei Schritten. Zuerst werden alle Kanten des oberen und unteren Pleuelschafts mit 2 mm gerundet. Hierfür verwenden wir die Option ***Rundung*** > ***Kanten*** > ***Konstant*** > ***Element***. Im zweiten Schritt sollen die Kanten der Rippen gerundet werden. Hierfür verwenden wir die Option ***Rundung*** > ***Flächen***.

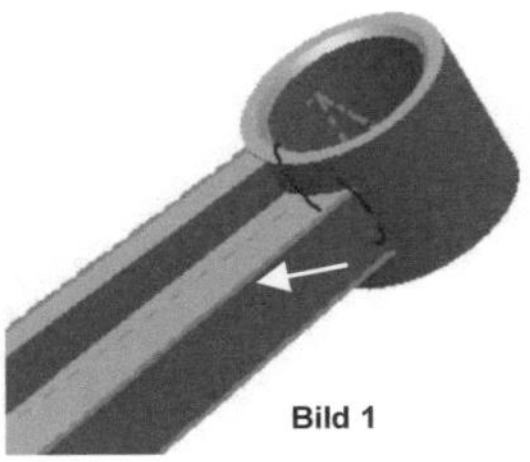
Bild 1

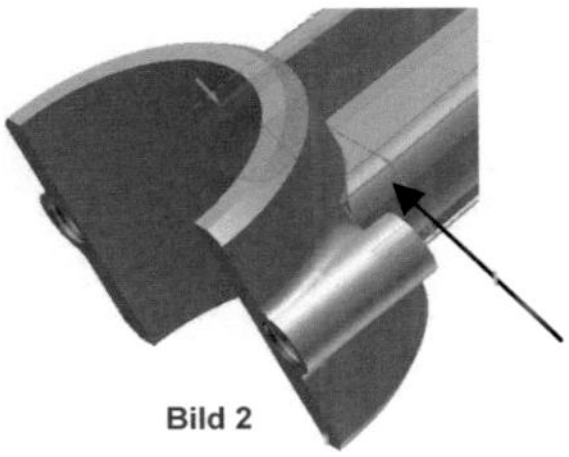
Bild 2

Bild 3

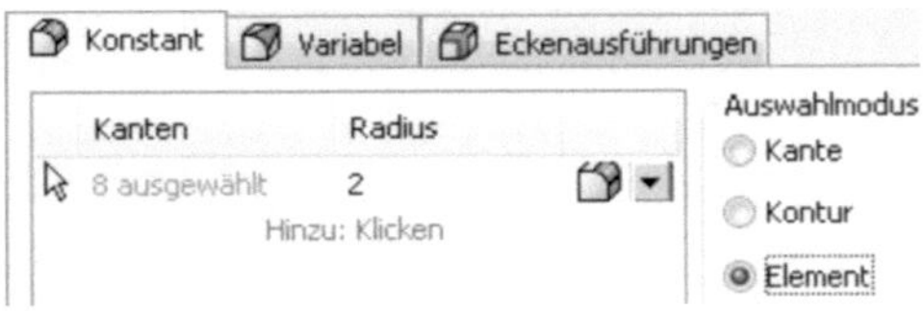

- ***Rundung***
- Typ: Kantenabrundung
- Option: Konstant
- Kanten: 8 Markierte Kanten (Bilder 1+2)
- Radius: 1 mm
- OK

Bild 1

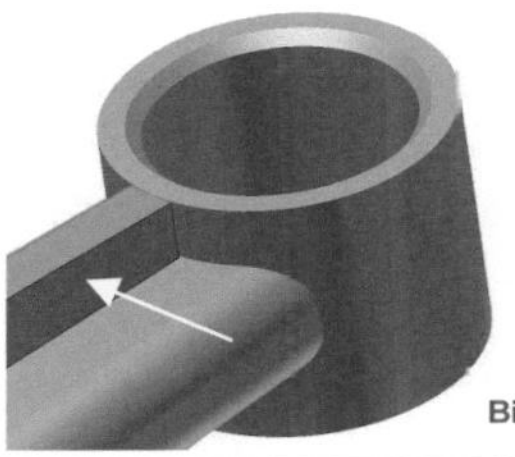
Bild 2

Bild 3

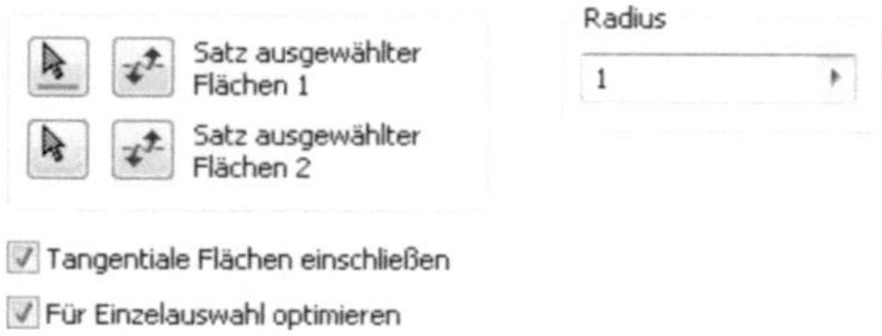

- ***Rundung***
- Typ: Flächenabrundung
- Fläche 1: Fläche (Bild 1)
- Fläche 2: Fläche (Bild 2)
- Radius: 1 mm
- OK

Bild 1

Bild 2

Bild 3

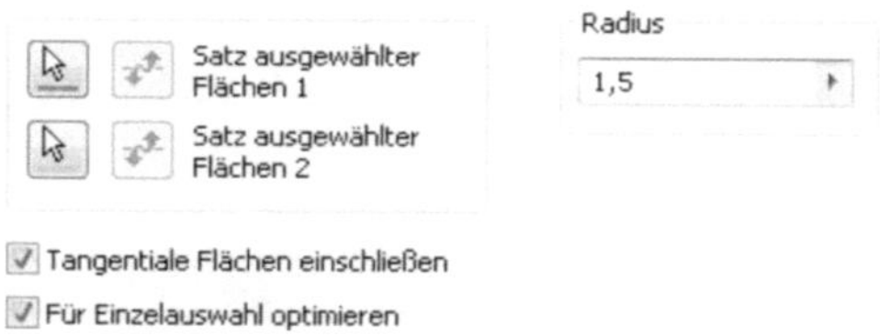

- ***Rundung***
- Typ: Flächenabrundung
- Fläche 1: Fläche (Bild 1)
- Fläche 2: Fläche (Bild 2)
- Radius: 1,5 mm
- OK

Runden Sie auch die restlichen sechs Kanten (Rippe oben und Verbindung Rippe/ Pleuelschaft) ab. Verwenden Sie auch hier die Option ***Rundung*** > ***Flächen***. Blenden Sie alle noch sichtbaren Skizzen und Ebenen wieder aus und speichern sowie schließen Sie das Bauteil danach.

5.7 Bauteil Motorgehäuse

5.7.1 Grundlagen zum Bauteil

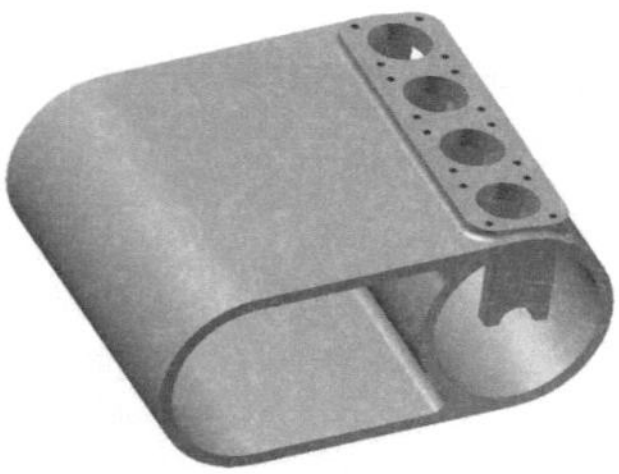
Das "Motorgehäuse"

Das Motorgehäuse wird die Kurbelwelle lagern, die Kolben führen und einen Getrieberaum besitzen, welcher in unserem Übungsmotor allerdings nicht belegt werden wird.

Das Motorgehäuse wird aus drei Hauptbereichen bestehen (Getrieberaum, Kurbelwellenraum und Anschlussflansch für den Zylinderblock).

5.7.2 Volumenkörper durch Extrusion

Für den Grundkörper erstellen wir ein ***neues Bauteil*** und speichern es als ***Motorgehaeuse.ipt*** im Projektordner ab. Zeichnen Sie die dargestellte Kontur und folgen Sie dabei der Befehlskette.

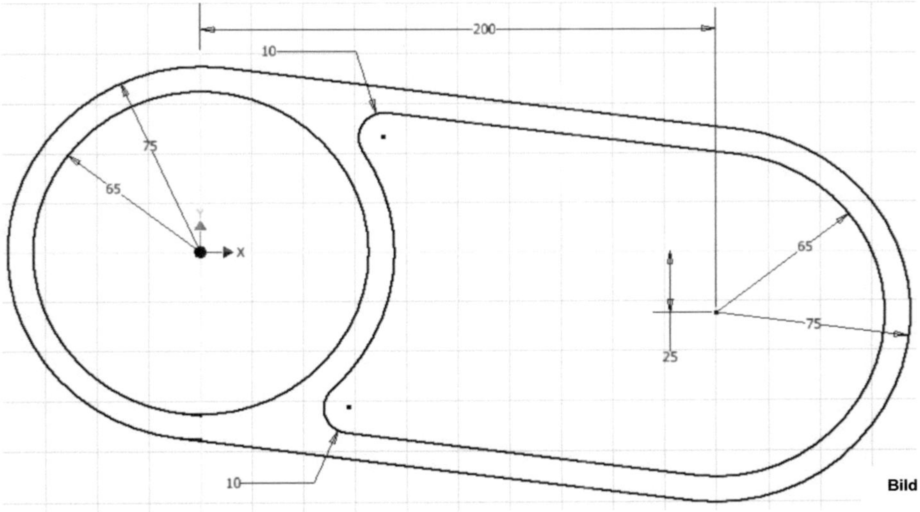

Bild 1

- ***Geometrie projizieren*** (3 Achsen)
- Zwei ***Kreise*** R= 75 mm zeichnen
- Zwei ***Kreise*** R= 65 mm zeichnen
- ***Maße*** setzen
- Vier ***Linien*** zeichnen
- Linien ***tangential*** zu Kreisen setzen
- Enden ***stutzen*** und ***dehnen***
- Zwei ***Kreise*** R= 10 mm zeichnen
- Kreise ***tangential*** zu Linien setzen
- Kreise und Enden der Linien ***stutzen***
- ***Skizze fertig stellen***

Verwenden Sie den Befehl ***Extrusion*** um den Volumenkörper zu erstellen und achten Sie auf Symmetrie.

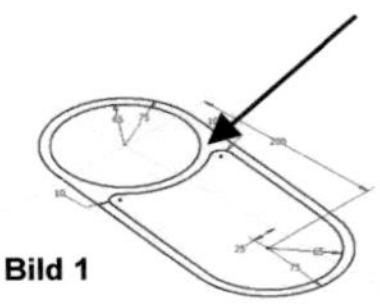

Bild 1

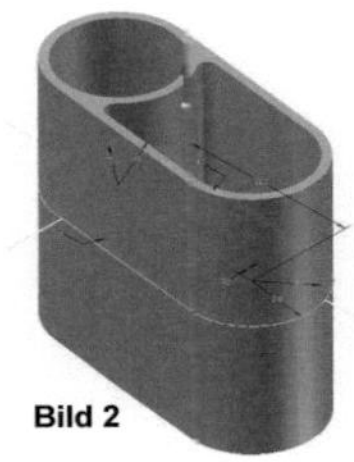

Bild 2

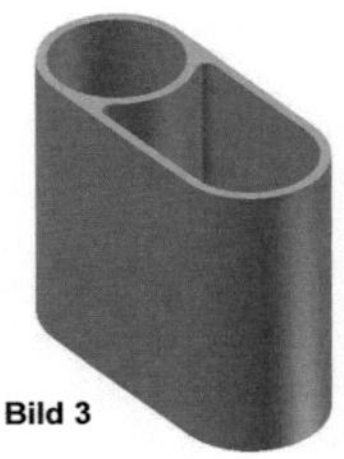

Bild 3

- ***Extrusion***
- Profil: Kontur (Bild 1)
- Verfahren: Vereinigung
- Größe: Abstand (296 mm)
- Richtung: Symmetrisch
- OK

5.7.3 Lagerungen für die Kurbelwelle

Die Kurbelwellenlagerung wird aus 5 Lagerelementen bestehen. Für das erste Element wechseln Sie in die Ansicht ***Vorne*** (ViewCube) und erstellen auf der dargestellten Seitenfläche (Bild 1) eine neue ***2D-Skizze***.

Projizieren Sie die drei Achsen, zeichnen Sie die dargestellte Kontur und erstellen Sie mittels ***Extrusion*** den Volumenkörper des ersten Lagerelementes.

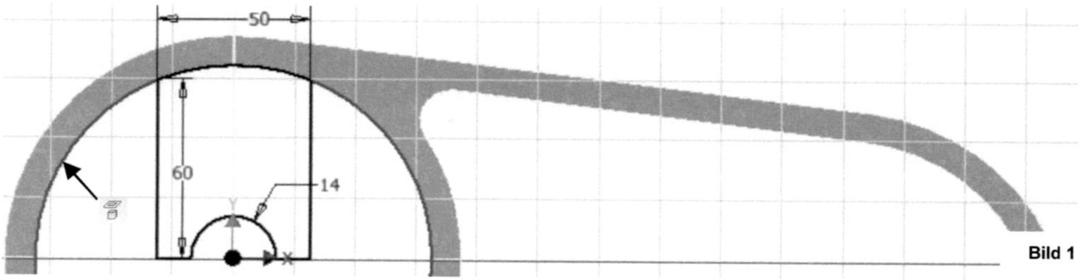

Bild 1

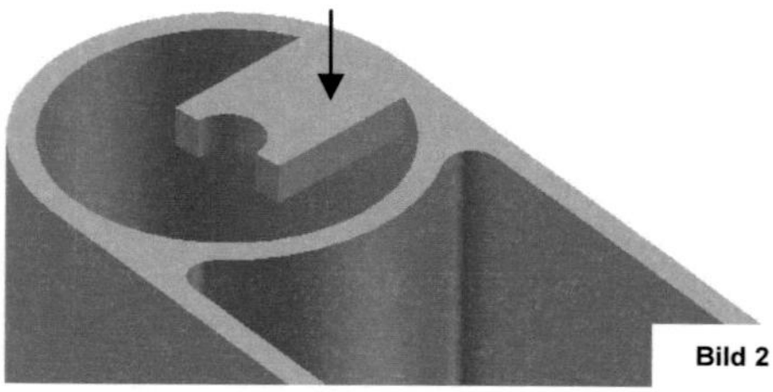

Bild 2

- ***2D-Skizze erstellen*** (Auf markierter Fläche Bild 2)
- Ansicht ***Vorne***
- ***Geometrie projizieren*** (3 Achsen und markierte Kante in Bild 1)
- Kontur zeichnen (Bild 1)
- ***Skizze fertig stellen***

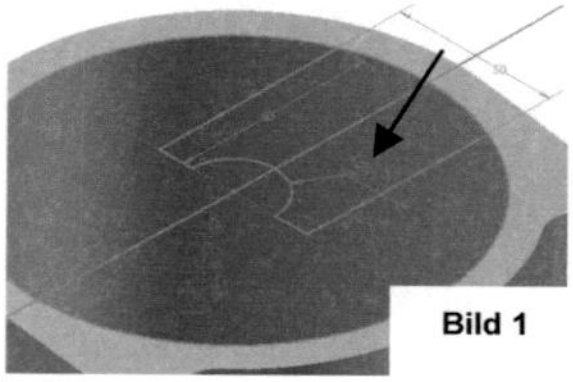

Bild 1

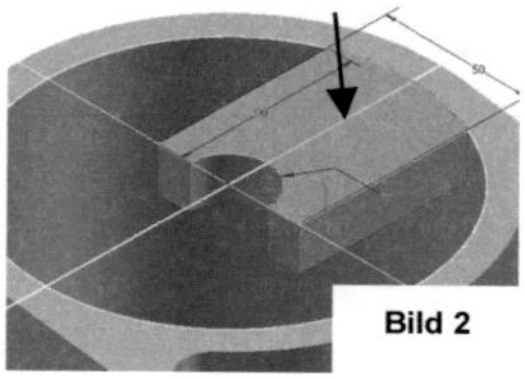

Bild 2

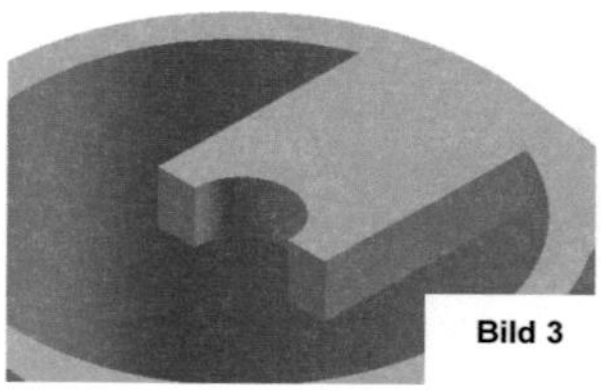

Bild 3

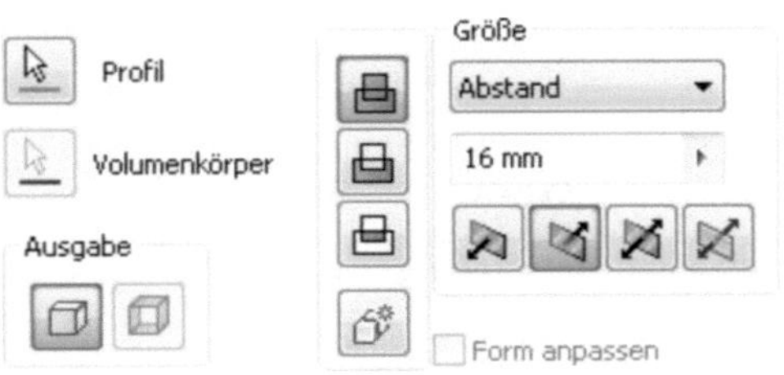

- **_Extrusion_**
- Profil: Kontur (Bild 1)
- Verfahren: Vereinigung
- Größe: Abstand (16 mm)
- Richtung: Dargestellt (Bild 2)
- OK

5.7.4 Gewindebohrungen mit linearen Referenzen

Nachdem wir Bohrungen basierend auf den konzentrischen Referenzen erstellt haben, werden wir im folgenden Schritt mit linearen Referenzen arbeiten. Starten Sie den Befehl ***Bohrung*** und folgen Sie der Befehlskette.

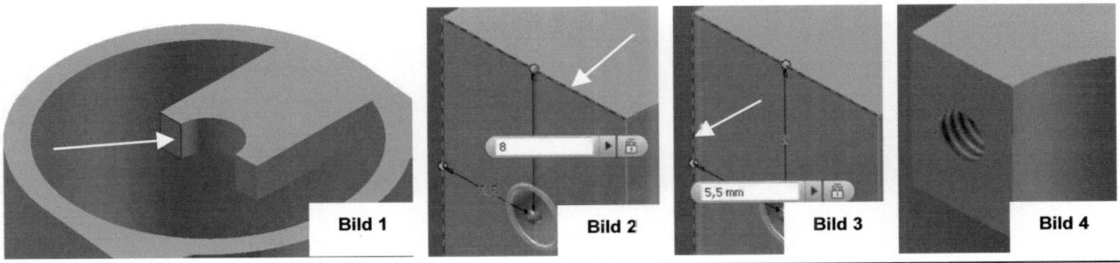

Bild 1 Bild 2 Bild 3 Bild 4

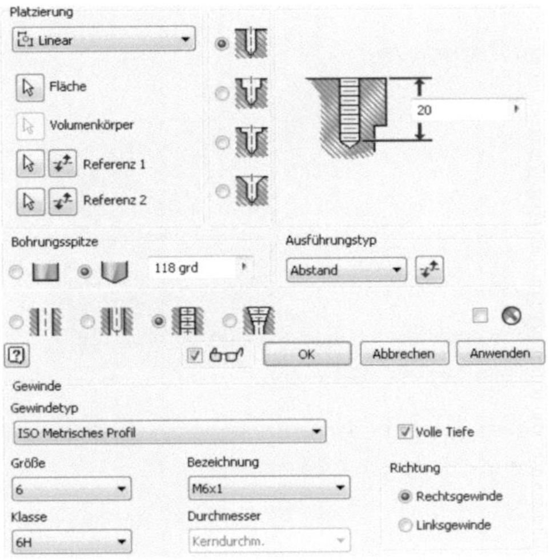

- **_Bohrung_**
- Platzierung: Linear
- Ebene: Markierte Fläche (Bild 1)
- Referenz 1: Kante (8 mm) (Bild 2)
- Referenz 2: Kante (5,5 mm) (Bild 3)
- Typ: Gewindebohrung
- Ausführungstyp: Abstand (20 mm)
- Gewindelänge: Volle Tiefe
- Gewindetyp: ISO Metrisches Profil
- Größe: 6 - Rechtsgewinde
- Bezeichnung: M6 x 1
- Klasse: 6H
- Anwenden

Wiederholen Sie diese Übung auf der anderen Teilfläche der Kurbelwellen-lagerung und beenden Sie den Befehl abschließend mit OK

5.7.5 Fasen an der Kurbelwellenlagerung

Fasen Sie die 4 markierten Kanten jetzt mit einem Abstand von 2 mm.

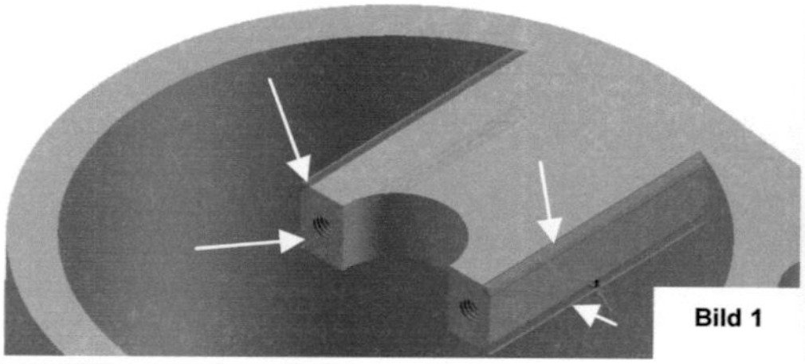
Bild 1

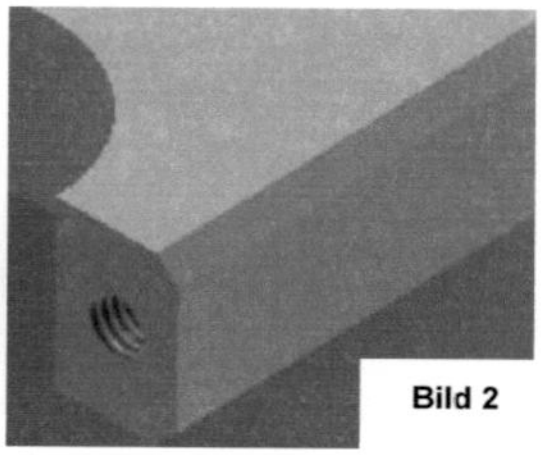
Bild 2

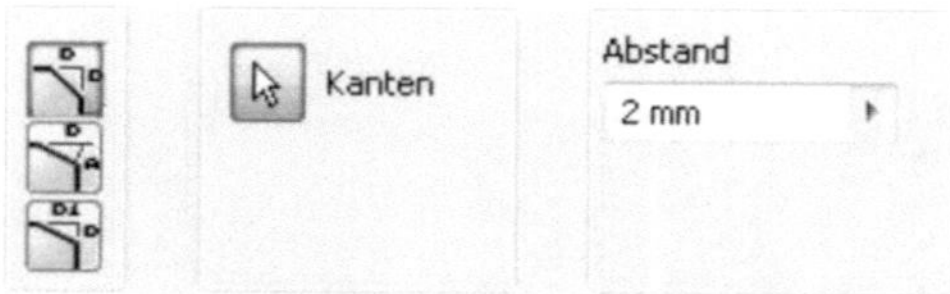

- ***Fase***
- Kante: Markierte 4 Kanten (Bild 1)
- Option: Abstand
- Abstand: 2 mm
- OK

5.7.6 Rechteckige Anordnung der Kurbelwellenlagerung

Das erste Lagerelement wurde erstellt und muss jetzt (samt Fasen und Bohrungen) kopiert und in einer Reihe angeordnet werden.

Verwenden Sie hierzu den Befehl ***Rechteckige Anordnung***.

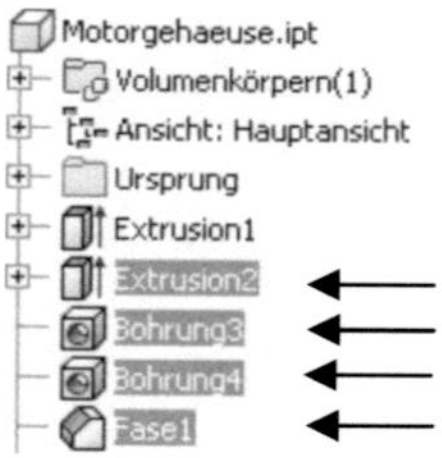

Bild 1

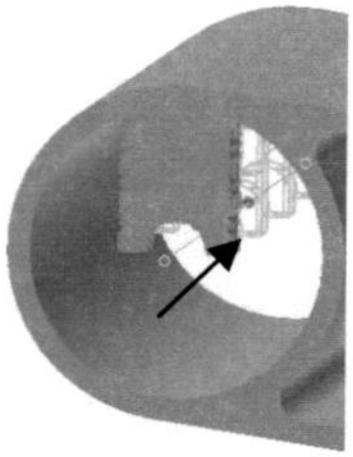
Bild 2

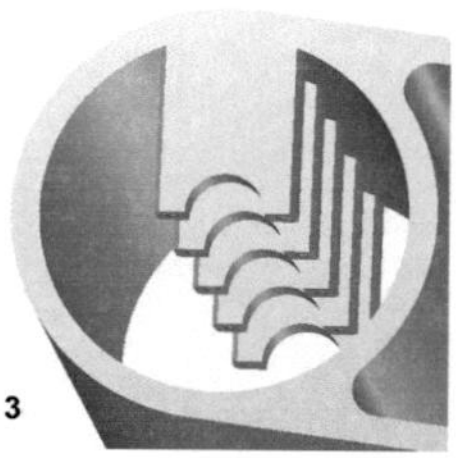
Bild 3

Achten Sie darauf, dass Sie die vier zum Lagerelement gehörenden Elemente zusammen kopieren. Eine Mehrfachauswahl ist mit der Kombination ***Strg*** + ***LiM*** möglich.

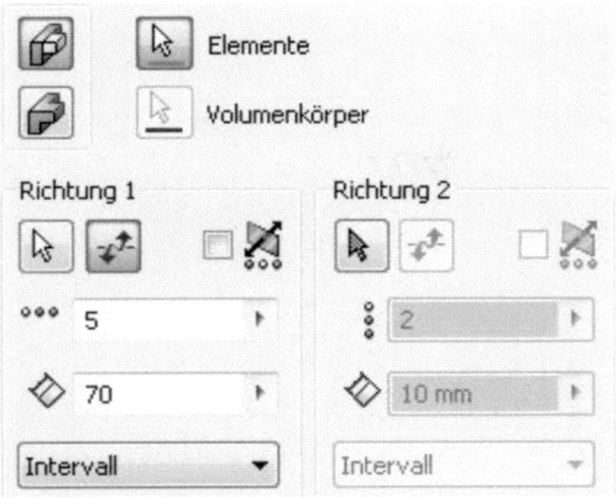

- ***Rechteckige Anordnung***
- Elemente: Markierte Elemente (Bild 1)
- Richtung 1: Z-Achse (Bild 2)
- Anzahl: 5
- Abstand: 70 mm
- OK

5.7.7 Dichtungsflansch zum Zylinderkopf

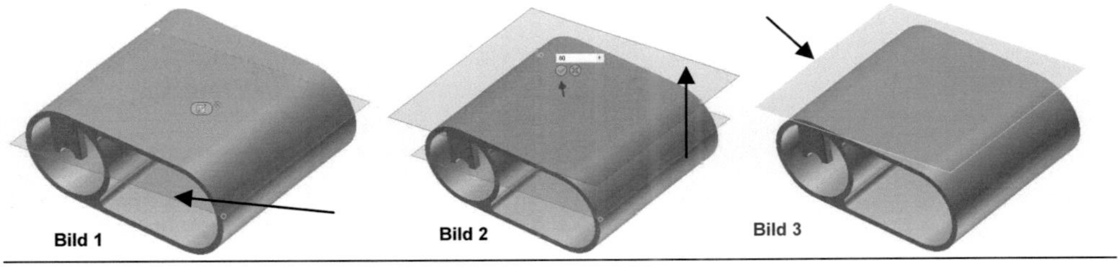

Bild 1 Bild 2 Bild 3

Um den Dichtungsflansch erzeugen zu können, benötigen wir eine neue Ebene, parallel zur XZ-Ebene und mit einem Versatz von 80 mm.

Starten Sie den Befehl ***Versatz von Ebene***, wählen Sie als Startfläche im Modellbaum die XZ-Ebene aus, ziehen den kleinen Pfeil in die dargestellte Richtung (Bild 2) und tragen Sie den Versatzwert 80 mm ein.

Erstellen Sie eine neue ***2D-Skizze*** darauf, wechseln Sie in die Ansicht ***Oben*** (ViewCube) und zeichnen Sie die dargestellte Kontur. Achten Sie darauf, Kreise und Rechteck symmetrisch zum Koordinatenursprung zu zeichnen.

Extrudieren Sie die Kontur anschließend und verwenden Sie die Option ***Zur Nächsten***.

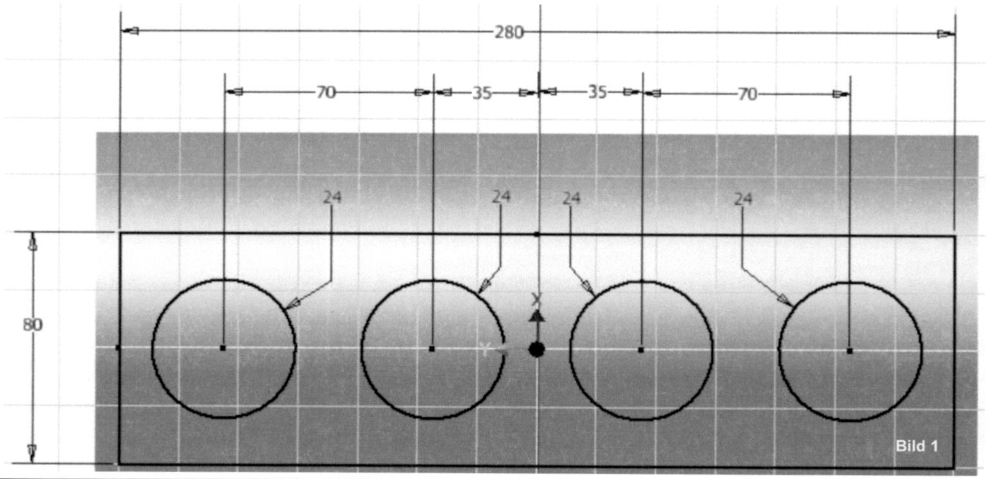

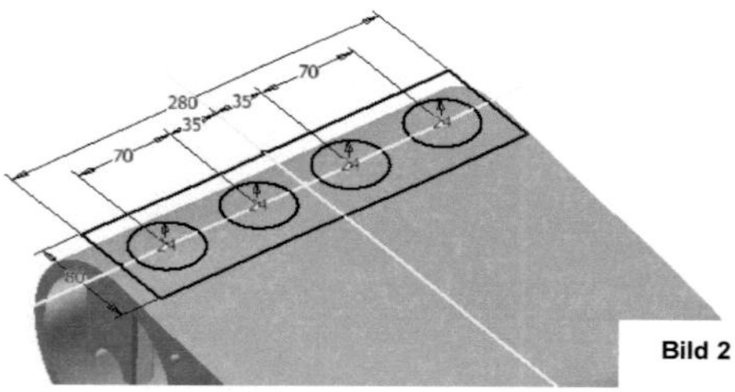
Bild 2

Skizze für den "Dichtungsflansch" zum Zylinderkopf

- Neue Ebene wählen
- Option: ***2D-Skizze erstellen***
- Ansicht ***Oben*** wählen
- ***Geometrie projizieren*** (3 Achsen)
- Vier ***Kreise*** D= 48 mm zeichnen
- ***Rechteck*** 280 x 80 mm zeichnen
- ***Maße*** setzen
- ***Abhängigkeiten*** setzen
- ***Skizze fertig stellen***

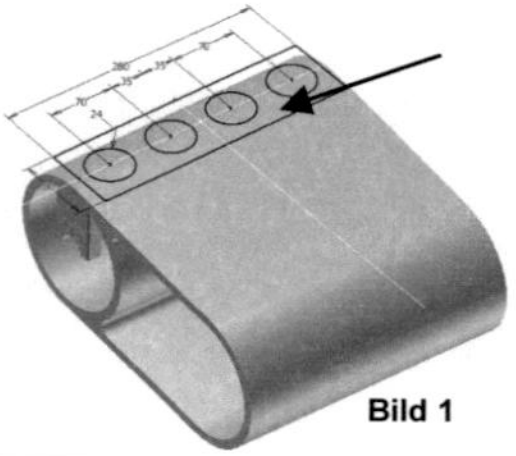
Bild 1

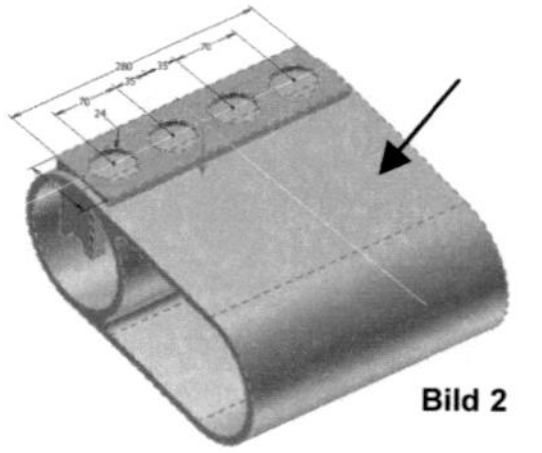
Bild 2

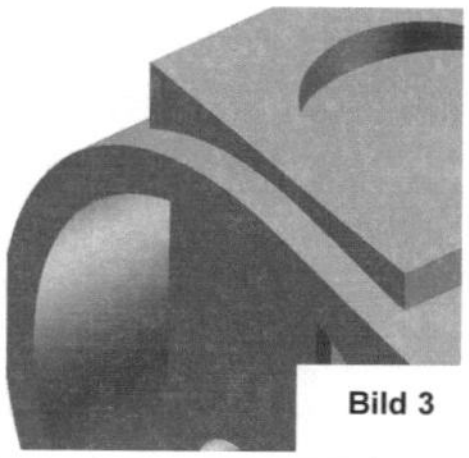
Bild 3

- ***Extrusion***
- Profil: Kontur (Bild 1)
- Verfahren: Vereinigung
- Größe: Zur Nächsten
- Endezeichen: Markierter Körper (Bild 2)
- OK

HINWEIS: Sollten Sie Probleme haben, die Kontur wie abgebildet auszuwählen, kehren Sie in die Skizze zurück und markieren Sie die projizierten X-, Y-, Z-Achsen als ***Konstruktionslinien***.

5.7.8 Bohrungen nach Skizze platzieren

Im nächsten Teil der Übung wird das Motorgehäuse mit 4 ***Bohrungen*** für die Laufbuchsen und 16 ***Gewindebohrungen*** für die Zylinderkopfverschraubung versehen. Hierfür werden wir den Platzierungstyp ***Nach Skizze*** verwenden. Erzeugen Sie eine ***2D-Skizze*** auf der Oberseite des gerade erzeugten Dichtungsflansches und folgen Sie der Befehlskette.

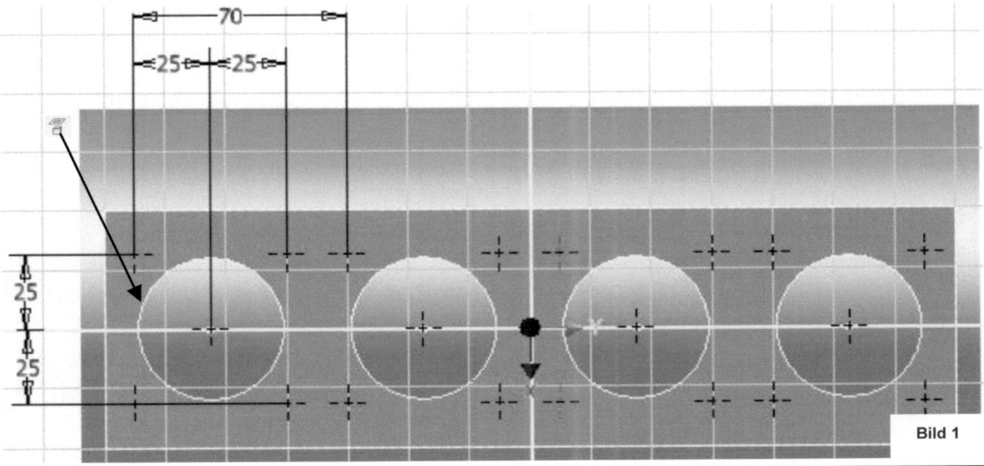

Bild 1

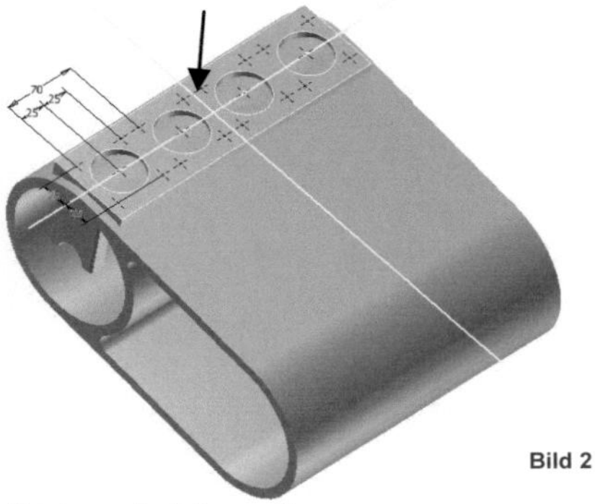

Bild 2

Platzierung der Bohrungsskizze

- ***2D-Skizze erstellen*** (Fläche Bild 2)
- ***Geometrie projizieren*** (Markierte Bohrungskante - Bild 1)
- ***Punkt*** in Mittelpunkt der projizierten Bohrungskante setzen
- 4 ***Punkte*** wie dargestellt um die erste Zylinderbohrung anordnen
- ***Maße*** setzen
- Alle 5 Punkte ***rechteckig*** anordnen (4x in Richtung Y-Achse mit dem Abstand 70 mm)
- ***Skizze fertig stellen***

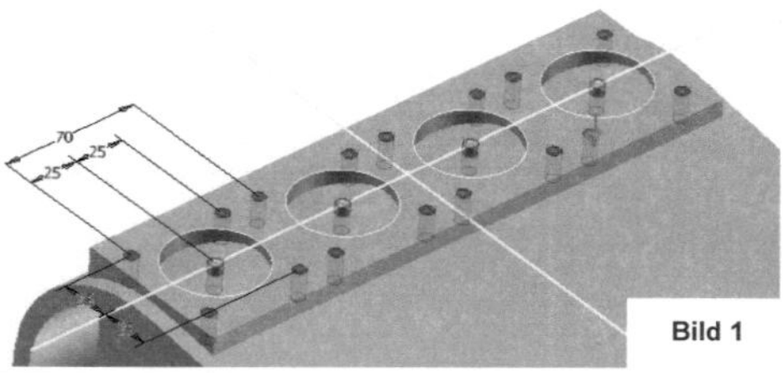

Bild 1

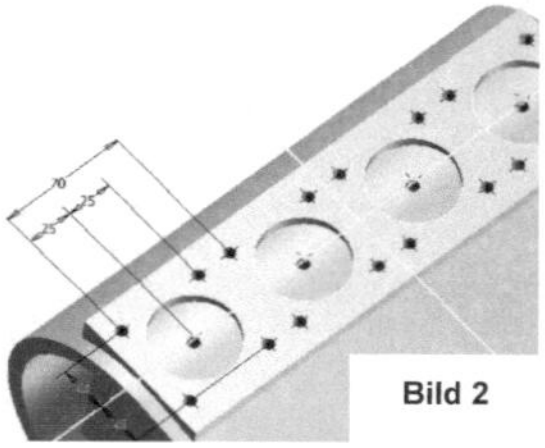

Bild 2

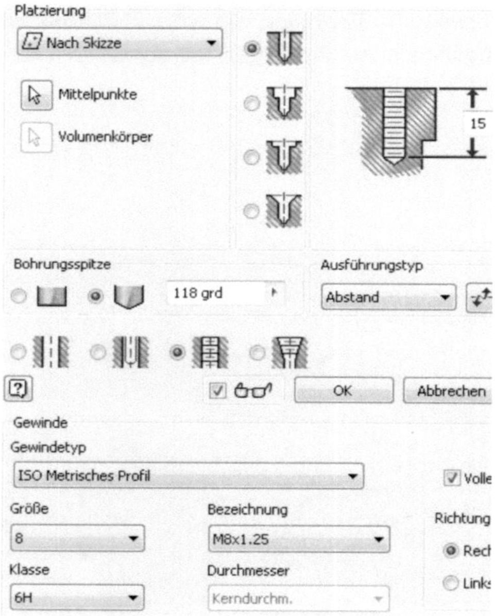

- ***Bohrung***
- Platzierung: Nach Skizze
- Mittelpunkte: Alle
- Typ: Gewindebohrung
- Ausführungstyp: Abstand (15 mm)
- Gewindelänge: Volle Tiefe
- Gewindetyp: ISO Metrisches Profil
- Größe: 8 - Rechtsgewinde
- Bezeichnung: M8 x 1,25
- Klasse: 6H
- OK

Wir haben jetzt alle in der Skizze vorhandenen Punkte mit einer Bohrung versehen.

Da die vier Zylinderbohrungen zu klein sind, aktivieren wir die Skizze erneut. Wählen Sie die Skizze im Modellbaum an und dann ***ReM* > *Skizze wieder verwenden***.

Erzeugen Sie mit der wieder aktivierten Skizze an den vier Bohrungspunkten der Zylinderbohrungen vier neue Bohrungen, diesmal ohne Gewinde. Achten Sie darauf, wirklich nur diese vier Bohrungspunkte zu wählen.

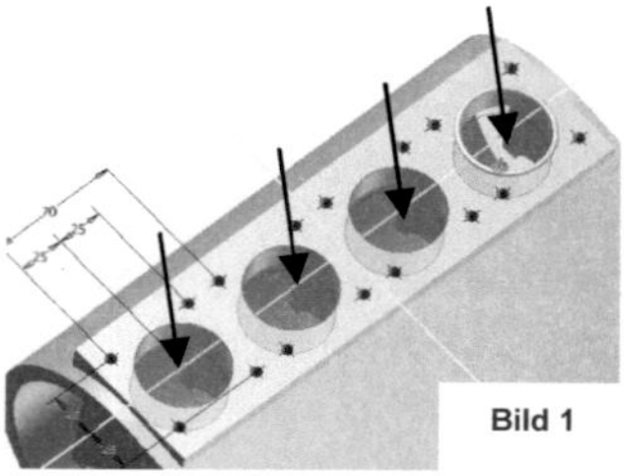

Bild 1

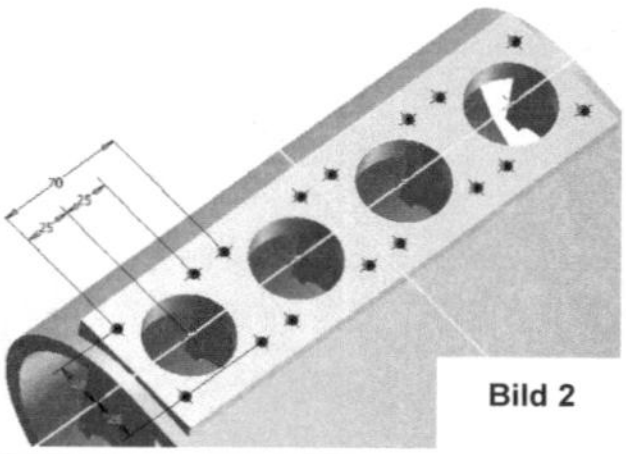

Bild 2

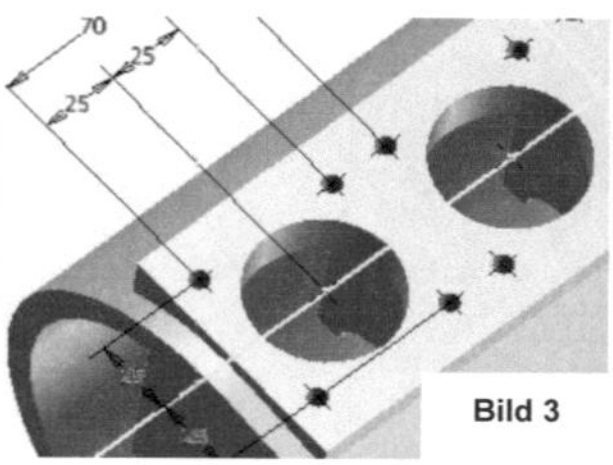

Bild 3

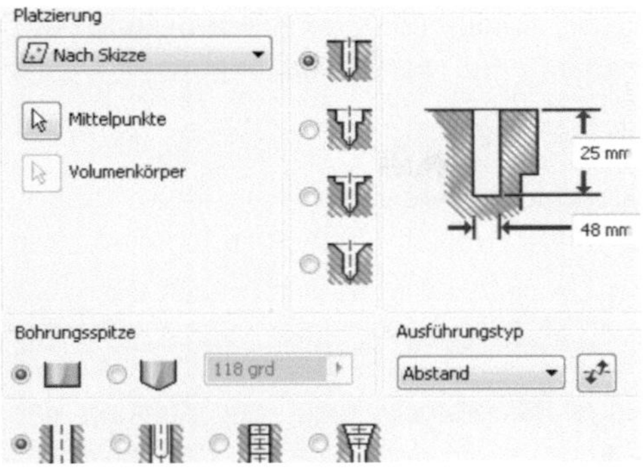

- ***Bohrung***
- Platzierung: Nach Skizze
- Mittelpunkte: 4 markierte (Bild 1)
- Typ: Bohren
- Ausführungstyp: Abstand (25 mm)
- Durchmesser: 48 mm
- Bohrungsspitze: Flach
- Gewinde: Nein
- OK

Entfernen Sie die Sichtbarkeit der Skizze anschließend wieder.

5.7.9 Abrunden des Übergangsbereiches

Abschließend verwenden wir den Befehl ***Rundung***, um die markierten Ecken und den Übergangsbereich zum Dichtungsflansch zu gestalten. Achten Sie darauf, dass zuerst die vier Kanten (Bild 1) gerundet werden, anschließend die umlaufende Kante in Bild 3.

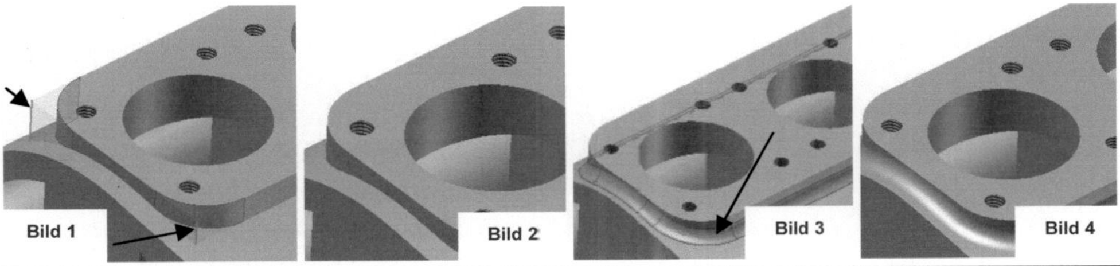

Erster Schritt (Rundung 20 mm)

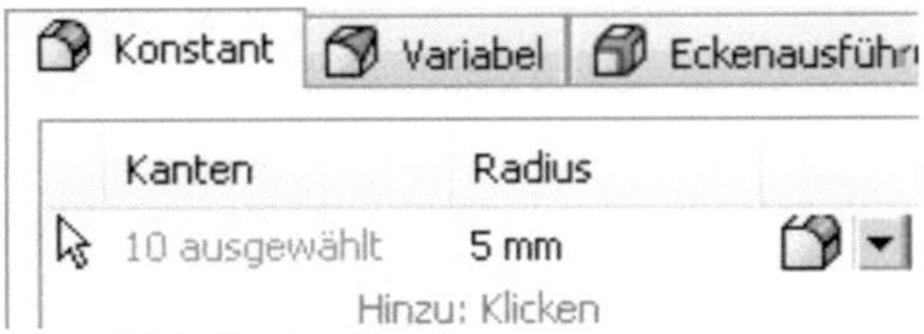

Zweiter Schritt (Rundung (5 mm)

- ***Rundung***
- Kanten: 4 markierten Kanten (Bild 1)
- Radius: 20 mm
- Anwenden
- Kante: 1 umlaufende Kante (Bild 3)
- Radius: 5 mm
- OK

Achten Sie darauf, dass die Rundung der ersten vier Kanten (20 mm) zuerst bestätigt werden muss (***Anwenden***) bevor die umlaufende Kante (5 mm) sonst nicht angewählt werden kann.

Das Bauteil kann anschließend gespeichert und geschlossen werden.

5.8 Bauteil Zylinderblock

5.8.1 Grundlagen zum Bauteil

Der Zylinderblock (Motorblock) dient der Kühlung der Verbrennungsräume, sowie der Aufnahme der Laufbuchsen und des Riemenkanals. Der Zylinderblock sitzt zwischen Motorgehäuse und Zylinderkopf und wird in der Regel aus Gusseisen, Aluminium- oder Sphäroguss hergestellt.

5.8.2 Sweepen der Kühlrippen

Öffnen Sie die Übungsdatei ***Uebung-Zylinderblock.ipt*** aus dem Downloadordner. Die Basiselemente des Bauteils existieren bereits. Abschließend sollen die Kühlrippen erzeugt werden.

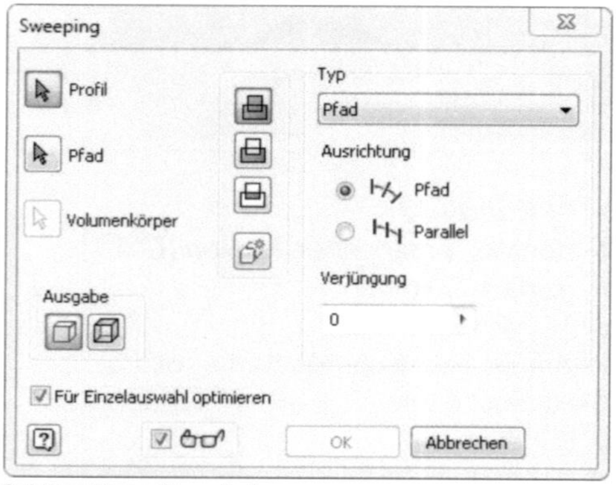

Befehlsoptionen "Sweeping"

Der Befehl ***Sweeping*** erfordert zwei 2D-Skizzen, welche nicht parallel zueinander liegen dürfen. In einer muss sich das zu sweepende Profil, in der anderen der Pfad befinden.

Das Profil ist eine geschlossene Kontur, welches entlang des Pfades extrudiert werden soll. Der Pfad muss nicht zwingend in einer 2D-Skizze liegen, es können auch Kanten von Volumenkörpern verwendet werden. Der Befehl erzeugt aus dieser Kante dann automatisch eine zweite (3D) Skizze und verwendet diese als Pfadskizze.

Starten Sie den Befehl ***Sweeping***. Wählen Sie als ***Profil*** die in ***Skizze3*** bereits erzeugte Kontur und als Pfad die markierte Kante (Bild 2). Achten Sie darauf, das Verfahren ***Differenz*** zu wählen, da wir vorhandenes Material entfernen wollen.

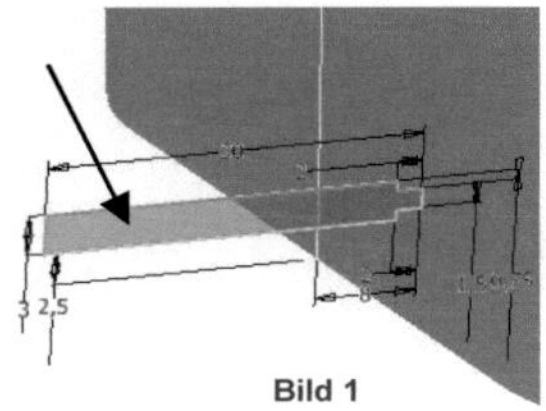

Bild 1

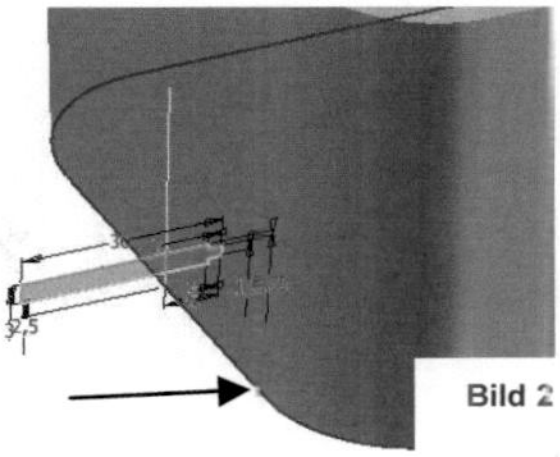

Bild 2

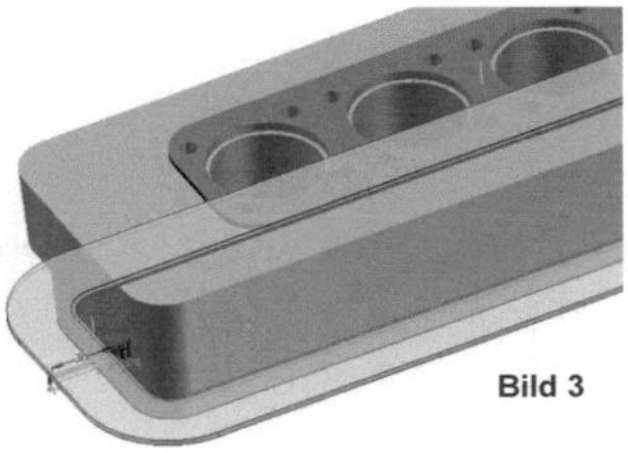

Bild 3

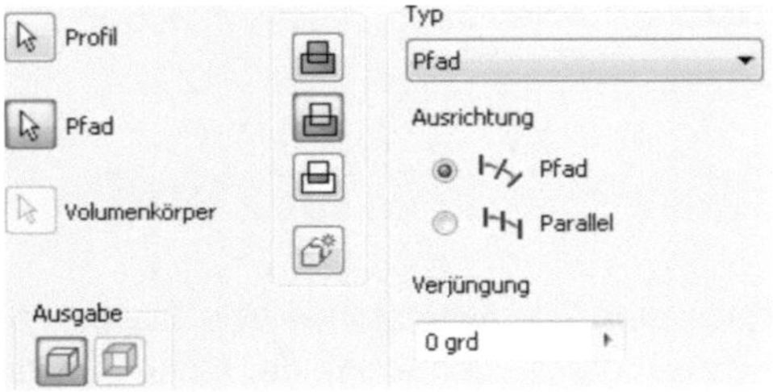

- ***Sweeping***
- Profil: Kontur aus Skizze 3 (Bild 1)
- Pfad: Markierte Kante (Bild 2)
- Verfahren: Differenz
- Typ: Pfad
- Ausrichtung: Pfad
- OK

Die erste Kühlrippe wurde erzeugt, für die restlichen Materialschnitte verwenden wir die ***Rechteckige Anordnung***.

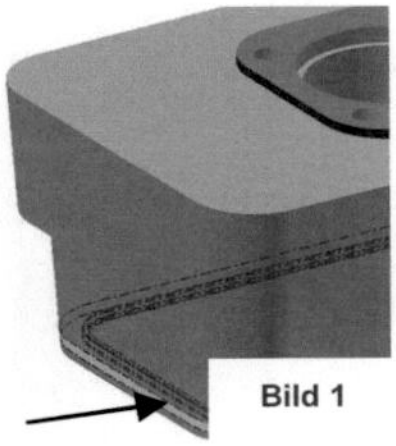

Bild 1

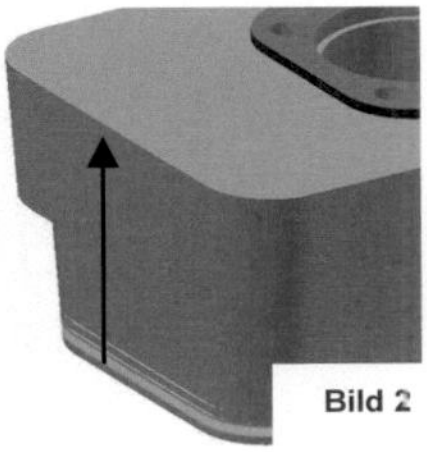

Bild 2

Bild 3

- ***Rechteckige Anordnung***
- Elemente: Sweeping-Element (Bild 1)
- Richtung 1: Y-Achse (Bild 2)
- Anzahl: 19
- Abstand: 4 mm
- OK

Achten Sie darauf, in die richtige Richtung anzuordnen. Das Ergebnis sollte dann so wie in Bild 3 dargestellt aussehen.

Der Zylinderblock kann anschließend gespeichert und geschlossen werden.

5.9 Bauteil Zylinderkopf

5.9.1 Grundlagen zum Bauteil

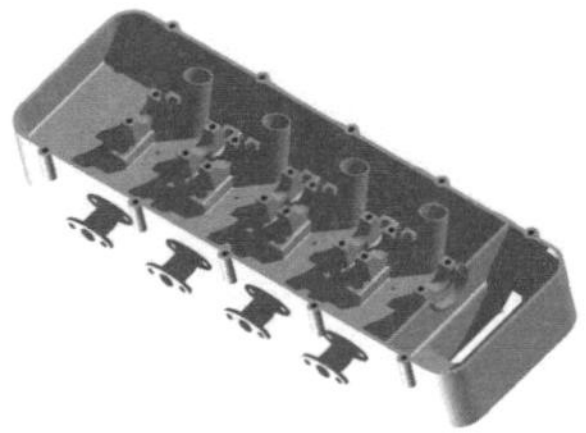

Der Zylinderkopf schließt den Verbrennungsraum der Zylinder nach oben hin ab. Er lagert die Bauteile der Ventilsteuerung (Nockenwelle, Ventile, Riemenrad der Nockenwelle und einen Teil des Riemenkanals) und trägt die Verbindungskanäle zwischen den Verbrennungsräumen und der Ansaug-/ Abgasseite. Montiert wird er oberhalb des Zylinderblocks.

5.9.2 Erzeugen einer schrägen Ebene

Öffnen Sie die Datei ***Uebung-Zylinderkopf.ipt*** aus dem Downloadordner. Wie Sie sehen können, wurde das Basisobjekt bereits erzeugt. Verwendet wurden einige der Ihnen bereits bekannten Befehle. Sehen Sie sich die einzelnen Befehlsschritte im Modellbaum in Ruhe an und versuchen Sie sich einen Überblick über die erfolgten Arbeitsschritte zu verschaffen, um die Vorgehensweise nachvollziehen zu können.

In der folgenden Übung werden wir eine schräge Ebene erzeugen, auf der anschließend eine ***2D-Skizze*** erstellt wird. Starten Sie den Befehl ***Ebene*** - ***Winkel zu Ebene um Kante*** und folgen Sie der Befehlskette.

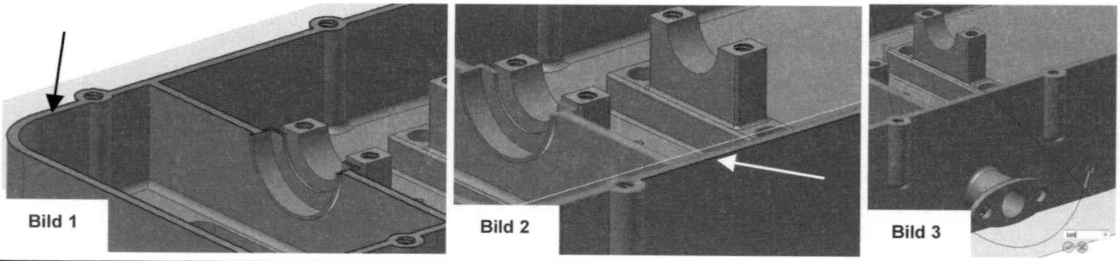

Bild 1 Bild 2 Bild 3

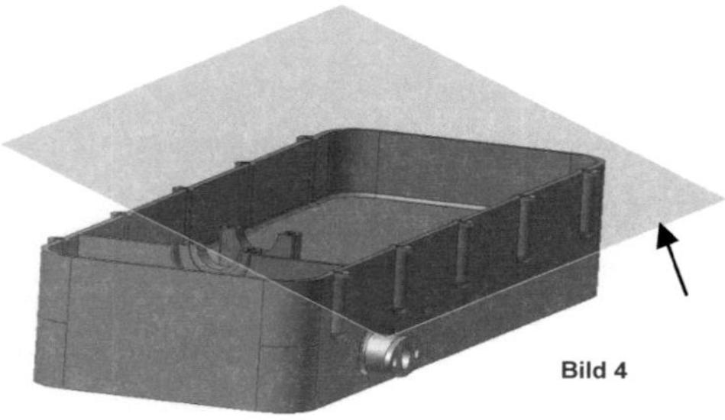

Bild 4

"Schräge Ebene"

- ***Ebene - Winkel zu Ebene um Kante***
- Ebene: Fläche in Bild 1
- Kante: Kante in Bild 2
- Winkel: 160°
- ***Anwenden***

Achten Sie darauf, dass die Ebene die in Bild 4 dargestellte Lage erreicht. Korrigieren Sie den Winkel wenn nötig.

HINWEIS: Arbeitsebenen, -achsen und -punkte sind sehr häufig verwendete Befehle während der Arbeit mit dem Programm. Sehen Sie sich daher auch alle anderen Befehle in dieser Befehlsgruppe genauer an und üben Sie etwas damit.

Erstellen Sie auf der neuen Ebene eine ***2D-Skizze*** und zeichnen Sie die folgende Kontur.

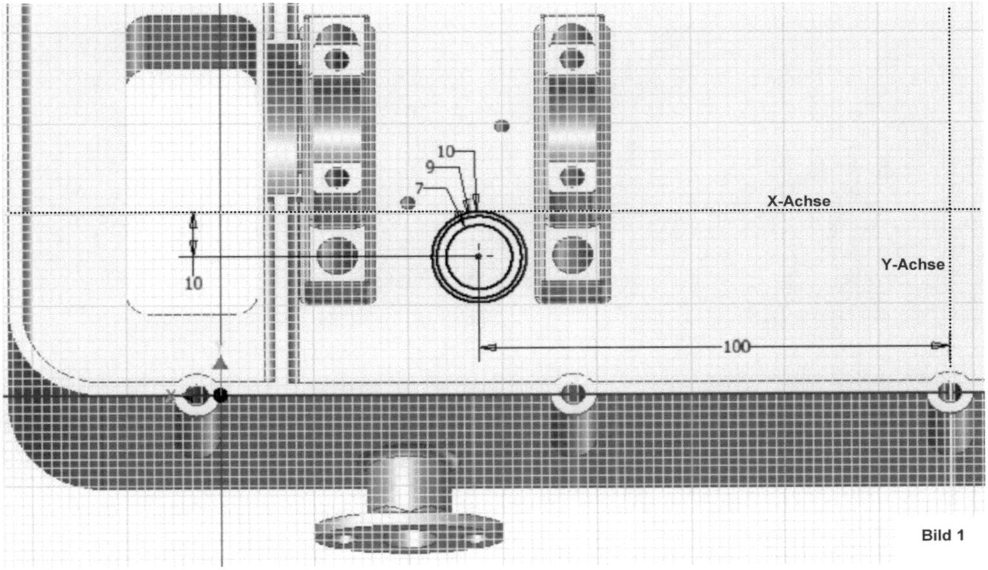

Bild 1

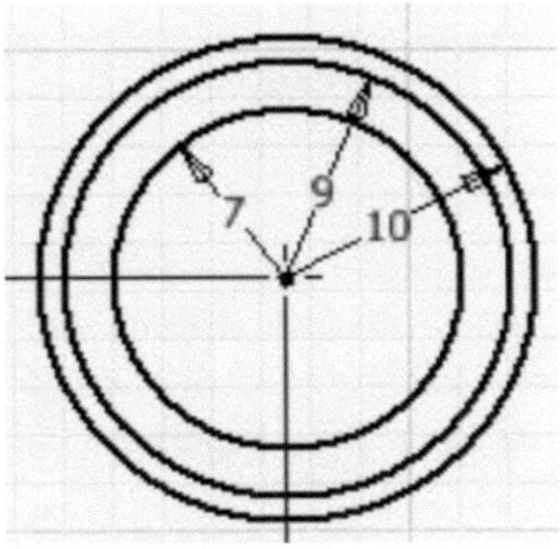

Bild 2

Skizze der Zündkerzenbohrung

- Neue Ebene markieren
- Option ***Neue 2D-Skizze*** wählen
- ***Geometrie projizieren*** (3 Achsen)
- ***Kreis*** R= 7 mm zeichnen
- ***Kreis*** R= 9 mm zeichnen
- ***Kreis*** R= 10 mm zeichnen
- ***Maße*** setzen
- ***Punkt*** in Mitte der 3 Kreise setzen
- ***Skizze fertig stellen***

HINWEIS: Sollte sich die Ansicht nach Erstellung der Skizze nicht wie in Bild 1 dargestellt ausrichten (Blick auf die Oberseite des Zylinderkopfes), sondern der Blick auf die Rückseite des Zylinderkopfes erfolgen, drehen Sie die Ansicht um 180° und verwenden dann ***Ansichtsfläche***, um die Ausrichtung zu korrigieren.

5.9.3 Zündkerzenbohrung erzeugen

Im ersten Schritt soll die Gewindebohrung für die Zündkerze erzeugt werden. Starten Sie den Befehl ***Bohrung*** und folgen Sie der Befehlskette. Verwenden Sie die Option ***Nach Skizze*** und achten Sie darauf, dass der kleine Richtungspfeil in Richtung des Volumenkörpers zeigt, ansonsten ziehen Sie diesen in diese Richtung.

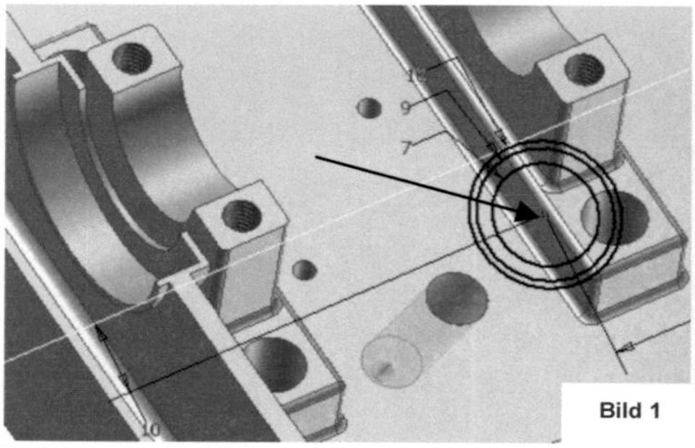

Bild 1

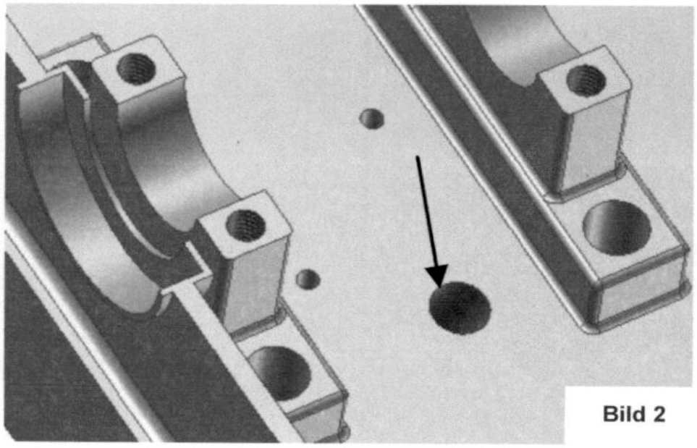

Bild 2

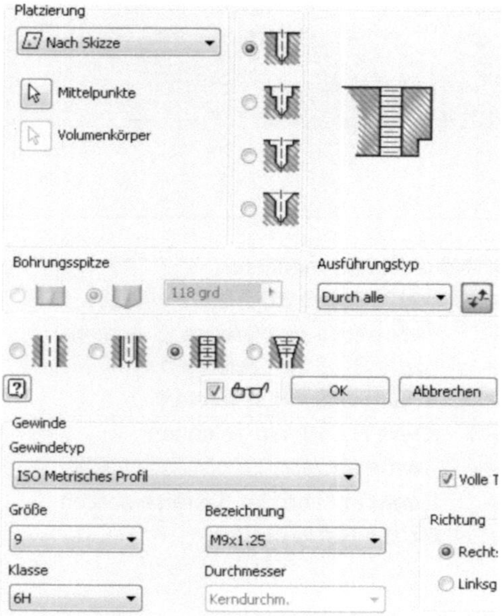

- ***Bohrung***
- Platzierung: Nach Skizze
- Mittelpunkte: Punkt
- Typ: Gewindebohrung
- Ausführungstyp: Durch alle
- Gewindelänge: Volle Tiefe
- Gewindetyp: ISO Metrisches Profil
- Größe: 9 - Rechtsgewinde
- Bezeichnung: M9 x 1,25
- Klasse: 6H
- OK

Reaktivieren Sie die zuletzt verwendete 2D-Skizze wieder (***ReM*** > ***Skizze wieder verwenden***) und komplettieren Sie den Zündkerzenbereich mit den drei folgenden ***Extrusionen***.

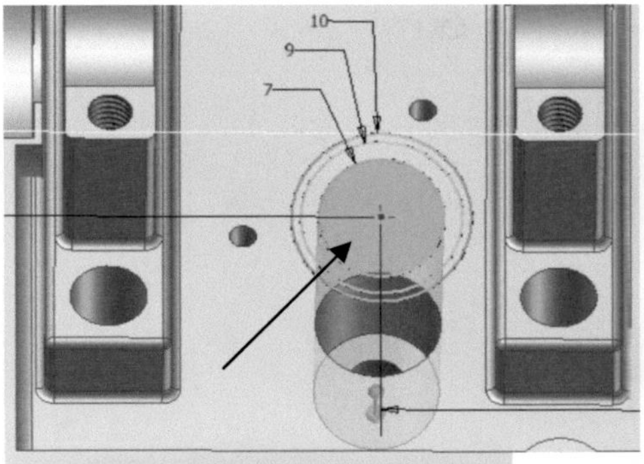

Bild 1

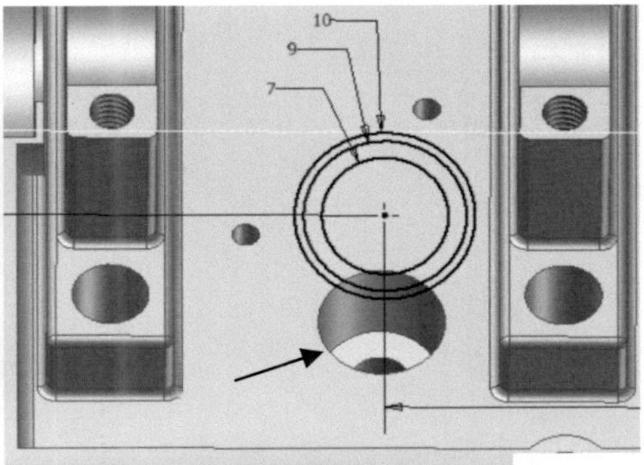

Bild 2

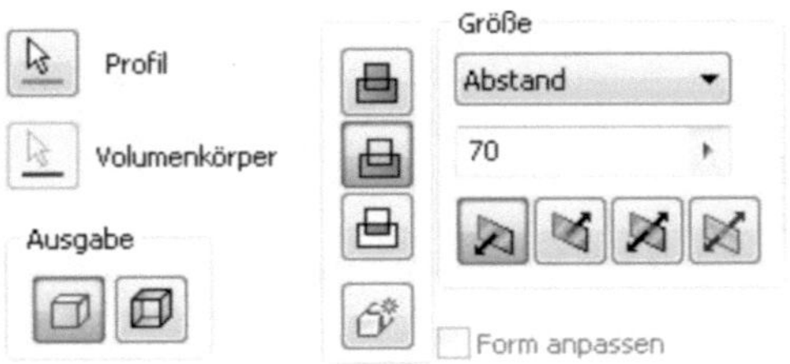

- Extrusion
- Profil: R= 7 mm Kreis (Bild 1)
- Verfahren: Differenz
- Größe: Abstand (70 mm)
- Richtung: Zum Volumenkörper hin
- OK

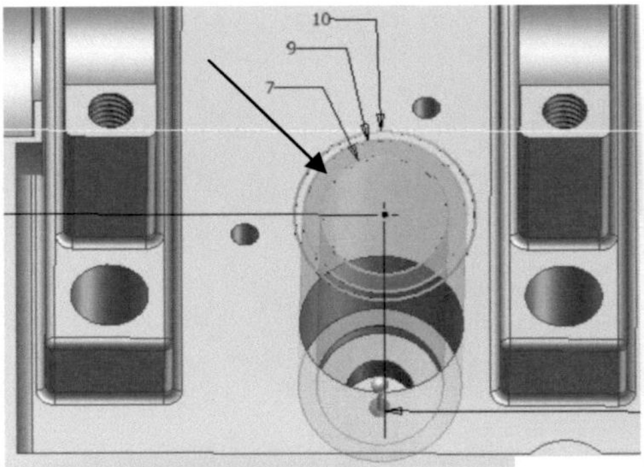

Bild 1

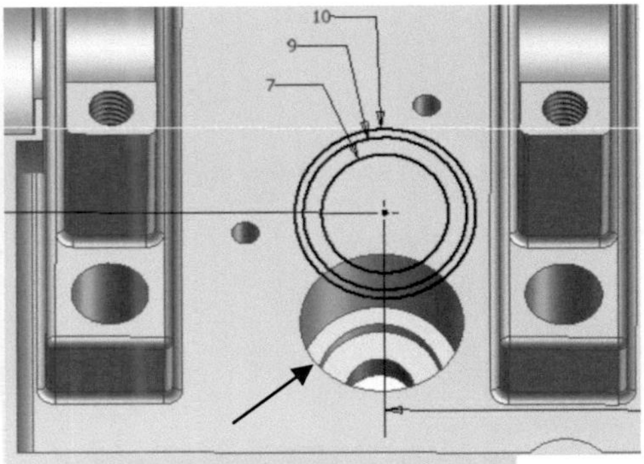

Bild 2

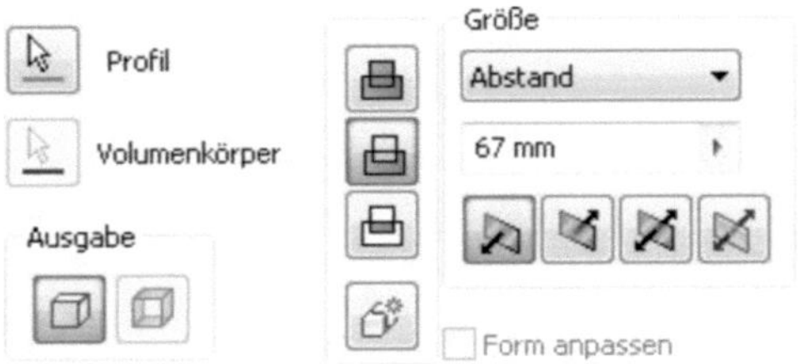

- Extrusion
- Profil: Kreisfläche zwischen R= 7 mm und R= 9 mm (Bild 1)
- Verfahren: Differenz
- Größe: Abstand (67 mm)
- Richtung: Zum Volumenkörper hin
- OK

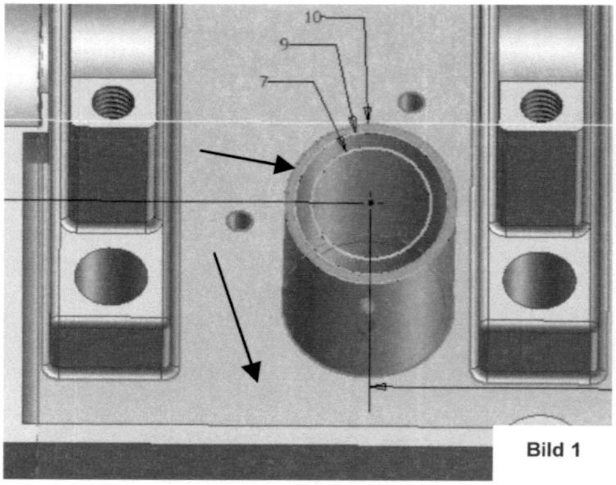

Bild 1

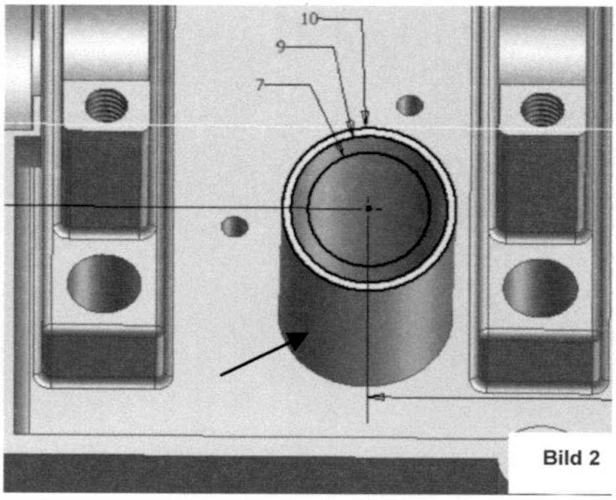

Bild 2

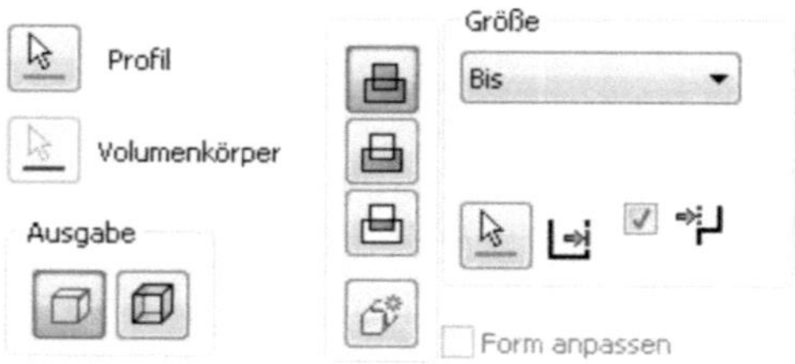

- ***Extrusion***
- Profil: Kreisfläche zwischen R= 9 mm und R= 10 mm (Bild 1)
- Verfahren: Vereinigung
- Größe: Bis
- Bis: Markierte Fläche (Bild 1)
- OK

Achten Sie darauf, bei der letzten Extrusion das Verfahren ***Vereinigung*** zu verwenden.

5.9.4 Erweitern einer vorhandenen Anordnung

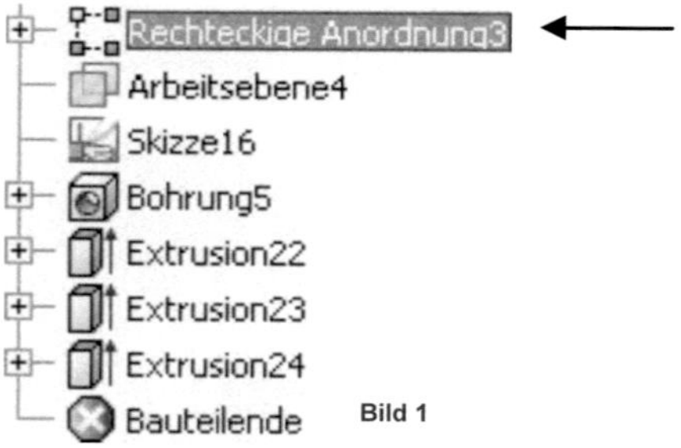

Bild 1

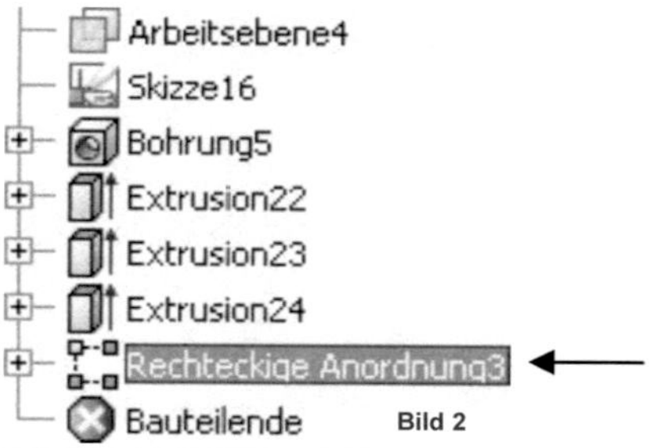

Bild 2

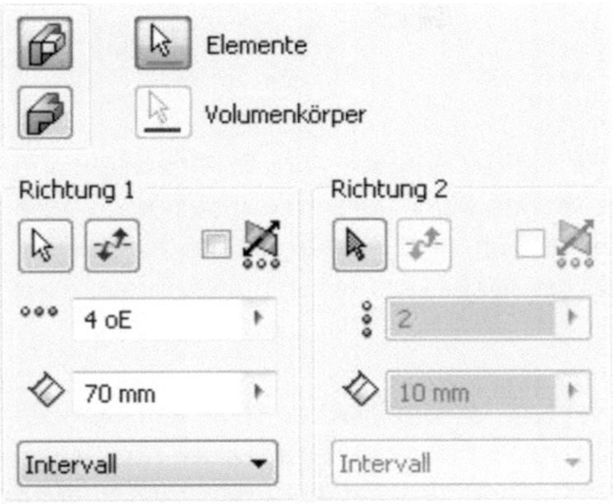

Erweitern einer vorhandenen "Anordnung"

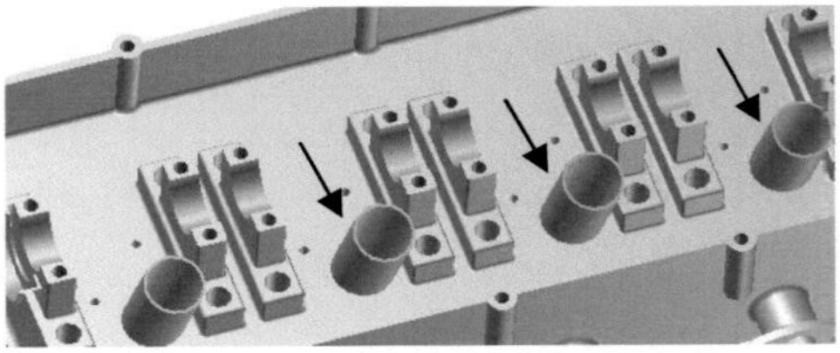

Vorhandene "Anordnung" wurde um vier Elemente erweitert

Die zuletzt erzeugten Arbeitsschritte (drei Extrusionen und eine Gewindebohrung) müssen jetzt auch bei den restlichen drei Zylindern erzeugt werden.

Wir könnten eine neue Anordnung erzeugen, oder die bereits vorhandene ***Rechteckige Anordnung*** verwenden, um diese um die vier neuen Elemente zu erweitern.

Vorab muss die vorhandene Anordnung allerdings im Modellbaum unter die letzte Extrusion geschoben werden, da die vier Elemente ansonsten nicht eingefügt werden können.

Klicken Sie die ***Rechteckige Anordnung*** mit der ***LiM*** an (Bild 1) und schieben Sie diese im Modellbaum vor das ***Bauteilende*** (Bild 2).

Bearbeiten Sie die ***Rechteckige Anordnung*** anschließend (***ReM*** > ***Element bearbeiten***). Wählen Sie die zusätzlichen vier ***Elemente*** an (***Strg*** + ***LiM***) und bestätigen Sie den Befehl wieder.

Die neuen Elemente sollten jetzt zusammen mit der vorhandenen Anordnung kopiert worden sein.

Entfernen Sie die Sichtbarkeit von eventuell noch sichtbaren Skizzen und Ebenen und Speichern sowie schließen Sie die Datei abschließend.

5.10 Bauteil Nockenwelle

5.10.1 Grundlagen zum Bauteil

"Nockenwelle"

Die Nockenwelle hat die Aufgabe, ihre Drehbewegung in eine lineare Bewegung der Ventile zu wandeln und so die Öffnungszeiten der Ein- und Auslasskanäle zu steuern. Hierfür sind auf der Welle acht Nocken vorhanden, zwei je Zylinderraum.

Grundlegend besteht unsere Nockenwelle aus der Basiswelle, 8 Nocken, 16 Führungsringen, einer Passfederaussparung und einer Gewindebohrung. Angetrieben wird die Welle durch eine Riemenverbindung mit der Kurbelwelle.

Öffnen Sie die Übungsdatei ***Uebung-Nockenwelle.ipt*** aus dem Downloadordner. Das Basiselement der Nockenwelle ist bereits vorhanden. Es fehlen eine Nut, in der später eine Passfeder platziert werden soll und eine Gewindebohrung.

5.10.2 Passfeder-Nut & Gewindebohrung am Wellenende

Erstellen Sie eine um den Wert 6 mm zur XZ-Ebene versetzte Ebene und darauf eine ***2D-Skizze***. Zeichnen Sie die dargestellte Kontur und erstellen Sie anschließend mittels ***Extrusion*** einen Materialschnitt.

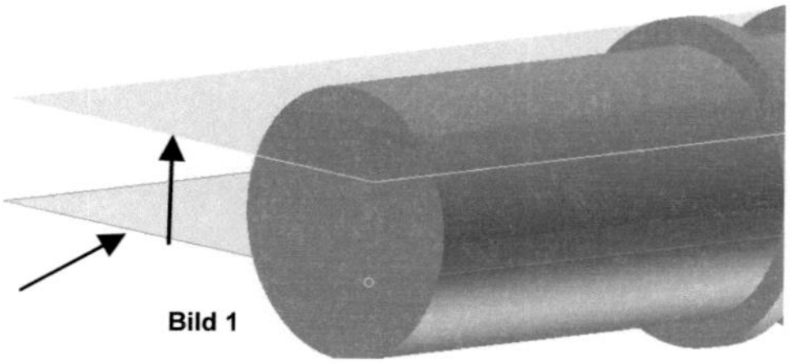
Bild 1

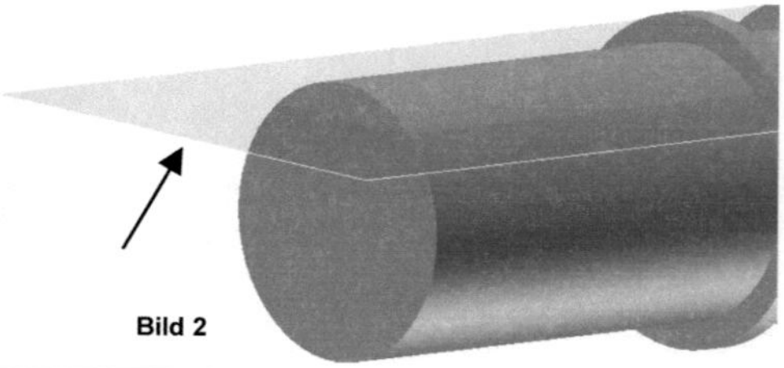
Bild 2

- ***Versatz von Ebene***
- Versatz: 6 mm (zur XZ-Ebene)
- ✔

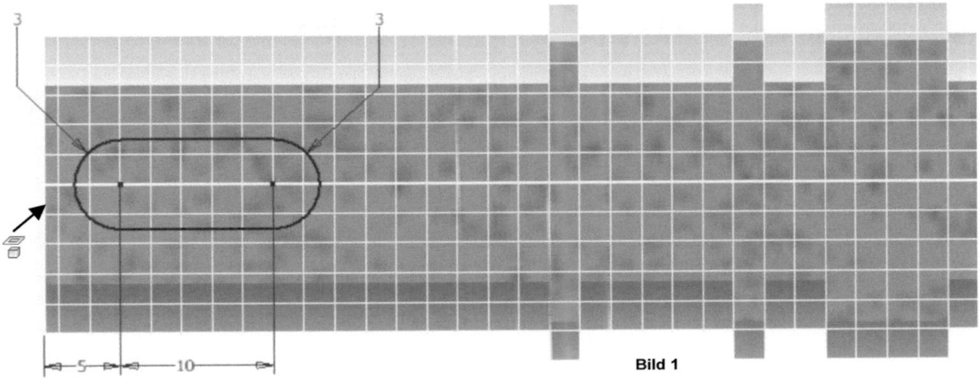

Bild 1

Skizzenseite der Nockenwelle

- Neue Ebene markieren
- Option 2D-Skizze erstellen ***2D-Skizze erstellen***
- Ansicht ***Oben*** wählen (ViewCube)
- Ansicht um 90° drehen (im UZS) (ViewCube)
- ***F7***
- ***Geometrie projizieren*** (3 Achsen und markierte Kante Bild 1)
- Dargestellte Kontur zeichnen
- ***Skizze fertig stellen***

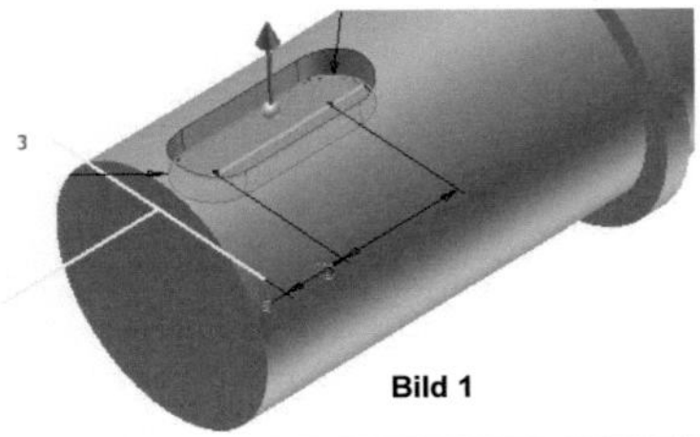
Bild 1

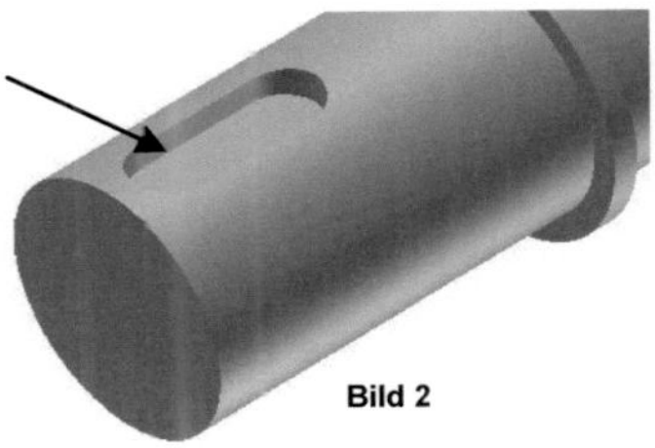
Bild 2

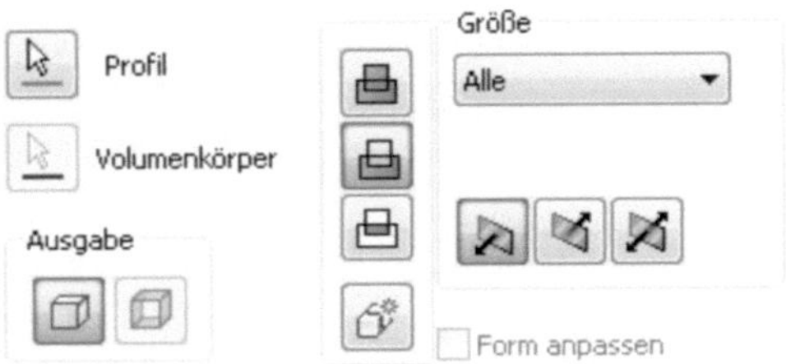

- ***Extrusion***
- Profil: Kontur
- Verfahren: Differenz
- Größe: Alle
- Richtung: Dargestellt (Bild 1)
- OK

Auf der selben Seite der Nockenwelle soll an der Stirnseite eine zusätzliche ***Bohrung*** erzeugt werden.

Bild 1

Bild 2

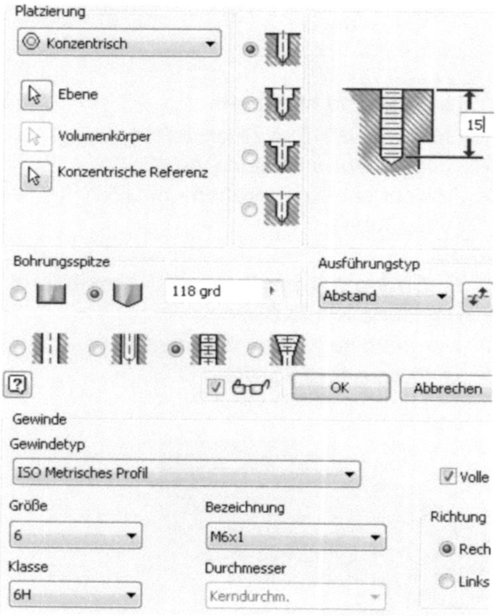

- ***Bohrung***
- Platzierung: Konzentrisch
- Ebene: Markierte Fläche (Bild 1)
- Konz. Referenz: Kante (Bild 2)
- Typ: Gewindebohrung
- Ausführungstyp: Abstand (15 mm)
- Gewindelänge: Volle Tiefe
- Gewindetyp: ISO Metrisches Profil
- Größe: 6 - Rechtsgewinde
- Bezeichnung: M6 x 1
- Klasse: 6H
- OK

Achten Sie darauf, dass sich die Bohrung auf der selben Nockenwellenseite wie die Passfederaussparung befindet.

Das Bauteil kann anschließend gespeichert und geschlossen werden.

5.11 Bauteil Kurbelwelle
5.11.1 Grundlagen zum Bauteil

"Kurbelwelle"

Die Kurbelwelle hat die Aufgabe, die Linearbewegung der Kolben in eine Drehbewegung zu wandeln. Es gibt gebaute (aus Einzelteilen bestehende), geschmiedete oder gegossene Kurbelwellen (aus einem Teil).

Bestandteile einer Kurbelwelle sind Kurbelwangen, Führungslager, Pleuellager, Riemen- und Antriebsseite.

5.11.2 Kurbelwangen

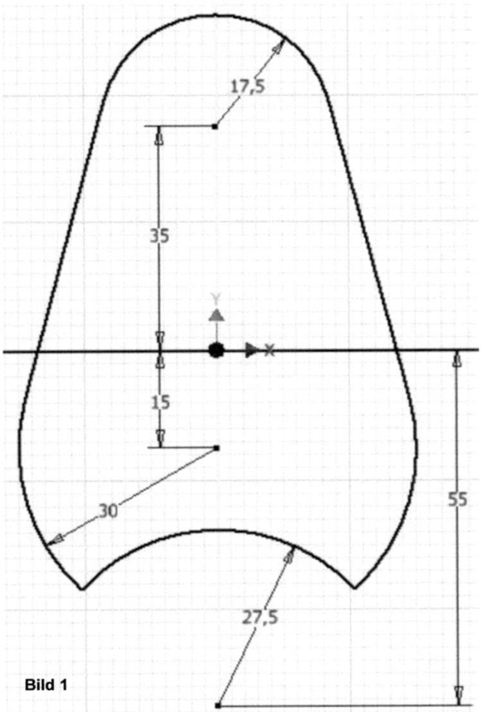

Bild 1

Skizze der ersten Kurbelwange

Wir beginnen mit der Konstruktion der Kurbelwangen.

Erstellen Sie ein ***neues Bauteil***, speichern Sie es als ***Kurbelwelle.ipt*** in Ihrem Projektordner ab und zeichnen Sie die dargestellte Kontur.

- ***Geometrie projizieren*** (3 Achsen)
- ***Kreis*** R= 17,5 mm zeichnen
- ***Kreis*** R= 27,5 mm zeichnen
- ***Kreis*** R= 30 mm zeichnen
- ***Maße*** setzen
- Zwei ***Linien*** zeichnen
- Linien ***tangential*** zu beiden Kreisen R= 17,5 mm und R= 30 mm setzen
- Kontur ***stutzen***
- ***Skizze fertig stellen***

Achten Sie darauf, dass alle Kreismittelpunkte auf der Y-Achse liegen.

Extrudieren Sie die Kontur danach symmetrisch um 10 mm.

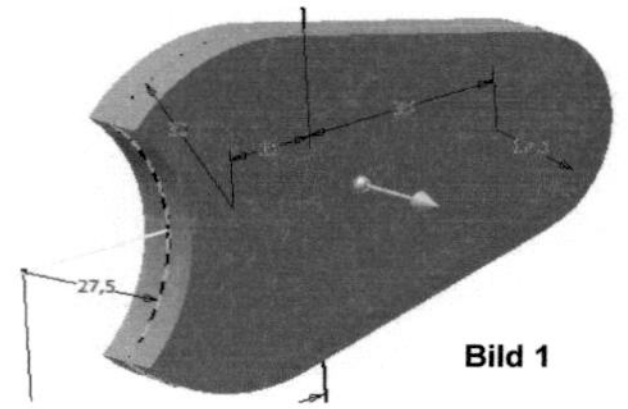

Bild 1

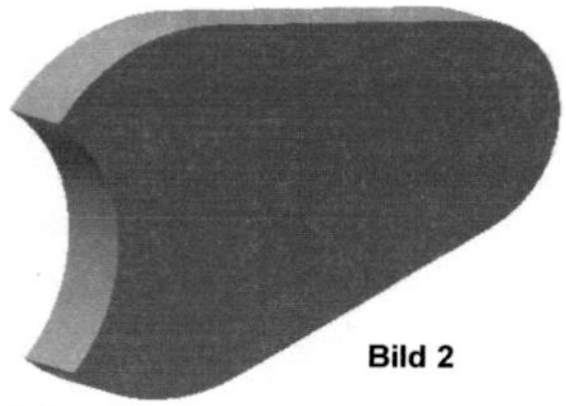

Bild 2

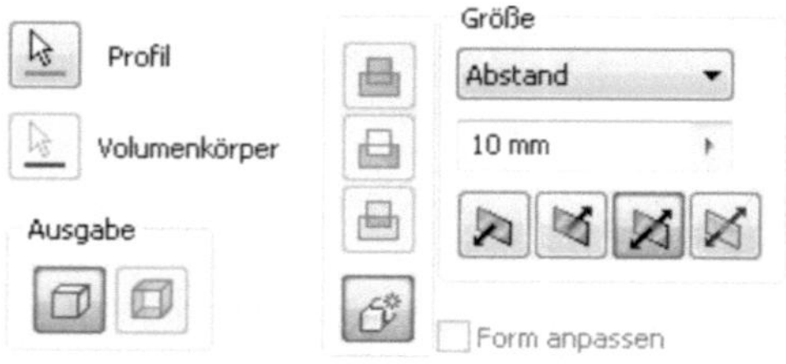

- **_Extrusion_**
- Profil: Kontur (Bild 1)
- Verfahren: Vereinigung
- Größe: Abstand (10 mm)
- Richtung: Symmetrisch
- OK

Für die nächsten 3 Kurbelwangen benötigen wir 3 weitere Ebenen, parallel zur XY-Ebene und mit den Abständen 40, 70 und 110 mm zu dieser.

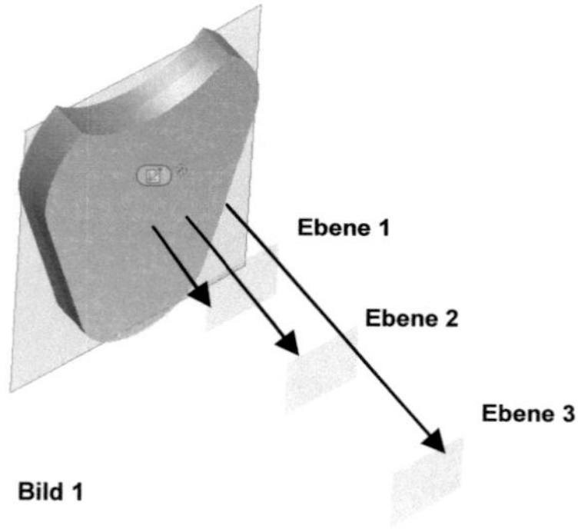

Bild 1

Drei zusätzliche Ebenen

- **_Versatz von Ebene_**
- Versatz: 40 mm (zur XY -Ebene)
- ✔

- **_Versatz von Ebene_**
- Versatz: 70 mm (zur XY -Ebene)
- ✔

- **_Versatz von Ebene_**
- Versatz: 110 mm (zur XY -Ebene)
- ✔

HINWEIS: Die neuen Ebenen sollen in die oben dargestellte Richtung erzeugt werden.

Erzeugen Sie auf der Ebene 1 (Bild 1) eine **_2D-Skizze_** und projizieren Sie die Außenkontur der soeben erstellen Extrusion. Erzeugen Sie auch daraus einen Volumenkörper.

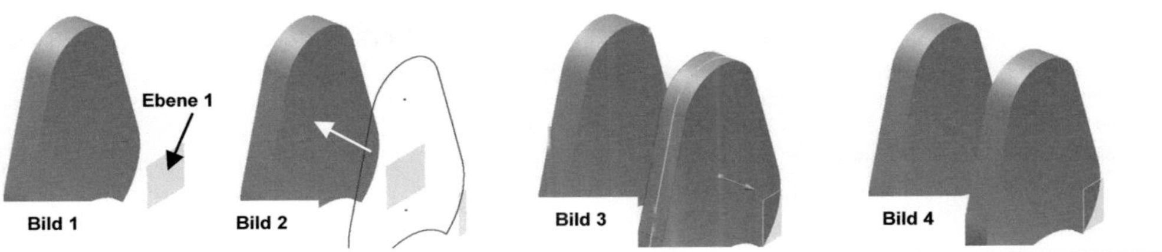

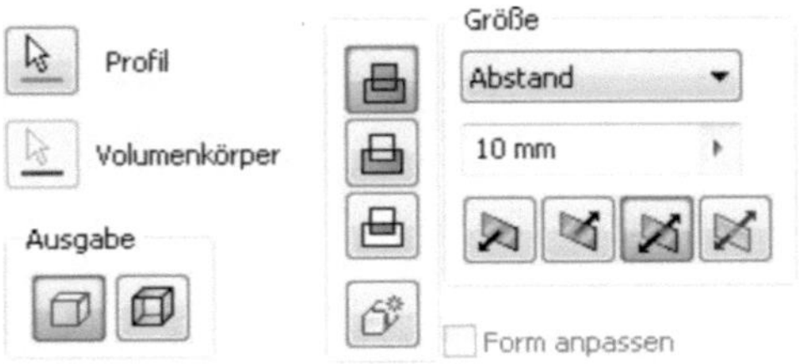

- 2D-Skizze erstellen (auf Ebene 1) — ***2D-Skizze erstellen*** (auf Ebene 1)
- ***Geometrie projizieren*** (Außenkontur der zuvor erzeugten Extrusion Bild 2)
- ***Skizze fertig stellen***

- ***Extrusion***
- Profil: Projizierte Kontur
- Verfahren: Vereinigen
- Größe: Abstand (10 mm)
- Richtung: Symmetrisch
- OK

Das erste Kurbelwangenpaar ist fertig. Die dritte Kurbelwange soll jetzt (um 180° verdreht) auf Ebene 2 erstellt werden.

Wiederholen Sie die letzten Schritte.

- ***Geometrie projizieren*** (3 Achsen)
- ***Kreis*** R= 17,5 mm zeichnen
- ***Kreis*** R= 27,5 mm zeichnen
- ***Kreis*** R= 30 mm zeichnen
- ***Maße*** setzen
- Zwei ***Linien*** zeichnen
- Linien ***tangential*** zu beiden Kreisen (R= 17,5 mm und R= 30 mm) setzen
- Kontur ***stutzen***
- ***Skizze fertig stellen***

Achten Sie darauf, dass alle Kreismittelpunkte koinzident zur Y-Achse liegen.

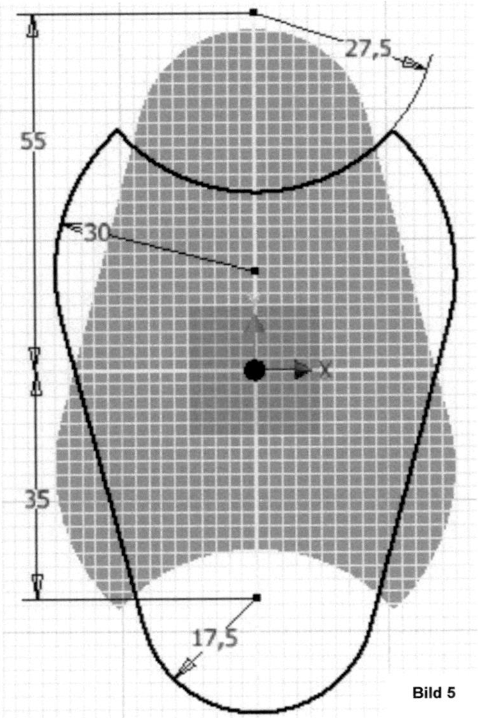

Bild 5

Skizze der dritten Kurbelwange

HINWEIS: Klicken Sie beim Befehl ***Geometrie projizieren*** auf die Fläche des Elementes (nicht auf die einzelnen Kanten), dann werden alle Kanten gleichzeitig markiert.

Wiederholen Sie die letzten Befehlsketten.

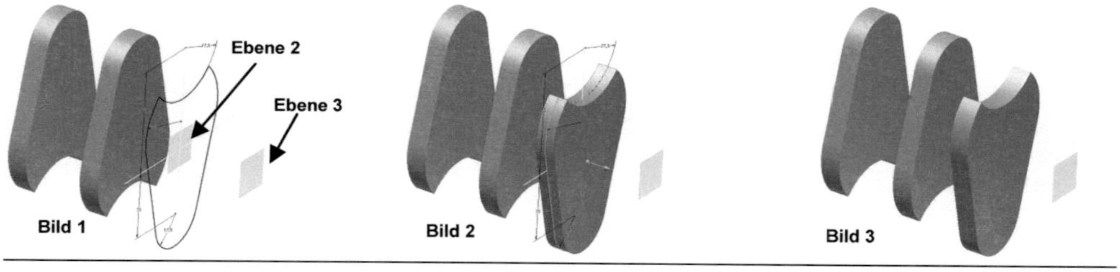

- ***Extrusion***
- Profil: Kontur (Bild 1)
- Verfahren: Vereinigung
- Größe: Abstand (10 mm)
- Richtung: Symmetrisch
- OK

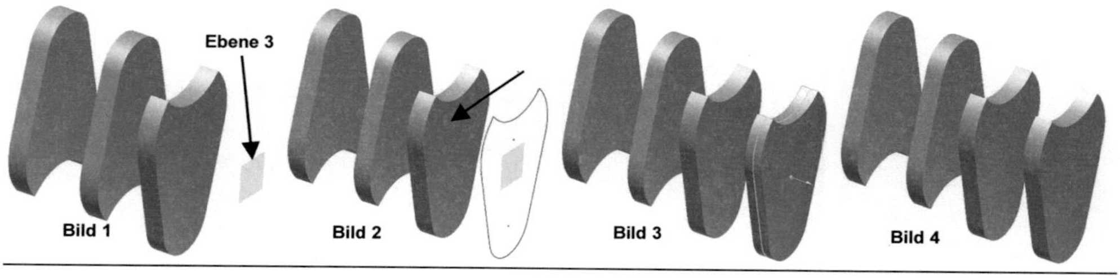

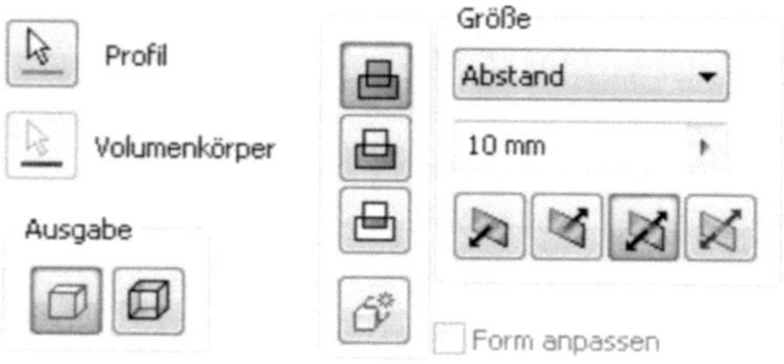

- ***2D-Skizze erstellen*** (auf Ebene 3)
- ***Geometrie projizieren*** (Außenkontur der zuvor erzeugten Extrusion Bild 2)
- ***Skizze fertig stellen***

- ***Extrusion***
- Profil: Projizierte Kontur
- Verfahren: Vereinigen
- Größe: Abstand (10 mm)
- Richtung: Symmetrisch
- OK

Runden Sie alle vorhandenen Kanten um 2 mm ab.

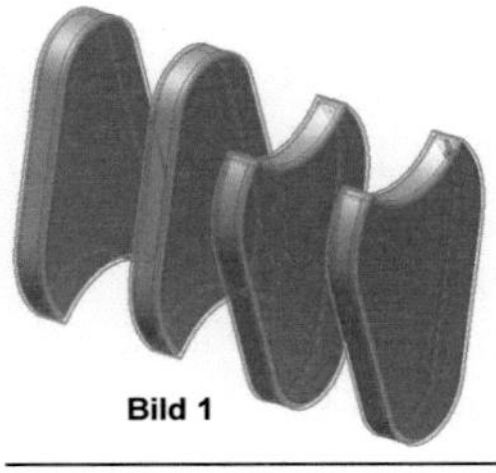

Bild 1

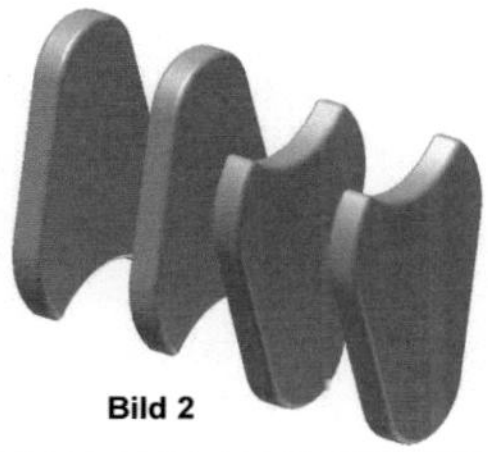

Bild 2

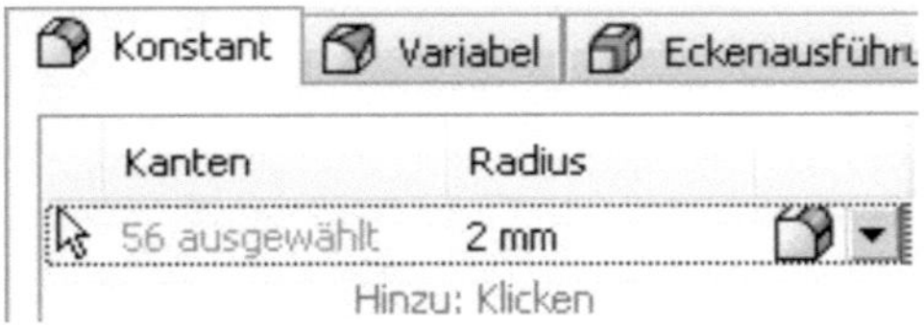

- ***Rundung***
- Typ: Kantenabrundung
- Option: Konstant
- Kanten: Alle Kanten (Bild 1)
- Radius 2 mm
- OK

5.11.3 Pleuel- & Führungslager

Pleuel- und Führungslager sollen mit einer ***Drehung*** erzeugt werden. Hierfür benötigen wir eine neue ***2D-Skizze*** auf der YZ-Ebene.

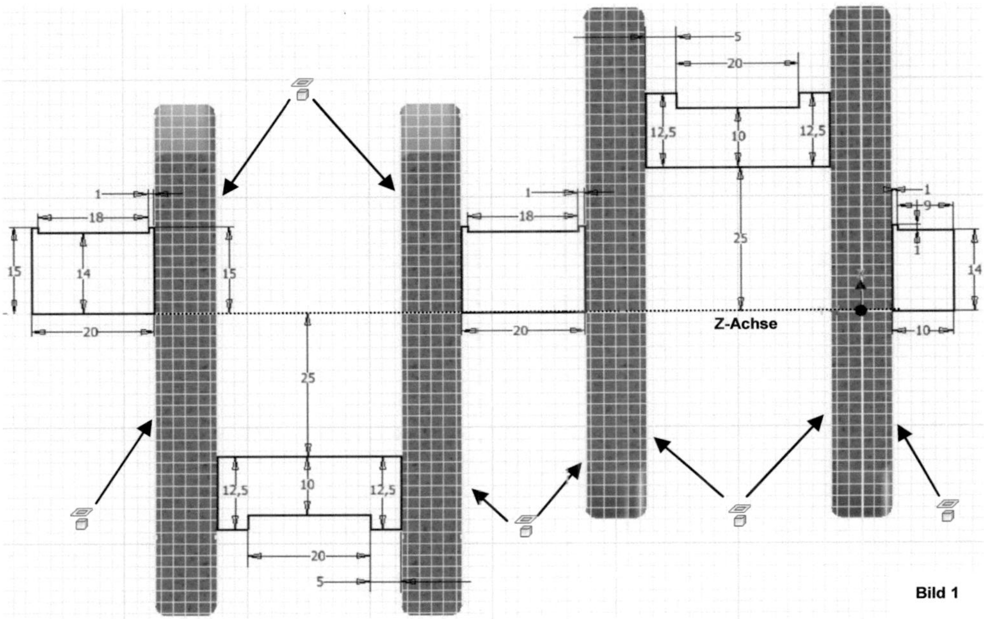

Bild 1

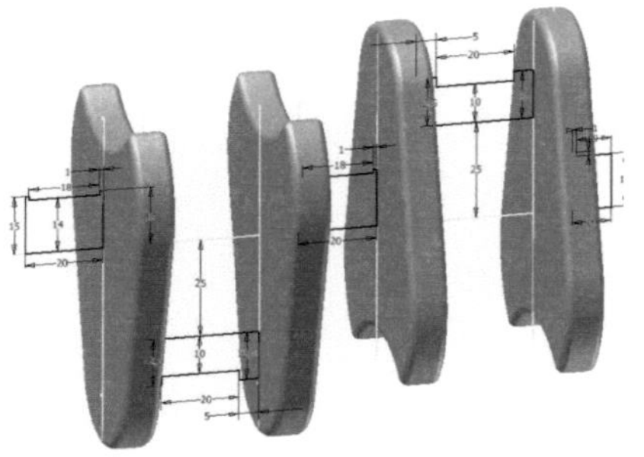

Grundskizze der "Pleuel- und Führungslager"

- ***2D-Skizze erstellen*** (auf YZ-Ebene)
- Ansicht ***Rechts*** wählen (ViewCube)
- ***F7***
- ***Geometrie projizieren*** (3 Achsen und 8 markierte Kanten Bild 1)
- Dargestellte Konturen zeichnen
- ***Abhängigkeiten*** setzen
- ***Maße*** setzen
- ***Skizze fertig stellen***

Die Grundskizze für die folgenden Übungen ist jetzt komplett. In drei Schritten sollen die Kurbelwellenlager erstellt werden.

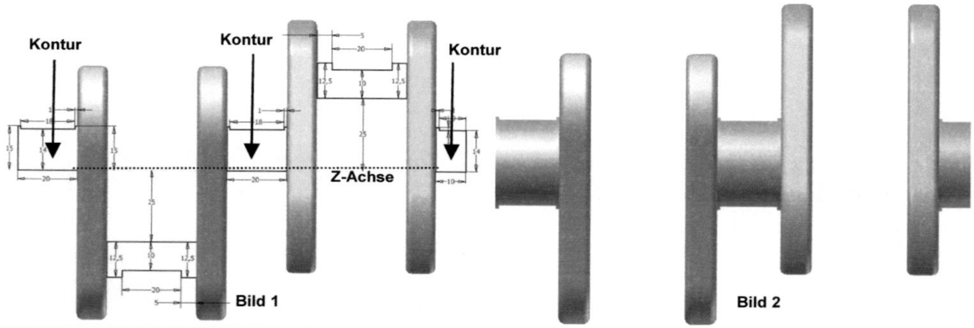

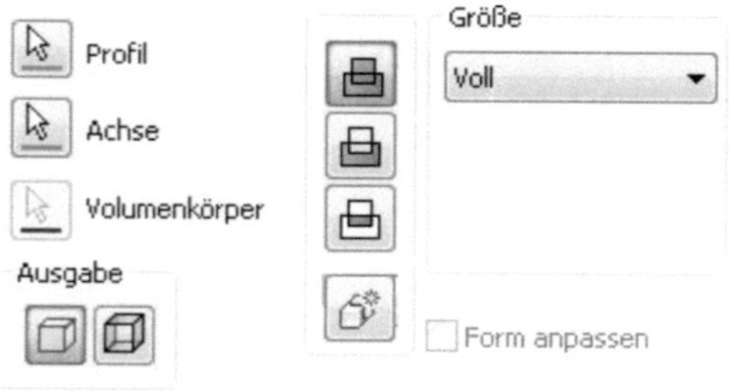

- ***Drehung***
- Profil: 3 Konturen (Bild 1)
- Verfahren: Vereinigung
- Achse: Z-Achse
- Größe: Voll
- OK

Um die nächsten Schritte ausführen zu können, muss die gerade verwendete Skizze wieder aktiviert werden (***ReM*** > ***Skizze wieder verwenden***).

Die Skizze finden Sie unterhalb der letzten Umdrehung im Modellbaum.

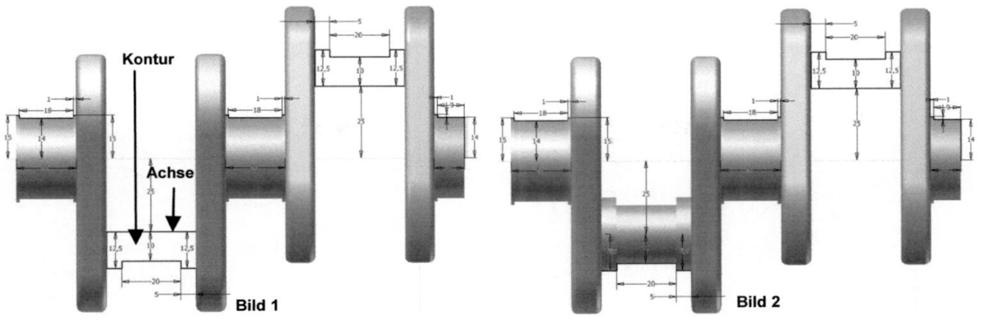

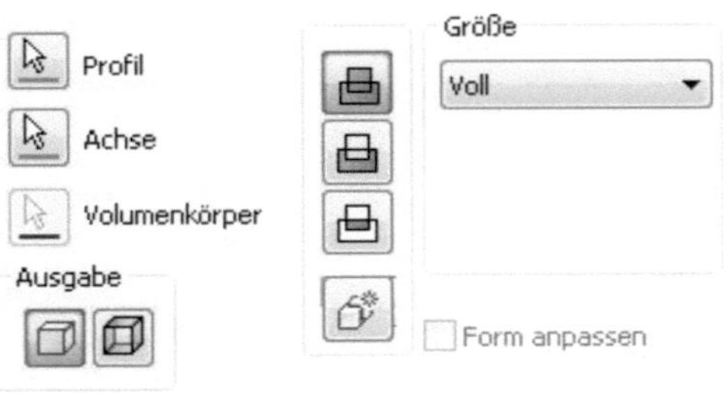

- **Drehung**
- Profil: Kontur (Bild 1)
- Verfahren: Vereinigung
- Achse: Linie (Bild 1)
- Größe: Voll
- OK

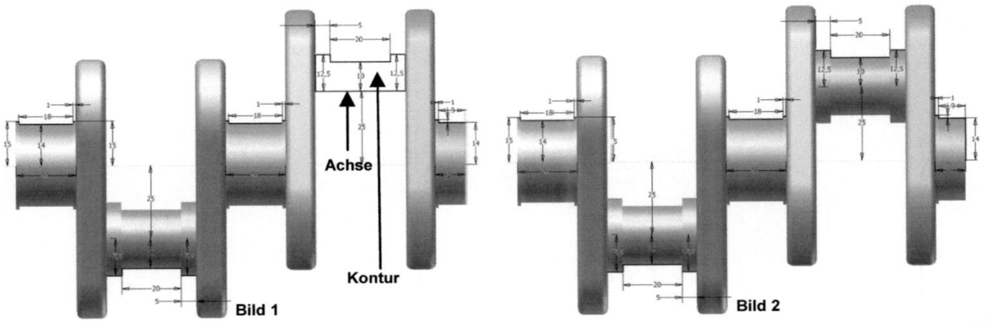

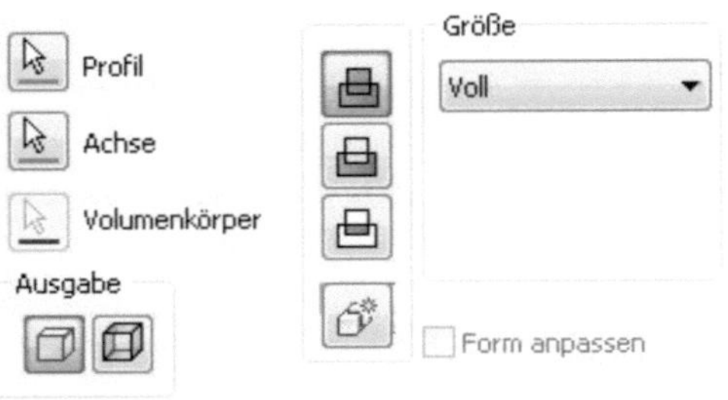

- **Drehung**
- Profil: Kontur (Bild 1)
- Verfahren: Vereinigung
- Achse: Linie (Bild 1)
- Größe: Voll
- OK

Sie können die Sichtbarkeit der Skizze jetzt wieder deaktivieren (***ReM*** > ***Sichtbarkeit***). Wechseln Sie in die Ansicht ***Vorne*** (ViewCube) und erzeugen Sie auf der vor Ihnen liegenden Stirnfläche (Bild 1) eine neue ***2D-Skizze***.

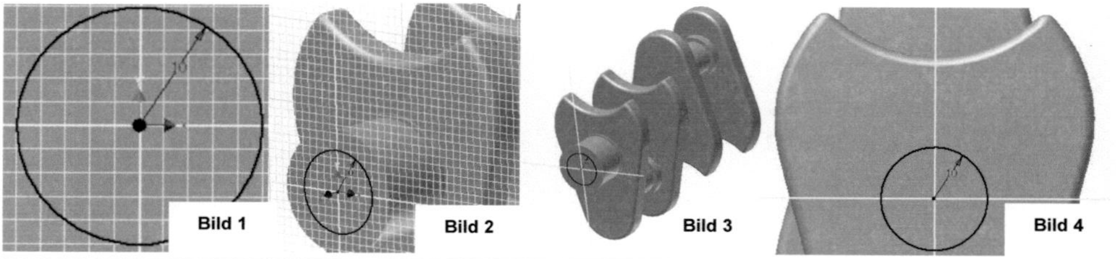

Projizieren Sie die 3 Achsen, zeichnen Sie im Koordinatenursprung einen Kreis R= 10 mm und beenden Sie die Skizze wieder. ***Extrudieren*** Sie den Kreis anschließend.

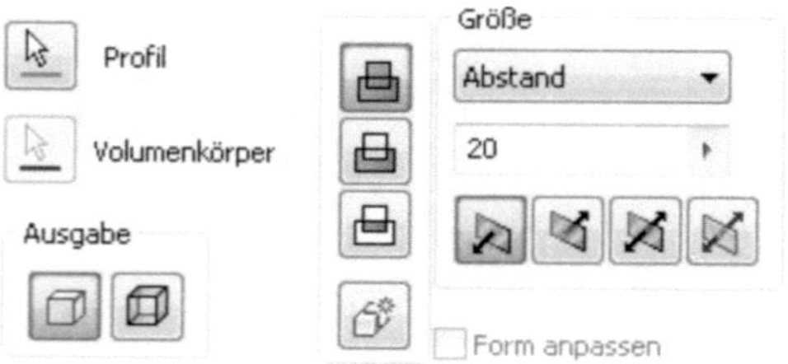

- ***Extrusion***
- Profil: Kreis
- Verfahren: Vereinigen
- Größe: Abstand (20 mm)
- Richtung: Dargestellt (Bild 2)
- OK

5.11.4 Passfeder-Nut & Gewindebohrung

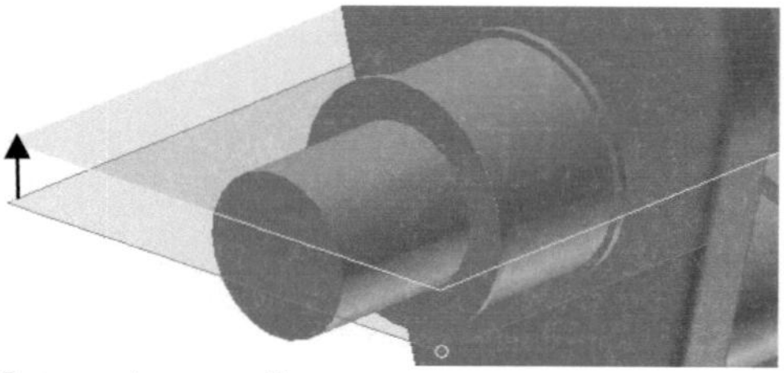

Erzeugen einer neuen Ebene

Im vorletzten Bearbeitungsschritt soll die Kurbelwelle noch eine Passfeder-Nut und eine Gewindebohrung erhalten.

Hierfür benötigen wir eine neue ***Ebene***, parallel zur XZ-Ebene und in einem Abstand von 6 mm.

Auf dieser soll dann (wie auch bereits bei der Nockenwelle) eine Aussparung für die Passfeder gezeichnet werden.

- ➤ *Versatz von Ebene*
- ➤ Versatz: 6 mm (zur XZ -Ebene)
- ➤ ✔

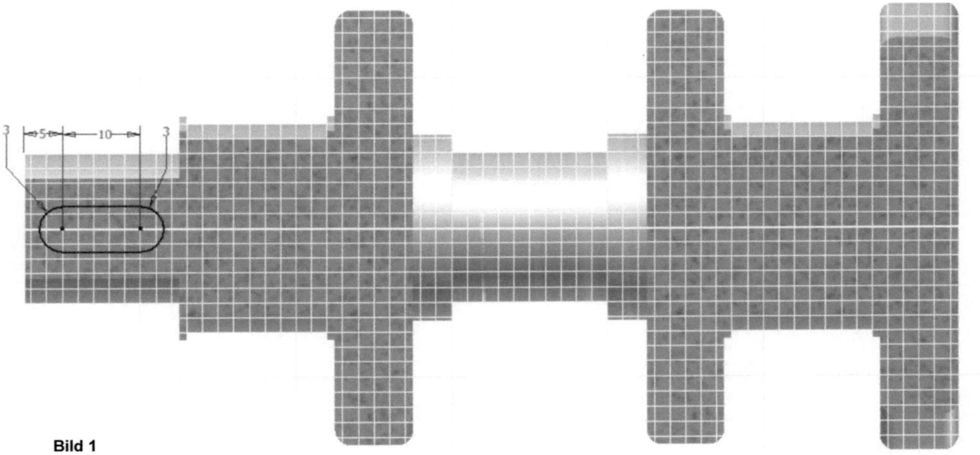

Bild 1

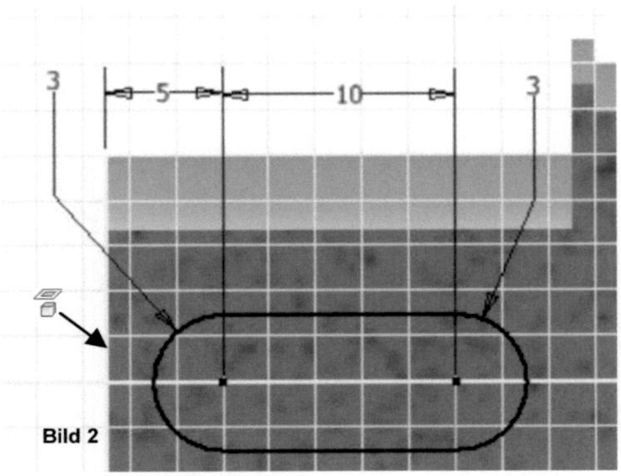

Bild 2

Skizze für die "Passfeder-Nut"

- ➤ Neue Ebene markieren
- ➤ Option ***2D-Skizze erstellen***
- ➤ Ansicht ***Oben*** wählen (ViewCube)
- ➤ Ansicht um 90° drehen (im UZS) (ViewCube)
- ➤ ***F7***
- ➤ ***Geometrie projizieren*** (3 Achsen und markierte Kante Bild 2)
- ➤ Dargestellte Kontur zeichnen
- ➤ ***Skizze fertig stellen***

Achten Sie darauf, dass die Kontur symmetrisch zur Z-Achse liegt.

Extrudieren Sie die Kontur anschließend und erzeugen Sie einen Materialschnitt dadurch.

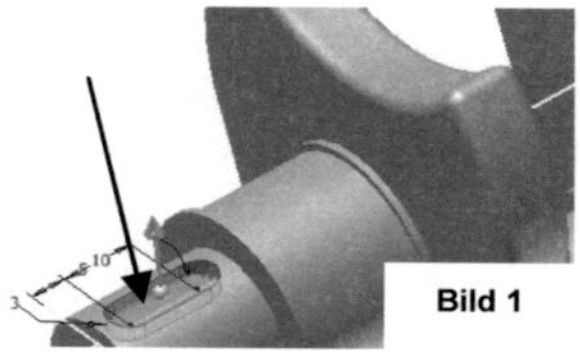

Bild 1

Bild 2

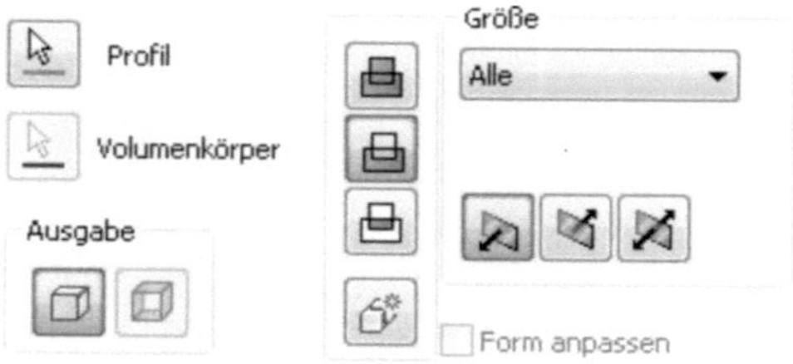

- **_Extrusion_**
- Profil: Kontur (Bild 1)
- Verfahren: Differenz
- Größe: Alle
- Richtung: Dargestellt (Bild 2)
- OK

Auf der selben Seite der Kurbelwelle soll an der Stirnseite (Bild 1) noch eine **_Bohrung_** erzeugt werden.

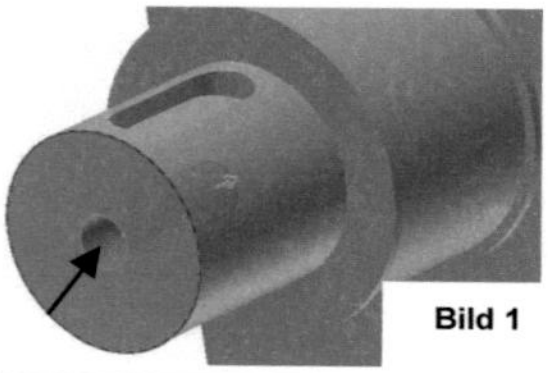

Bild 1

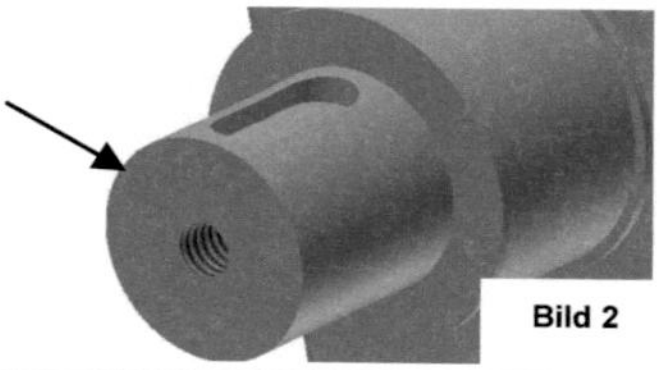

Bild 2

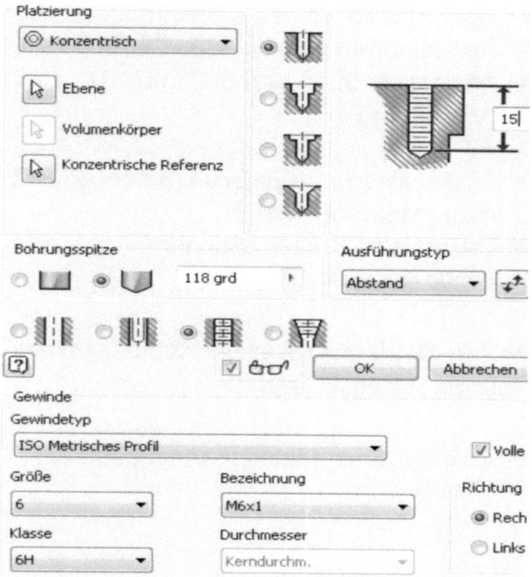

- **_Bohrung_**
- Platzierung: Konzentrisch
- Ebene: Markierte Fläche (Bild 1)
- Konz. Referenz: Kante (Bild 2)
- Typ: Gewindebohrung
- Ausführungstyp: Abstand (15 mm)
- Gewindelänge: Volle Tiefe
- Gewindetyp: ISO Metrisches Profil
- Größe: 6 - Rechtsgewinde
- Bezeichnung: M6 x 1
- Klasse: 6H
- OK

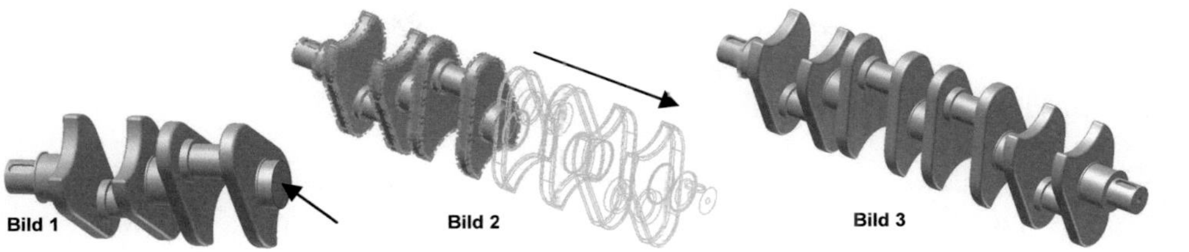

Bild 1 Bild 2 Bild 3

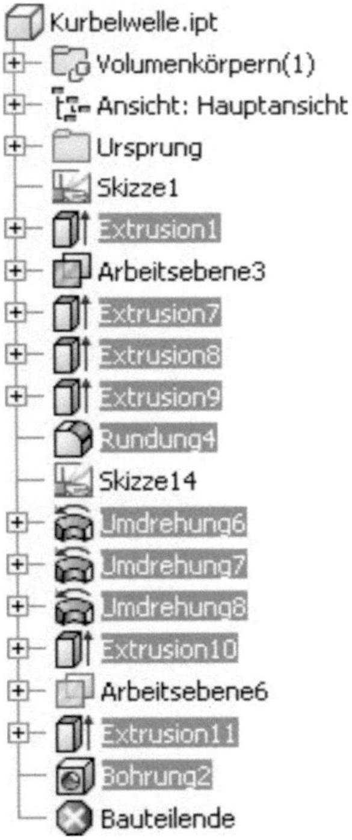

Modellbaum mit allen zu spiegelnden Elementen

Die Kurbelwelle ist ein symmetrisches Bauteil. Um uns Arbeit zu ersparen, haben wir nur eine Hälfte der Kurbelwelle konstruiert. Die zweite Hälfte soll durch ***Spiegeln*** erzeugt werden.

Als Spiegelfläche wählen Sie die in der folgenden Grafik markierte Fläche.

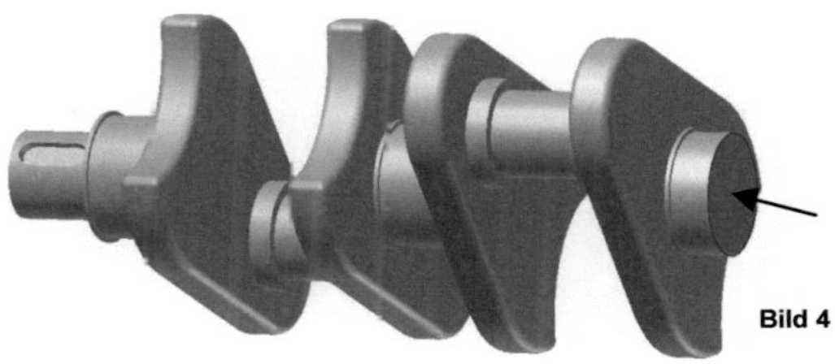

Bild 4

- ***Spiegeln***
- Elemente: Alle Extrusions-, Umdrehungs-, Rundungs- und Bohrungselemente (siehe Markierungen im Modellbaum
- Spiegelebene: Markierte Fläche (Bild 4)
- 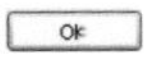

Mit der Kurbelwelle verlassen wir (vorerst) den Modellbereich und wechseln zum Baugruppenbereich.

Entfernen Sie die Sichtbarkeit aller neuen Ebenen und speichern sowie schließen Sie die Datei anschließend.

6 BAUGRUPPEN & UNTERBAUGRUPPEN

6.1 Unterbaugruppe Kolben

Baugruppe "BG_Kolben"

Es ist bei der Konstruktion von großen Baugruppen vorteilhaft, innerhalb der Hauptbaugruppe mehrere Unterbaugruppen zu verwenden. Das erleichtert die Übersicht in der Hauptbaugruppe und verringert das Risiko fehlerhafter Abhängigkeiten.

Die Hauptbaugruppe ***4-Takt-Motor*** besteht aus den Unterbaugruppen ***BG_Kolben***, ***BG_Kurbelwelle***, ***BG_Zylinderblock***, ***BG_Zylinderkopf***, ***BG_Nockenwelle*** und weiterhin aus einigen Bauteilen oder Komponenten aus dem Inhaltscenter.

6.1.1 Einfügen der Komponenten

Für die erste Unterbaugruppe erstellen Sie eine ***neue Baugruppe*** und speichern diese als ***BG_Kolben.iam*** in Ihrem Projektordner ab. Es folgt das Einfügen der Bauteile in die Baugruppe. Legen Sie die Bauteile jeweils einmal im Zeichenfenster ab und beenden Sie das Ablegen mit ***ESC***.

Einfügen der Komponenten

- ***Komponente platzieren***
- 1x Bauteil: Kolben.ipt
- 1x Bauteil: Pleuel-Oberseite.ipt

Legen Sie die Bauteile jeweils 1x im Zeichenfenster ab und beenden Sie das Ablegen mit mittels Taste ***ESC***.

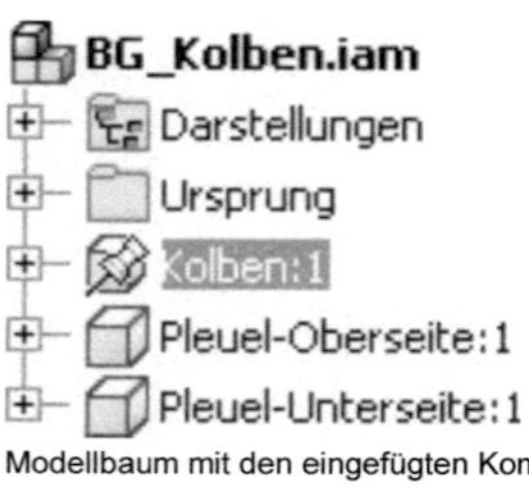

Modellbaum mit den eingefügten Komponenten

Das erste in eine Baugruppe eingefügte Bauteil erhält vom Programm automatisch eine ***Fixierung*** innerhalb des Zeichnungsbereiches. Das entsprechend markierte Bauteil besitzt keine Freiheitsgrade mehr. Klicken Sie mit der ***ReM*** auf das betreffende Bauteil im Modellbaum und entfernen Sie den Haken bei ***Fixiert***. Das Bauteil ist jetzt wieder frei beweglich.

> **HINWEIS**: Bauteil ***fixiert*** (im Modellbaum) bedeutet, das Bauteil ist im Fenster festgelegt und kann nicht bewegt werden. Die erste in eine Baugruppe eingefügte Komponente wird vom Programm automatisch fixiert. Diese Fixierung können Sie über ***ReM*** > ***Fixiert*** wieder lösen.

6.1.2 Komponenten Abhängig machen

Befehlsoptionen "Abhängigkeit platzieren"

Die Komponenten wurden in der Baugruppe platziert, haben aber noch keine Abhängigkeiten zueinander. Hierfür verwenden wir den Befehl ***Abhängig machen***. Das Ziel ist es, die aktuell vorhandenen Freiheitsgrade der Komponenten einzuschränken und dadurch definierte Bewegungsabhängigkeiten zu schaffen.

Grundlegend können Sie statische (Reiter: ***Baugruppe/ Abhängigkeitssatz***) und dynamische Abhängigkeiten (Reiter: ***Bewegung/ Übergang***) definieren. Abhängigkeitspaare werden in der Regel zwischen zwei Achsen/ Kanten oder zwei Ebenen/ Flächen zweier Komponenten festgelegt.

Die Art der Abhängigkeit bestimmt die verbleibenden Freiheitsgrade der Komponenten im Raum und zueinander.

> **HINWEIS**: Um eine Komponente vor dem Setzen einer Abhängigkeit auszurichten, können die Befehle ***Rasterfang***, ***Verschieben*** oder ***Drehen*** verwendet werden.

In unserer ersten Unterbaugruppe verbinden wir den Kolben mit der Pleuel-Ober- und Unterseite.

Die verwendeten Ebenen finden Sie, wenn Sie im Modellbaum den Ordner ***Ursprung*** des betreffenden Bauteils öffnen.

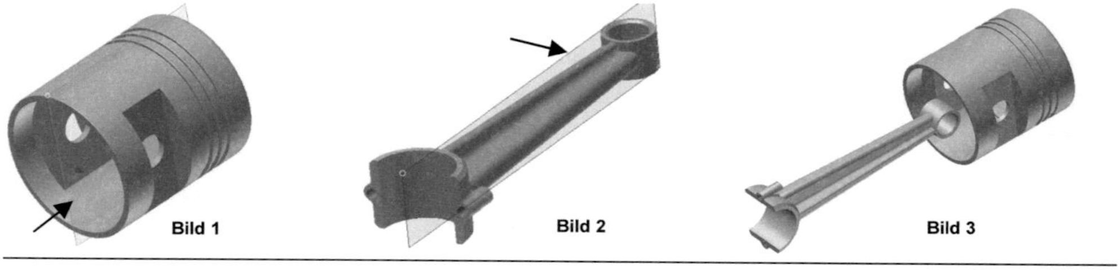

Bild 1 Bild 2 Bild 3

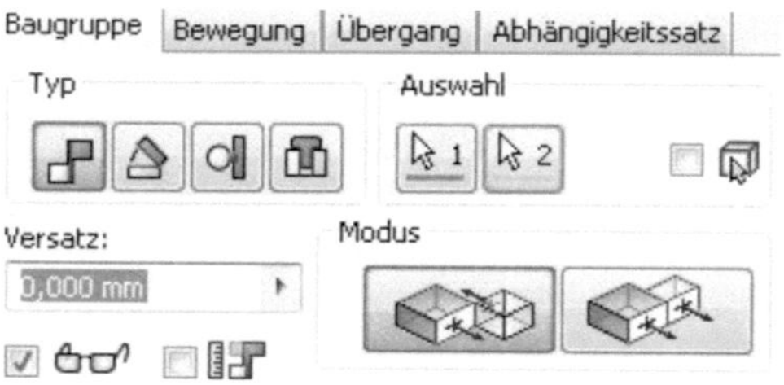

- **_Abhängig machen_**
- Typ: Baugruppe - Passend
- Modus: Passend
- Auswahl 1: YZ-Ebene (Kolben) (Bild 1)
- Auswahl 2: XY-Ebene (Pleuel-Oberseite) (Bild 2)
- Versatz: 0 mm
- OK

HINWEIS: Anwenden ***Anwenden*** bestätigt die Auswahl eines Abhängigkeitssatzes, ohne den Befehl danach zu schließen.

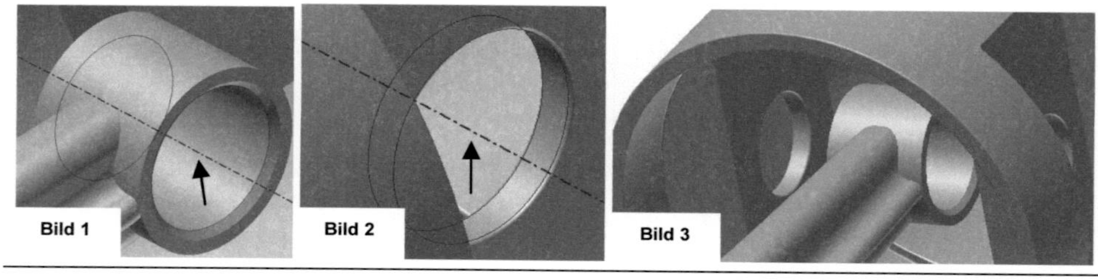

Bild 1 Bild 2 Bild 3

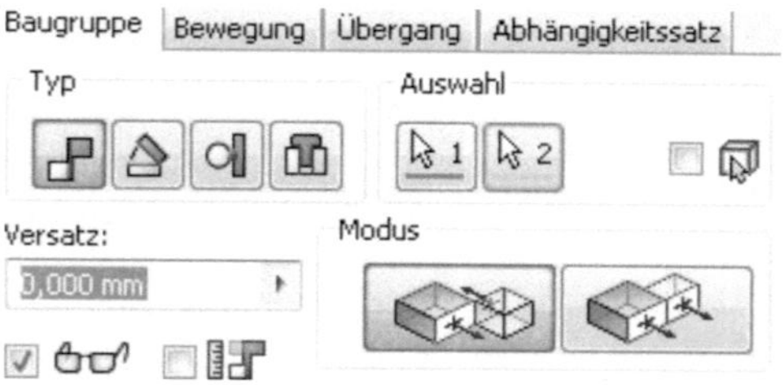

- **_Abhängig machen_**
- Typ: Baugruppe - Passend
- Modus: Passend
- Auswahl 1: Bohrungsachse Bolzenbohrung (Kolben) (Bild 2)
- Auswahl 2: Bohrungsachse Bolzenbohrung (Pleuel-Oberseite) (Bild 1)
- Versatz: 0 mm
- OK

HINWEIS: Symmetrieachsen (z. B. von Bohrungen oder zylindrischen Flächen) werden erst sichtbar, wenn Sie mit der Maus über die entsprechende zylindrische Fläche fahren.

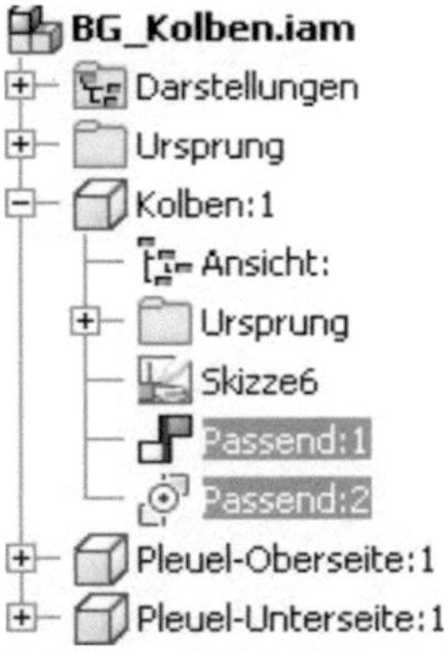

Modellbaum mit Abhängigkeiten des Kolbens

Wenn Sie die Pleuel-Oberseite jetzt mit gedrückter ***LiM*** bewegen, können Sie die soeben erzeugten Abhängigkeiten beobachten. Um eine vorhandene Abhängigkeit zu bearbeiten, klappen Sie im Modellbaum das entsprechende Bauteil auf.

Alle, die Komponente betreffenden Abhängigkeiten werden hier aufgelistet und können bei Bedarf bearbeitet (***ReM*** > ***Bearbeiten***) oder entfernt (***ReM*** > ***Löschen***) werden.

Neben dem Befehl ***Abhängig machen*** gibt es noch eine weitere Option, Komponenten miteinander zu verbinden.

6.1.3 Komponenten zusammenfügen

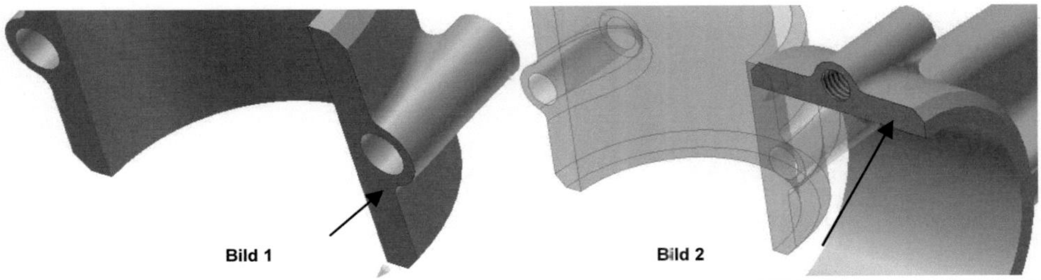

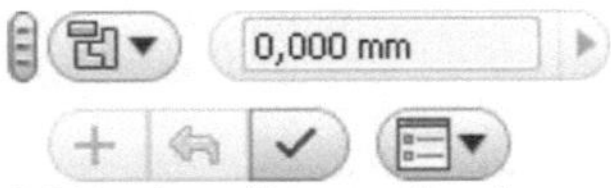

Befehlsoptionen "Zusammenfügen"

Abhängigkeitsoptionen "Zusammenfügen"

Der Befehl ***Zusammenfügen*** kann entweder direkt nach dem Ablegen einer Komponente im Zeichenbereich gestartet werden, oder bereits während des Ablegens. Diese letzte Option werden wir in der folgenden Übung verwenden.

Starten Sie den Befehl ***Komponente platzieren*** und wählen Sie das Bauteil ***Pleuel-Unterseite.ipt***. Legen Sie das Bauteil einmal im Zeichenfenster ab, aber beenden Sie das Ablegen nicht mit ***ESC***.

Das Bauteil sollte jetzt einmal abgelegt sein, sich aber noch am Mauszeiger befinden (Bild 1).
Im aktuellen Zustand klicken Sie auf die in Bild 1 markierte Fläche.

Das abgelegte Bauteil wurde jetzt wieder aufgenommen und Sie wechseln automatisch zum Befehl ***Zusammenfügen***.

Da die erste Fläche bereits gewählt wurde, muss jetzt die Gegenfläche gewählt werden (markierte Fläche Bild 2).

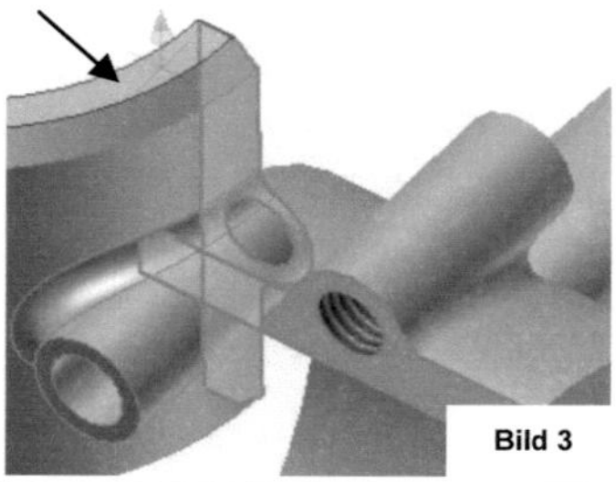

Bild 3

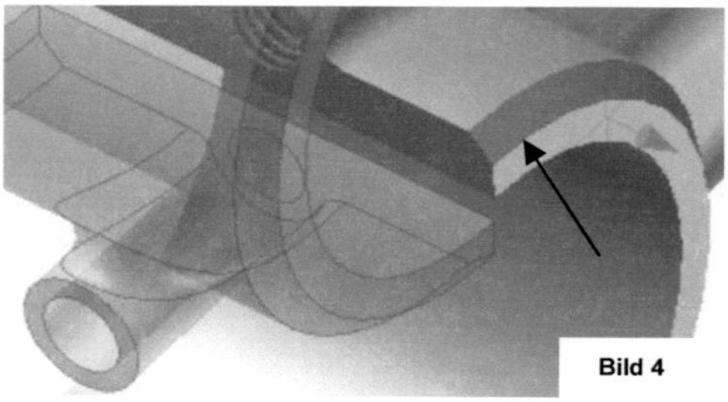

Bild 4

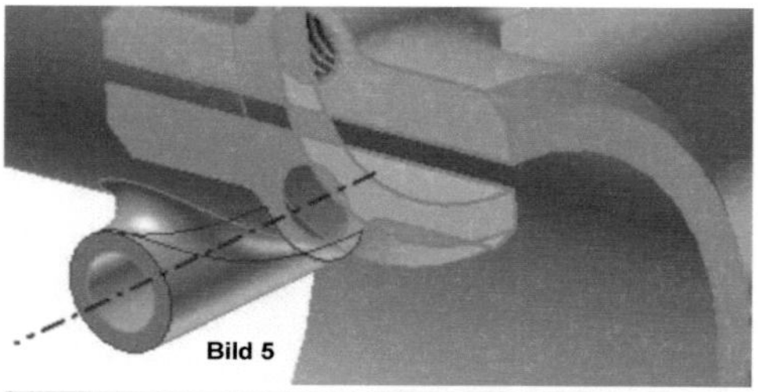

Bild 5

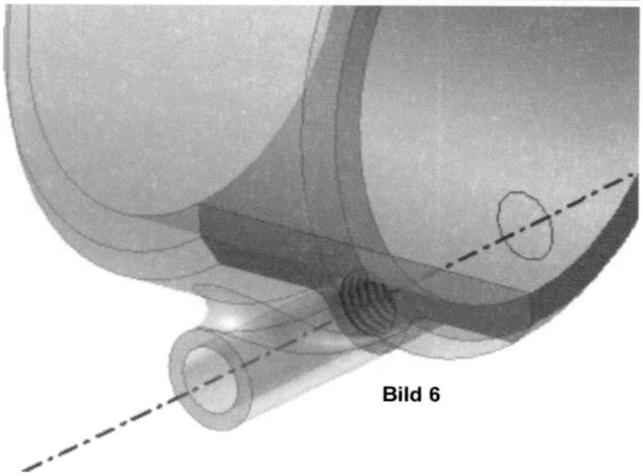

Bild 6

- Typ: Automatisch
- Markierte Fläche (Bild 2) wählen
- Versatz: 0 mm
- Modus: Passend
- + ***Anwenden***
- Markierte Fläche (Bild 3) wählen
- Typ: Automatisch
- Markierte Fläche (Bild 4) wählen
- Versatz: 0 mm
- Modus: Fluchtend
- + ***Anwenden***
- Markierte Achse (Bild 5) wählen
- Typ: Automatisch
- Markierte Achse (Bild 6) wählen
- Versatz: 0 mm
- Modus: Passend
- ✓ ***Ok***
- ***ESC***

6.1.4 Schrauben aus dem Inhaltscenter platzieren

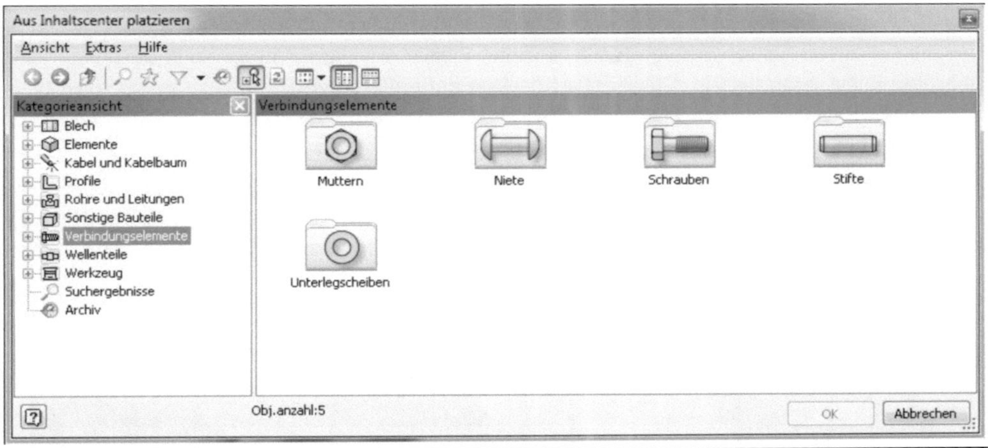

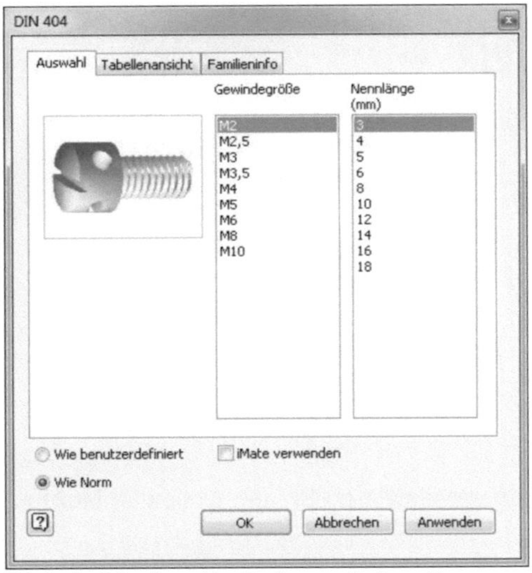

Tabelle der Schraubengrößen für die manuelle Auswahl

Das Inhaltscenter verfügt über eine Grundauswahl an Standard-Elementen aus den Bereichen ***Blech***, ***Elemente***, ***Kabel- & Kabelbaum***, ***Profile***, ***Rohre & Leitungen***, ***sonstige Bauteile***, ***Verbindungselemente***, ***Wellenteile*** und ***Werkzeuge***.

Es gibt grundlegend zwei Möglichkeiten der Platzierung von Komponenten aus dem Inhaltscenter. Sie können die Größe einer Komponente manuell aus einer Tabelle auswählen, oder die Funktion ***AutoDrop*** verwenden (ist nicht bei allen Inhaltscenter-Dateien möglich).

Diese erleichtert Ihnen die Auswahl der richtigen Größe und die einzufügende Komponente wird automatisch positioniert und mit Abhängigkeiten versehen.

Komfortabler ist die automatische Option. Starten Sie den Befehl ***Aus Inhaltscenter platzieren***. Im Auswahlfenster achten Sie darauf, dass die Option ***AutoDrop*** aktiviert ist. Wählen Sie zuerst die Kategorie ***Verbindungselemente*** > ***Schrauben*** > ***Zylinderkopf*** > ***DIN EN ISO 4762***.

Wenn Sie die am Mauszeiger hängende Komponente jetzt frei im Zeichenbereich ablegen würden, müssten Sie die passende Schraubengröße manuell aus einer Tabelle wählen.

Um die AutoDrop-Option verwenden zu können, geben wir dem Programm in den folgenden Schritten Bohrungsgewinde, Startfläche und Schraubenlänge vor.

HINWEIS: Um die Automatik-Funktion ***AutoDrop*** zu aktivieren, darf die am Mauszeiger hängende Komponente nicht im Zeichenfenster abgelegt werden. Stattdessen müssen die entsprechenden Referenzen der Gegenstücken festgelegt werden (bei einer Schraube z. B. das Gewinde der Bohrung und die Startfläche des Schraubenkopfes). Die ***AutoDrop***-Option funktioniert nicht bei allen Inhaltscenter-Komponenten!

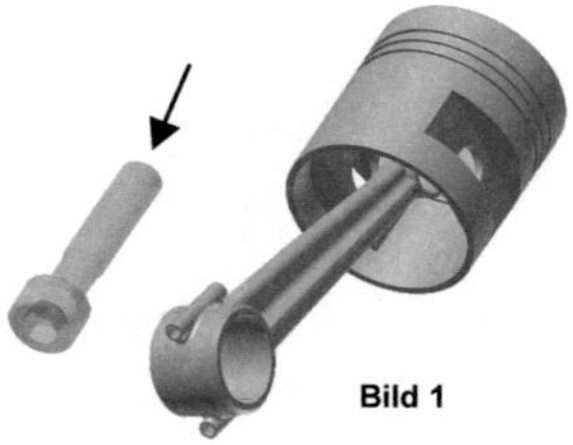
Bild 1

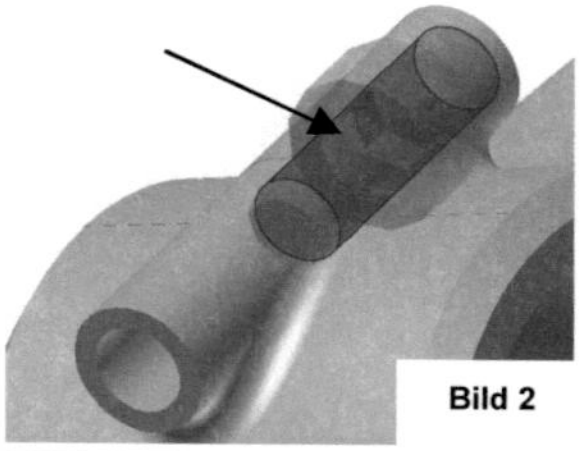
Bild 2

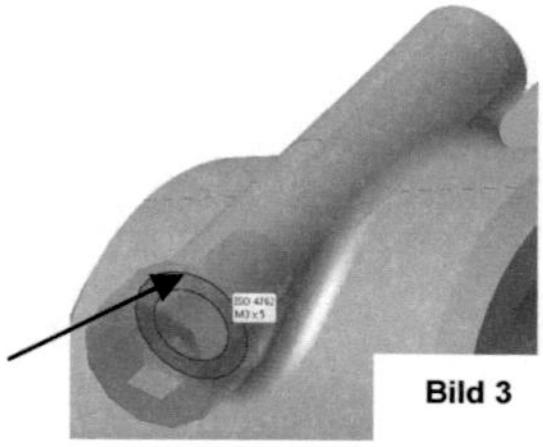
Bild 3

Bild 4

- ***Aus Inhaltscenter platzieren***
- Verbindungselemente > Schrauben > Zylinderkopf > DIN EN ISO 4762
- Bohrung: Gewinde der Bohrung (Pleuel-Oberseite) (Bild 2)
- Startfläche: Stirnseite der Bohrung (Pleuel-Unterseite) (Bild 3)
- Doppelpfeil am Schraubenende ziehen, bis die Größe M3 x 20 erreicht ist

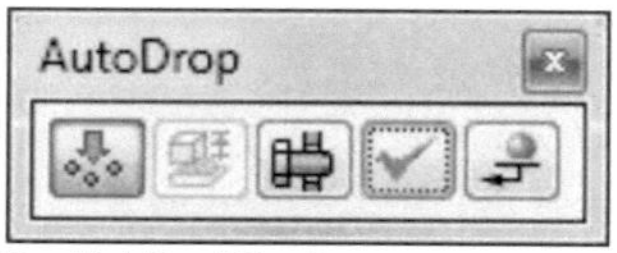

Das "AutoDrop"-Fenster

Im ***AutoDrop***-Fenster aktivieren Sie die Option ***Mehrere einfügen***.

Diese Option ermöglicht es, mehrere Komponenten an identischen Elementen (z. B. Schrauben an Bohrungen) zeitgleich zu platzieren.

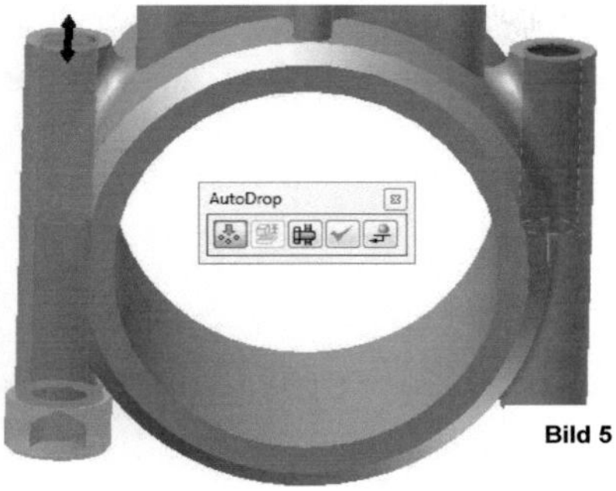

Bild 5

- **_Mehrere einfügen_** aktivieren (AutoDrop-Fenster)
- **_Bestätigen_**

Sobald die Option **_Mehrere einfügen_** aktiviert wurde, sucht das Programm identische Elemente (z. B. identische Gewindebohrungen auf der selben Ebene) und markiert diese rot.

> **HINWEIS**: Aus dem Inhaltscenter erzeugte Komponenten können Sie durch andere Inhaltscenter-Komponenten ersetzen (**_ReM_** > **_Aus Inhaltscenter ersetzen_**) oder nachträglich deren Größe ändern (**_ReM_** > **_Größe ändern_**).

Beide Pleuel-Teile wurden aneinander befestigt. Abschließend müssen Kolben und Pleuel-Oberseite noch durch einen Bolzen miteinander verbunden werden. Hierfür platzieren wir einen passenden Stift aus dem Inhaltscenter.

6.1.5 Stift aus dem Inhaltscenter platzieren

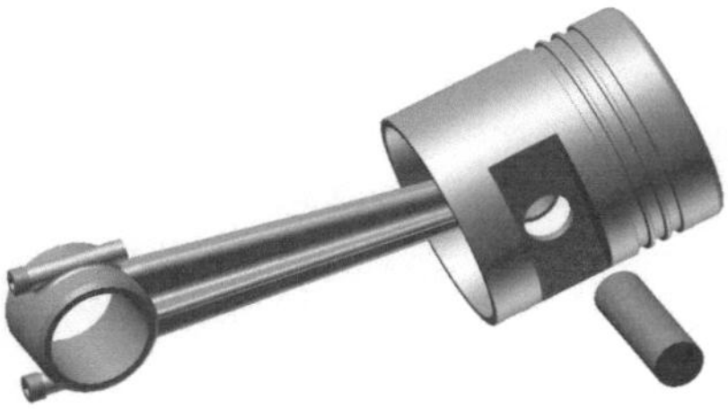

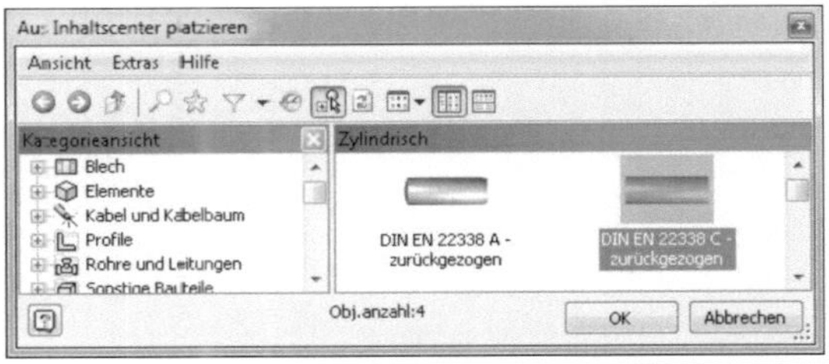

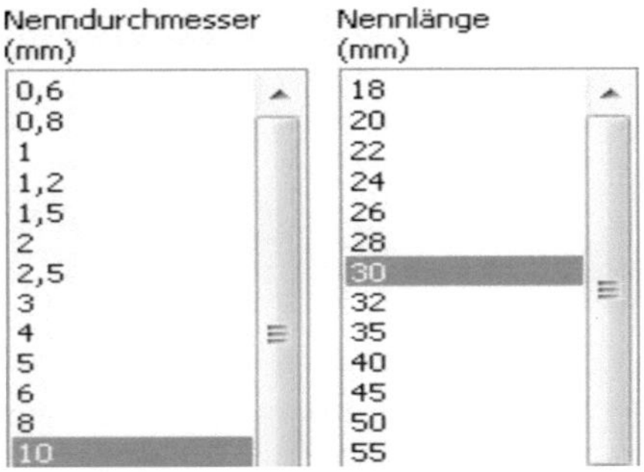

Auswahl der passenden "Stiftgröße"

- **_Aus Inhaltscenter platzieren_**
- Verbindungselemente > Stifte > Zylindrisch > DIN EN 22338 C - zurückgezogen
- OK
- Nenndurchmesser: 10 mm
- Nennlänge: 30 mm
- OK

Legen Sie den Stift jetzt im Zeichenfenster ab und beenden Sie das Ablegen mit ***ESC***. Die AutoDrop-Funktion ist für diese Inhaltscenter-Komponente nicht verfügbar ist muss daher manuell mit Abhängigkeiten versehen werden.

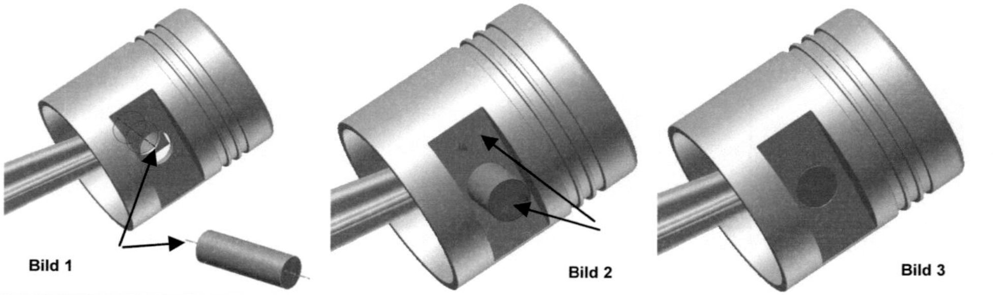

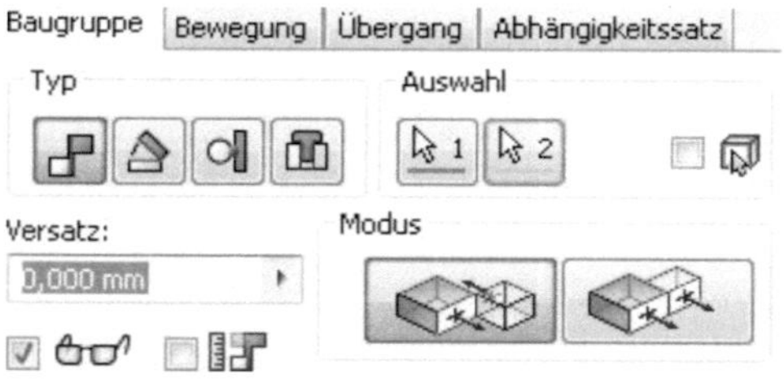

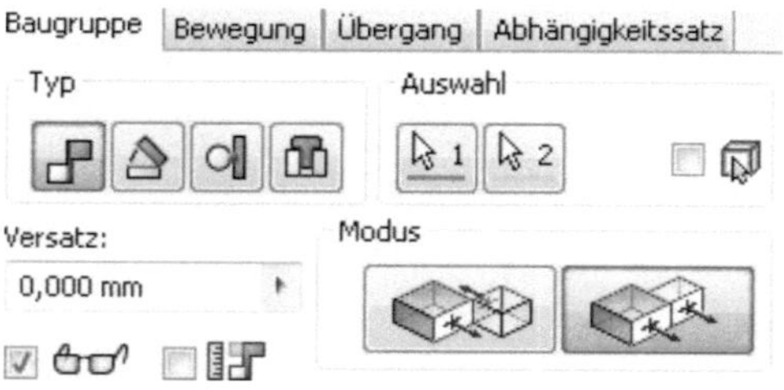

- ***Abhängig machen***
- Typ: Baugruppe - Passend
- Modus: Passend
- Auswahl 1: Bohrungsachse Bolzenbohrung (Kolben) (Bild 1)
- Auswahl 2: Achse (Bolzen) (Bild 1)
- Versatz: 0 mm
- Anwenden
- Typ: Baugruppe - Passend
- Modus: Fluchtend
- Auswahl 1: Markierte Fläche (Kolben) (Bild 2)
- Auswahl 2: Markierte Fläche (Bolzen) (Bild 2)
- Versatz: 0 mm
- OK

6.1.6 Farben zuweisen

Die erste Unterbaugruppe ist jetzt komplett. Um allen Komponenten abschließend noch eine Farbe zuzuweisen, markieren Sie die entsprechenden Bauteile im Zeichenfenster (oder im Modellbaum) und ändern dann die Farbe (Befehl: ***Farbüberschreibung***).

Baugruppe "BG_Kolben"

- Pleuel-Unterseite, Pleuel-Oberseite und Kolben markieren
- ***Farbüberschreibung***
- Farbe: z. B. Chrom (blau) wählen
- ***ESC***

- Beide Schrauben und den Stift markieren
- ***Farbüberschreibung***
- Farbe: z. B. Rot wählen

Die Datei kann jetzt gespeichert und geschlossen werden.

6.2 Unterbaugruppe Kurbelwelle

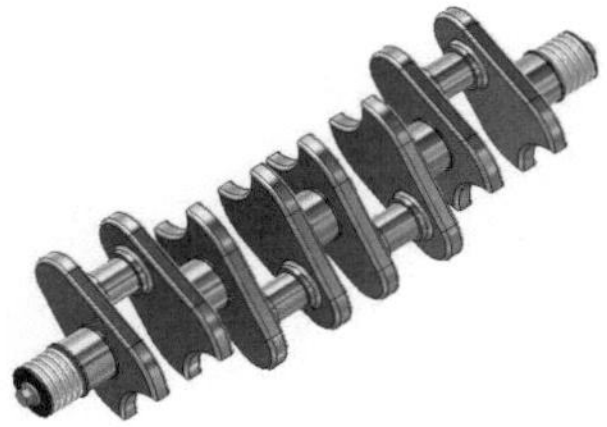

Die Baugruppe "BG_Kurbelwelle"

Unsere Baugruppe Kurbelwelle wird aus der Kurbelwelle, zwei Riemenrädern, zwei Passfedern, zwei Schrauben und zwei Sicherungsscheiben bestehen.

Passfedern und Schrauben werden wir aus dem Inhaltscenter laden, die Sicherungsringe als neues Bauteil aus der Baugruppe heraus erzeugen.

6.2.1 Einfügen der Komponenten

Für diese Baugruppe erstellen Sie eine ***neue Baugruppe*** und speichern diese im Projektordner als ***BG_Kurbelwelle.iam*** ab.

Fügen Sie die Komponente Kurbelwelle ein, erzeugen Sie danach aus dem ***Inhaltscenter*** zwei Passfedern DIN 6885 A 6 x 6 x 16 und ***platzieren*** Sie diese in den Passfeder-Nuten der beiden Wellenenden.

HINWEIS: Achten Sie darauf, nach dem Einfügen der Kurbelwelle die Fixiert ***Fixierung*** zu entfernen.

"Kurbelwelle" in Baugruppe einfügen

- ***Komponente platzieren***
- 1x Bauteil: Kurbelwelle.ipt

6.2.2 Passfedern aus dem Inhaltscenter

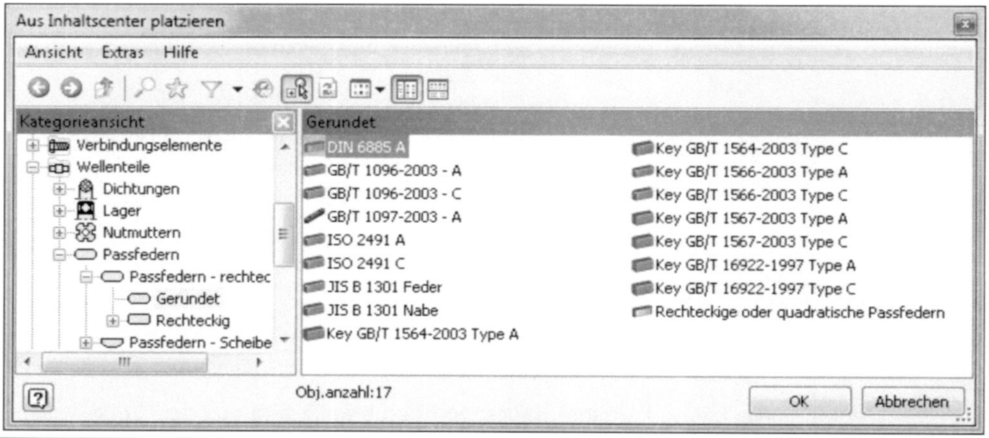

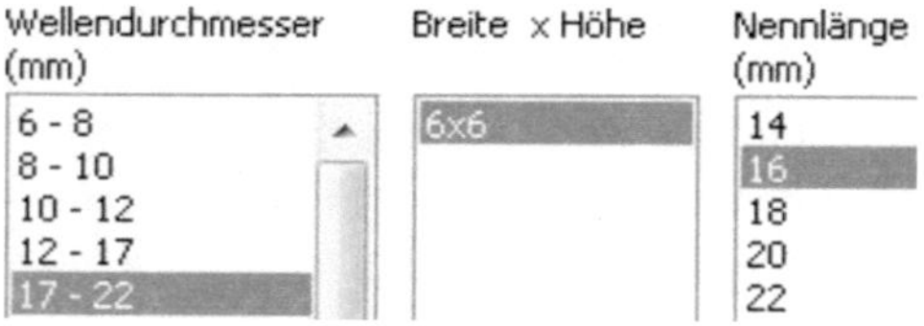

- ***Aus Inhaltscenter platzieren***
- Wellenteile – Passfedern – Passfedern rechteckig - Gerundet – DIN 6885 A
- Wellendurchmesser: 17-22 mm
- Breite x Höhe: 6 x 6 mm
- Nennlänge: 16 mm
- OK

Legen Sie zwei Passfedern im Zeichenfenster ab und platzieren Sie die folgenden Abhängigkeiten.

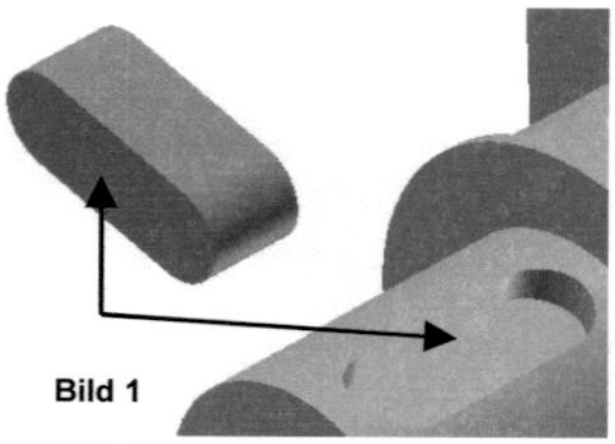

Bild 1

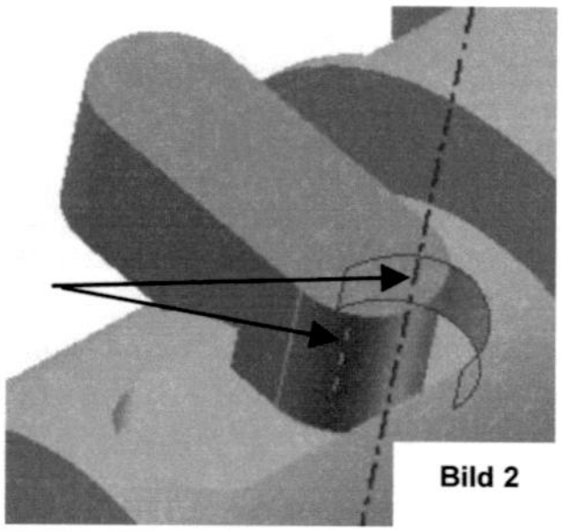

Bild 2

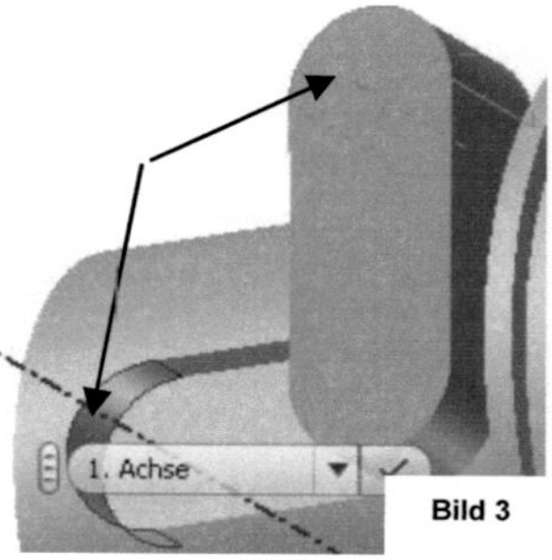

Bild 3

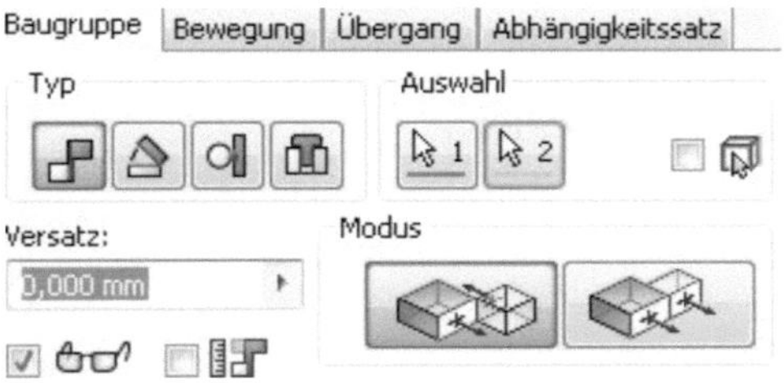

Passfeder wurde in der Passfeder-Nut platziert

- ***Abhängigkeit platzieren***
- Typ: Baugruppe - Passend
- Modus: Passend
- Auswahl: Markierte Flächen (Bild 1)
- Versatz: 0 mm
- [Anwenden]
- Modus: Passend
- Auswahl: Markierte Achsen (Bild 2)
- Versatz: 0 mm
- [Anwenden]
- Modus: Passend
- Auswahl: Markierte Achsen (Bild 3)
- Versatz: 0 mm
- [OK]

Wiederholen Sie diese Abhängigkeiten zwischen Passfeder und Passfeder-Nut auf der anderen Seite der Kurbelwelle.

HINWEIS: Um die beschriebenen Achsen der Passfeder oder der Passfeder-Nut aktivieren zu können, müssen Sie auf die jeweiligen Zylinderflächen klicken.

6.2.3 Platzieren der Riemenräder

Nachdem die beiden Passfedern mit der Kurbelwelle verbunden wurden, können die Riemenräder der Kurbelwelle in die Baugruppe eingefügt werden.

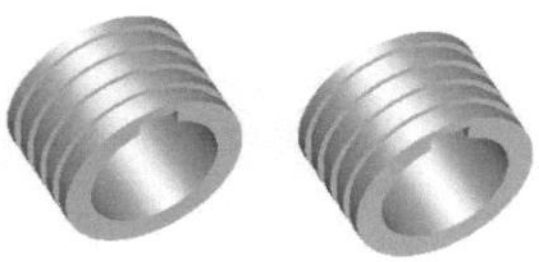

Einfügen der "Riemenräder der Kurbelwelle"

- ***Komponente platzieren***
- 2x Bauteil: Kurbelwelle-Riemenrad.ipt

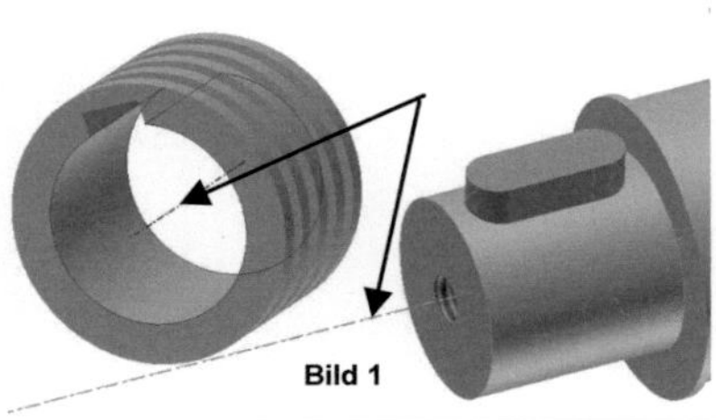

Bild 1

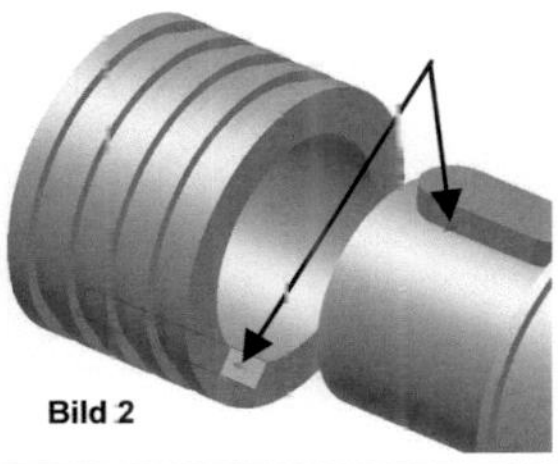

Bild 2

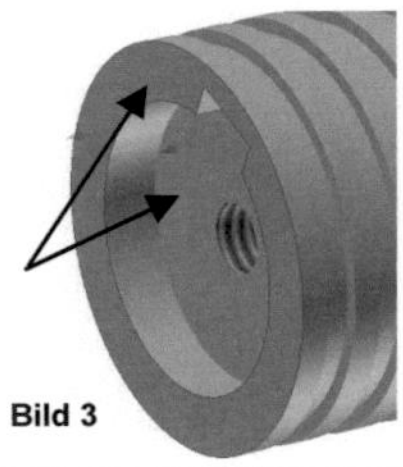

Bild 3

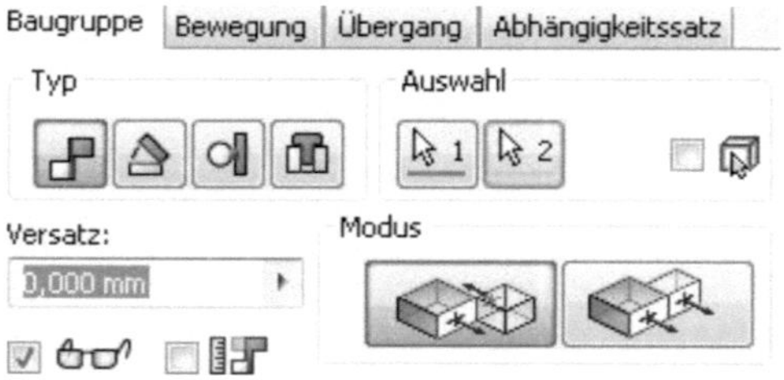

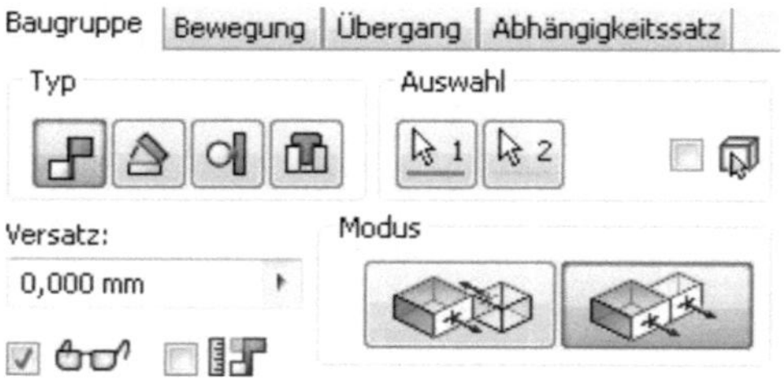

- ***Abhängigkeit platzieren***
- Typ: Baugruppe - Passend
- Modus: Passend
- Auswahl: Markierte Achsen (Bild 1)
- Versatz: 0 mm
- Anwenden
- Modus: Passend
- Auswahl: Markierte Flächen (Bild 2)
- Versatz: 0 mm
- Anwenden
- Modus: Fluchtend
- Auswahl: Markierte Achsen (Bild 3)
- Versatz: 0 mm
- OK

Wiederholen Sie diese Abhängigkeiten zwischen Kurbelwelle und Kurbelwelle-Riemenrad auf der anderen Seite der Kurbelwelle.

6.2.4 Erzeugen eines Bauteils aus der Baugruppe heraus

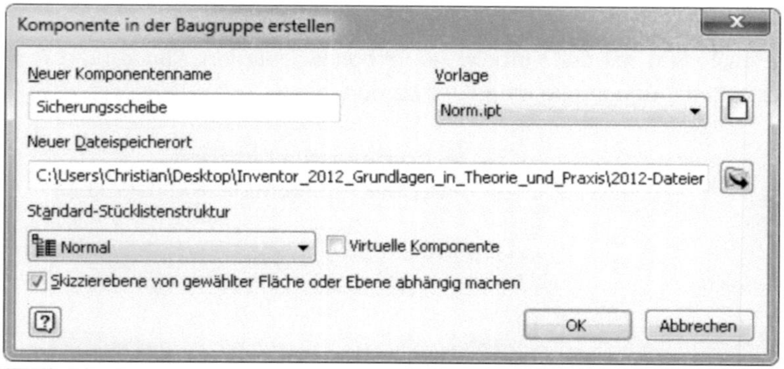

Bild 1

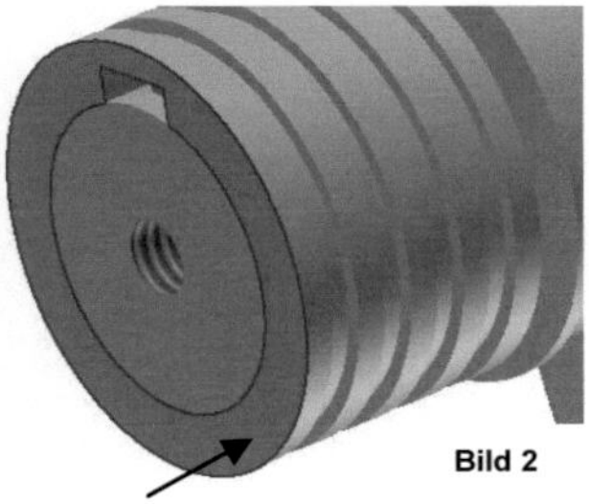

Bild 2

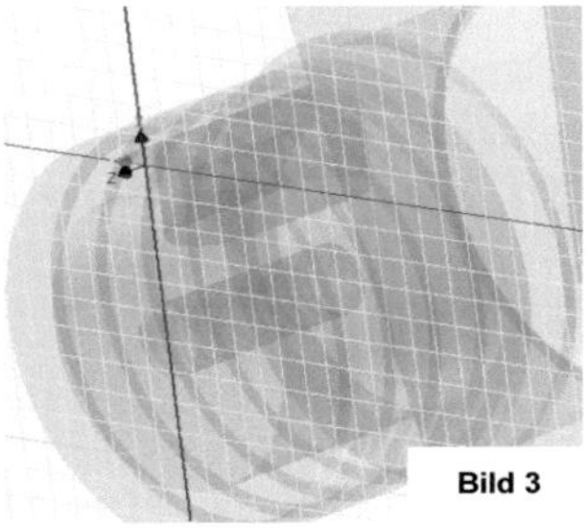

Bild 3

Um die Riemenräder axial zu sichern, müssen diese noch mit Sicherungsscheibe und Schraube an der Kurbelwelle befestigt werden.

Die Schraube können wir aus dem Inhaltscenter generieren, für einen passenden Sicherungsring mit den notwendigen Abmessungen müssen wir ein neues Bauteil erzeugen. Dies können wir aus der Baugruppe heraus erledigen.

Starten Sie den Befehl ***Erstellen*** und erzeugen Sie ein neues Bauteil ***Sicherungsscheibe*** in Ihrem Projektordner.

Nachdem Sie ***Komponentenname***, ***Vorlageart*** und ***Dateispeicherort*** gewählt haben (orientieren Sie sich an Bild 1), werden Sie aufgefordert, die Skizzierebene für das Basiselement festzulegen.

Wählen Sie hierfür die markierte Fläche in Bild 2 auf einer der beiden Kurbelwellenseiten.

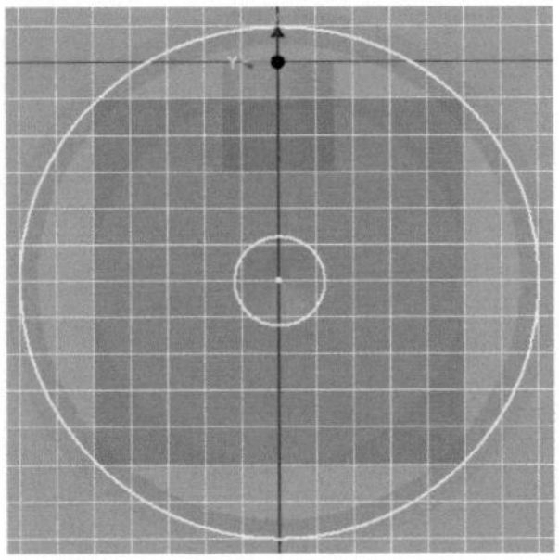

Bild 1

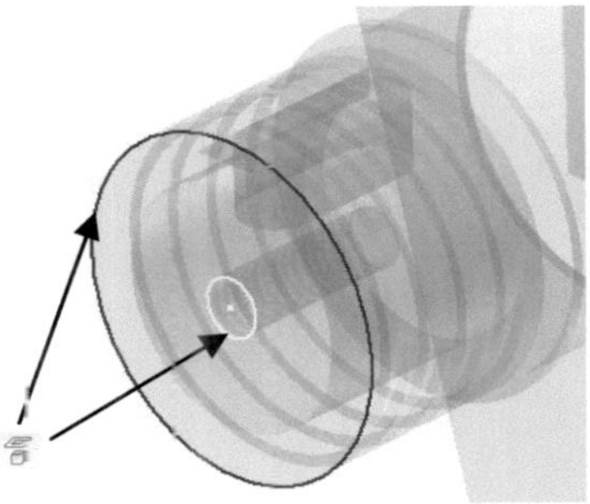

Bild 2

Sie gelangen automatisch in den Skizzenbereich des neuen Bauteils. Projizieren Sie hier die beiden in Bild 2 markierten Kanten (Bohrungskante der Kurbelwellenbohrung und Außenkante des Riemenrades) und verlassen Sie den Skizzenmodus wieder.

Extrudieren Sie den Bereich zwischen beiden Kreisen anschließend.

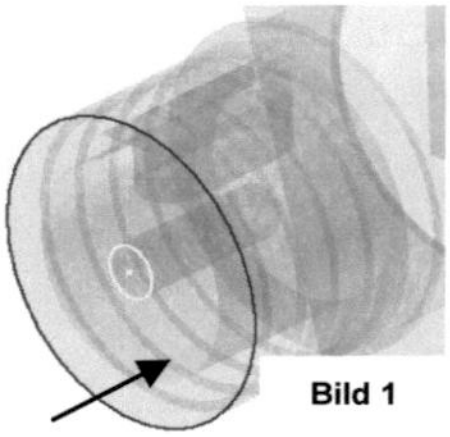
Bild 1

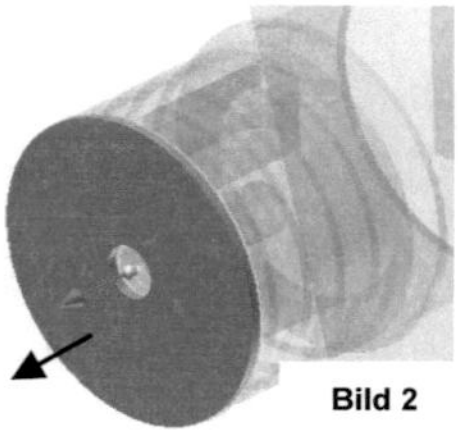
Bild 2

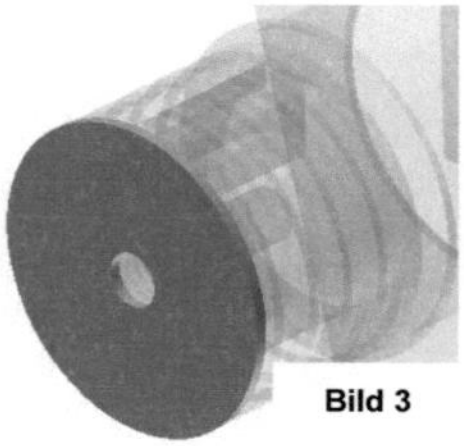
Bild 3

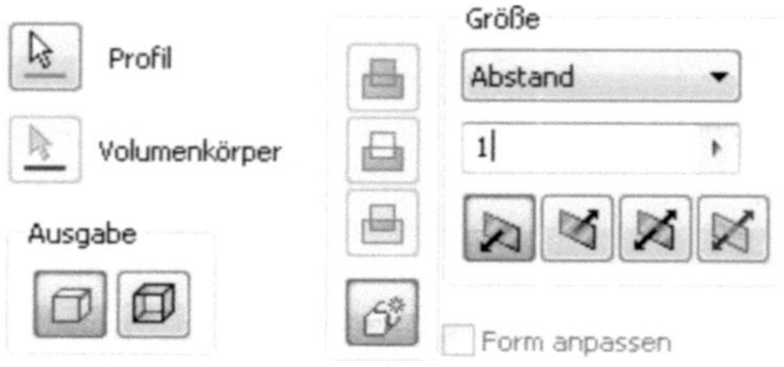

- **_Extrusion_**
- Profil: Kontur (Bild 1)
- Verfahren: Vereinigung
- Größe: Abstand (1 mm)
- Richtung: Dargestellt (Bild 2)
- OK

Der Befehl ***Zurück*** bringt Sie nach der Extrusion wieder in die übergeordnete Baugruppe. Speichern Sie die Baugruppe anschließend und achten Sie auf das Befehlsfenster.

HINWEIS: Achten Sie auf das ***Adaptiv***-Symbol vor der Sicherungsscheibe. Es bedeutet, dass die Komponente von einer anderen Geometrie abhängig ist. Größe und Position der Sicherungsscheibe werden in unserem Fall durch Kurbelwelle und Riemenscheibe festgelegt. Wird diese Adaptivität entfernt, ist die Scheibe in der Baugruppe frei beweglich.

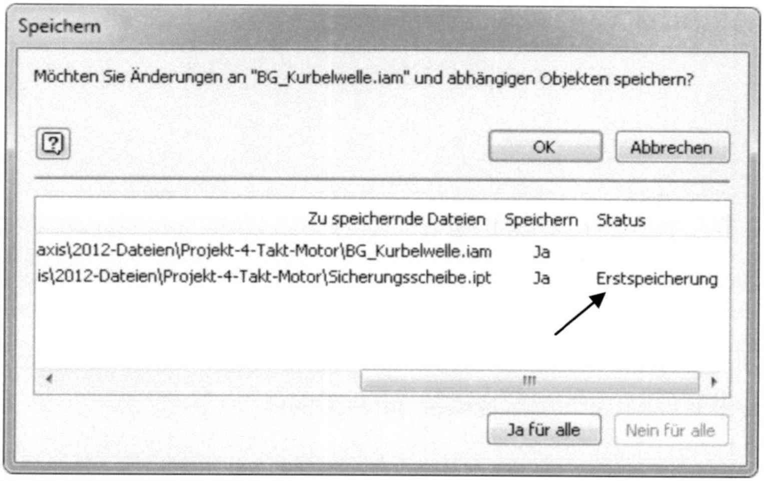

Sie werden gefragt, ob Sie die Baugruppe speichern möchten und ob das Programm für die neue Komponente ***Sicherungsscheibe.ipt*** eine ***Erstspeicherung*** vornehmen soll.

Wenn Sie hier nicht mit [Ja für alle] ***Ja für alle*** und [OK] ***Ok*** bestätigen, wird die neue Komponente nicht gespeichert und geht unter Umständen verloren.

Zurück in der Baugruppe kopieren Sie die erzeugte Sicherungsscheibe (***Strg*** + ***C***), fügen Sie diese erneut ein (***Strg*** + ***V***) und platzieren Sie die zweite Sicherungsscheibe auf der anderen Seite der Kurbelwelle.

6.2.5 Schraube aus dem Inhaltscenter einfügen

Um die Sicherungsscheibe fest mit der Kurbelwelle verbinden zu können, benötigen wir zwei Schrauben M6 x 16 aus dem ***Inhaltscenter***. Verwenden Sie auch hier die AutoDrop-Funktion.

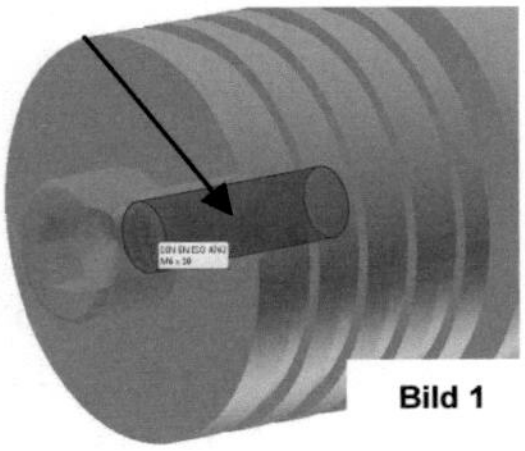

Bild 1

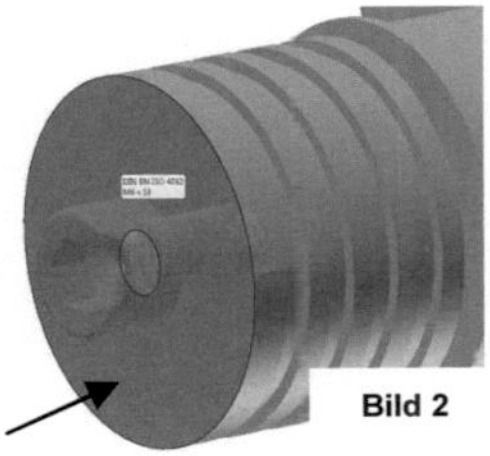

Bild 2

Bild 3

"Zylinderkopfschraube aus dem Inhaltscenter"

- ***Aus Inhaltscenter platzieren***
- Verbindungselemente > Schrauben > Zylinderkopf > DIN EN ISO 4762
- Bohrung: Gewinde der Bohrung (Kurbelwelle) (Bild 1)
- Startseite: Seitenfläche (Sicherungsscheibe) (Bild 2)
- Doppelpfeil am Schraubenende ziehen, bis die Länge M6 x 16 erreicht ist (Bild 3)
- ***Bestätigen***

Die zweite Schraube danach identisch auf der anderen Seite der Kurbelwelle erzeugen.

HINWEIS: Die Option ***Mehrere einfügen*** kann in diesem Fall nicht verwendet werden, da beide Bohrungen in entgegengesetzter Richtung und nicht auf der selben Ebene liegen. Die zweite Gewindebohrung würde vom Programm nicht erkannt werden.

6.2.6 Farben zuweisen

Abschließend werden den Komponenten noch Farben zugewiesen.

Baugruppe "BG_Kurbelwelle"

- Kurbelwelle markieren
- ***Farbüberschreibung***
- Farbe: z. B. Chrom (blau)

- Beide Kurbelwellen-Riemenräder markieren
- ***Farbüberschreibung***
- Farbe: z. B. Gelb
-
- Schrauben und Sicherungsscheiben markieren
- ***Farbüberschreibung***
- Farbe: z. B. Rot

Die Datei kann jetzt gespeichert und geschlossen werden.

6.3 Unterbaugruppe Nockenwelle

Baugruppe "BG_Nockenwelle"

Die Baugruppe Nockenwelle wird aus fünf Komponenten (Nockenwelle, Riemenrad-Nockenwelle, Sicherungsscheibe, Passfeder und Schraube) bestehen. Passfeder und Schraube werden wieder aus dem Inhaltscenter erstellt, als Sicherungsscheibe verwenden wir die Sicherungsscheibe aus der Baugruppe Kurbelwelle. Erstellen Sie eine ***neue Baugruppe*** und speichern Sie diese als ***BG_Nockenwelle.iam*** im Projektordner ab.

6.3.1 Einfügen der Komponenten

Komponenten einfügen

- ***Komponente platzieren***
- 1x Bauteil: Nockenwelle.ipt
- 1x Bauteil: Nockenwelle-Riemenrad.ipt
- 1x Bauteil: Sicherungsscheibe.ipt

6.3.2 Passfeder aus dem Inhaltscenter

Wir benötigen auch hier eine Passfeder DIN 6885 A 6 x 6 x 16. Fügen Sie diese aus dem ***Inhaltscenter*** ein und setzen Sie die entsprechenden ***Abhängigkeiten***.

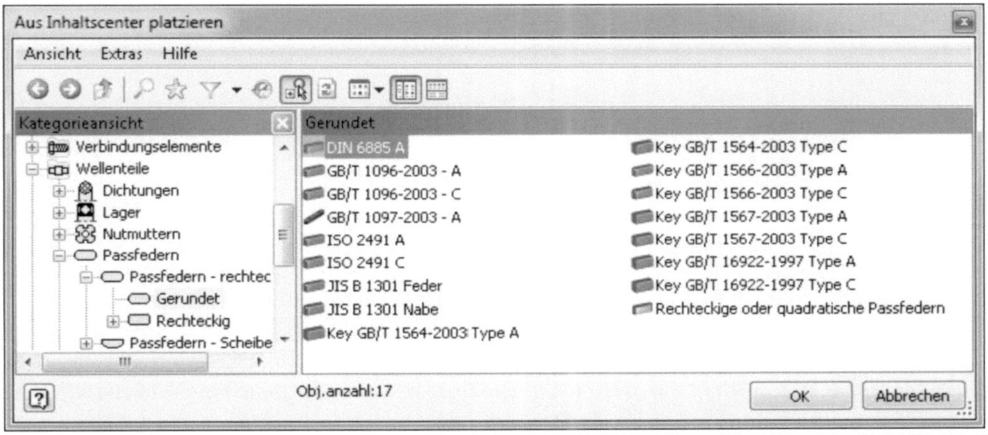

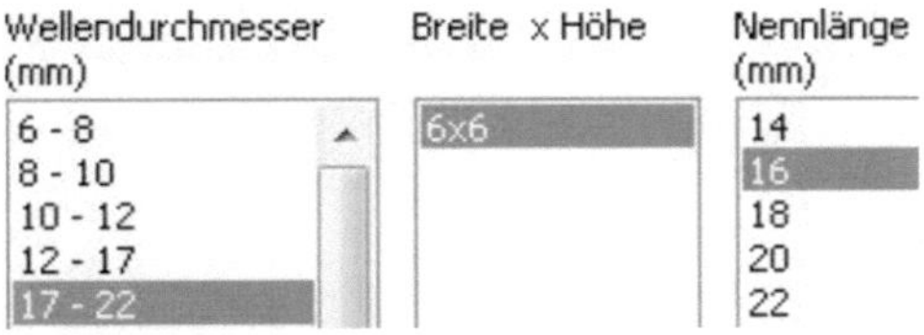

Auswahl der "Passfeder"

- ➢ ***Aus Inhaltscenter platzieren***
- ➢ Wellenteile – Passfedern – Passfedern rechteckig - Gerundet – DIN 6885 A
- ➢ Wellendurchmesser: 17-22 mm
- ➢ Breite x Höhe: 6 x 6 mm
- ➢ Nennlänge: 16 mm
- ➢ OK

Legen Sie die Passfeder einmal im Zeichenfenster ab und platzieren Sie die folgenden Abhängigkeiten.

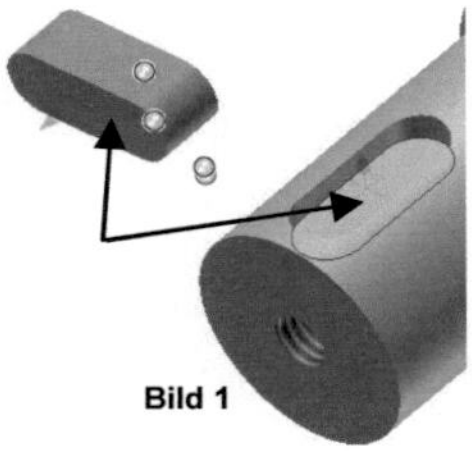
Bild 1

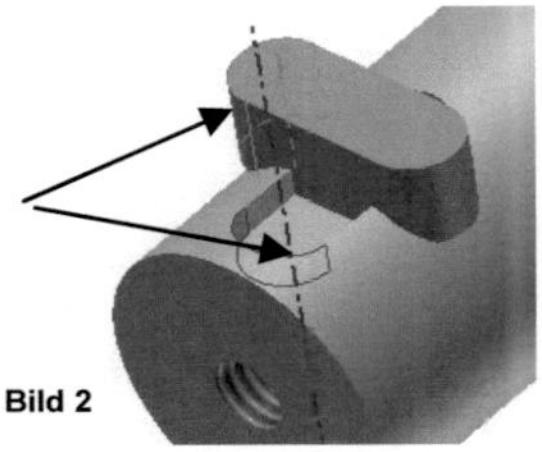
Bild 2

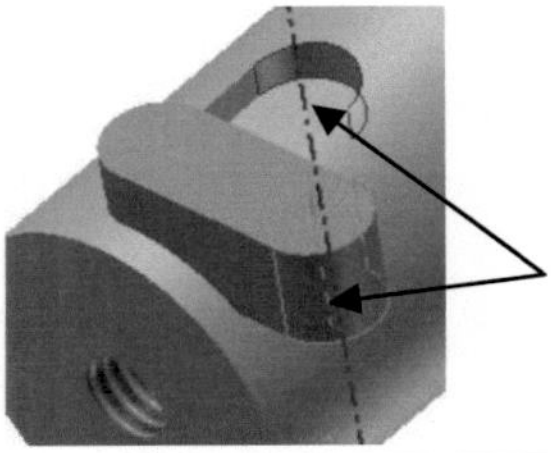
Bild 3

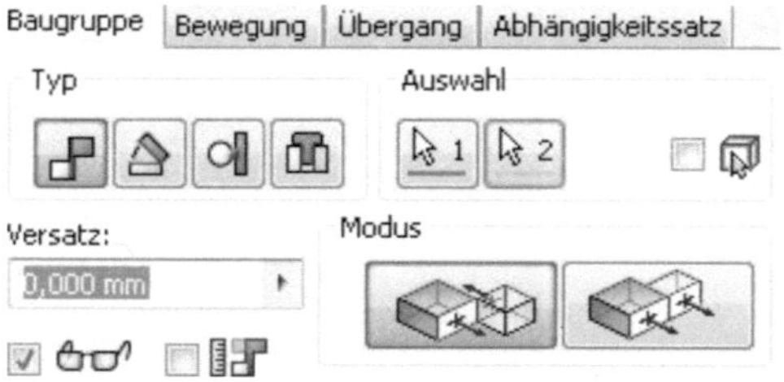

Passfeder in "Passfeder-Nut"

- **Abhängigkeit platzieren**
- Typ: Baugruppe - Passend
- Modus: Passend
- Auswahl: Markierte Flächen (Bild 1)
- Versatz: 0 mm
- Anwenden
- Modus: Passend
- Auswahl: Markierte Achsen (Bild 2)
- Versatz: 0 mm
- Anwenden
- Modus: Passend
- Auswahl: Markierte Achsen (Bild 3)
- Versatz: 0 mm
- OK

6.3.3 Riemenrad mit Abhängigkeiten versehen

Befestigen Sie das Riemenrad der Nockenwelle axial zum dargestellten Wellenende und setzen Sie die entsprechenden ***Abhängigkeiten*** zwischen Passfeder, Nockenwelle und Riemenrad.

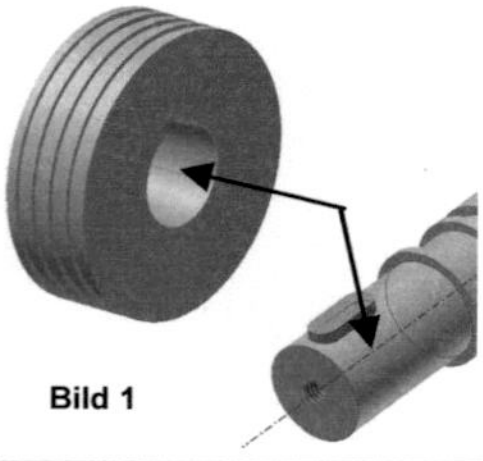
Bild 1

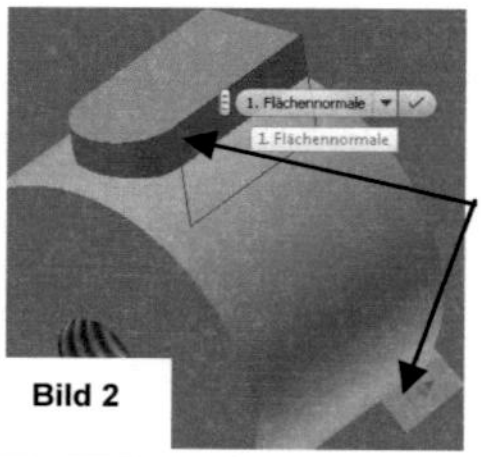
Bild 2

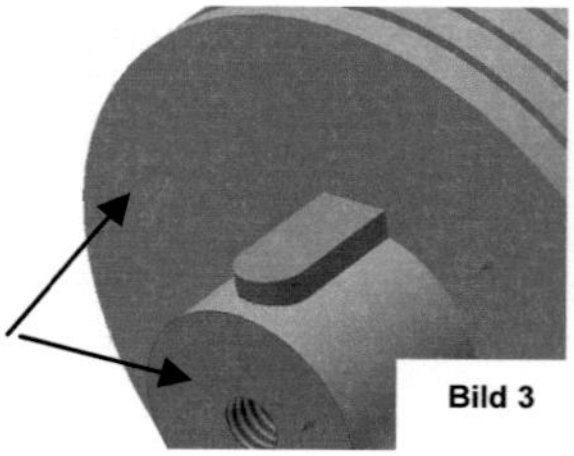
Bild 3

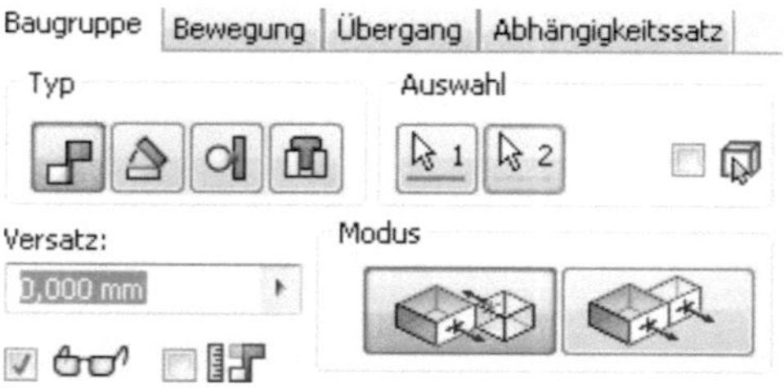

- **Abhängigkeit platzieren**
- Typ: Baugruppe - Passend
- Modus: Passend
- Auswahl: Markierte Achsen (Bild 1)
- Versatz: 0 mm
- Anwenden
- Modus: Passend
- Auswahl: Markierte Flächen (Bild 2)
- Versatz: 0 mm
- Anwenden
- Modus: Fluchtend
- Auswahl: Markierte Flächen (Bild 3)

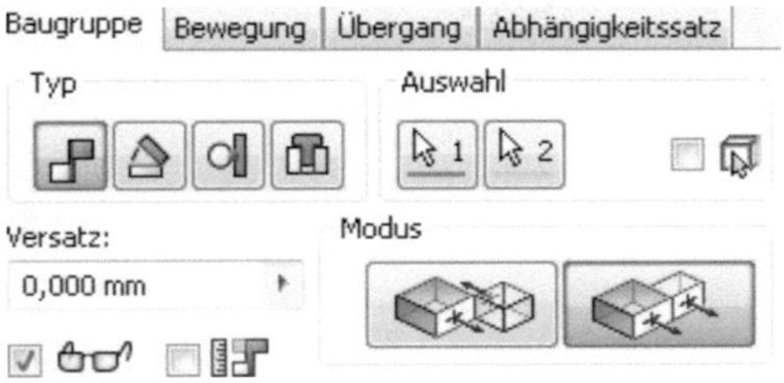

- Versatz: 0 mm
- OK

Befestigen Sie die Sicherungsscheibe wie dargestellt.

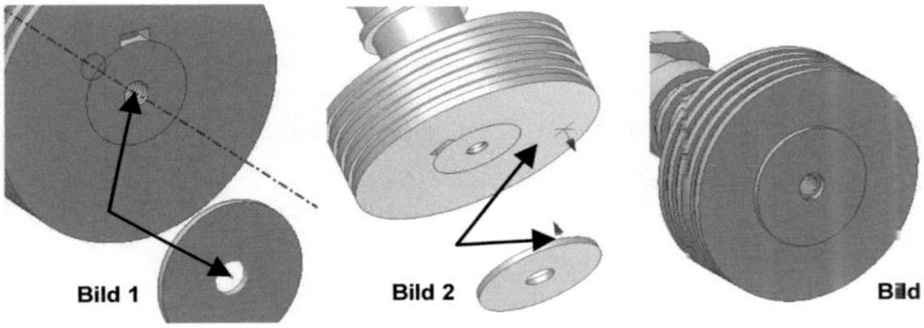

Bild 1 Bild 2 Bild 3

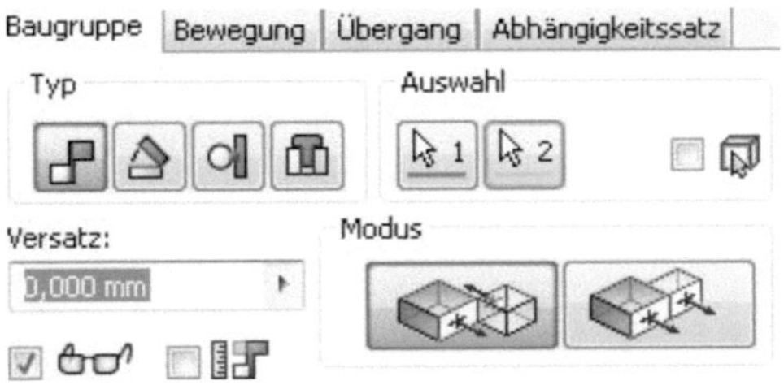

- ***Abhängigkeit platzieren***
- Typ: Baugruppe - Passend
- Modus: Passend
- Auswahl: Markierte Achsen (Bild 1)
- Versatz: 0 mm
- Anwenden
- Modus: Passend
- Auswahl: Markierte Flächen (Bild 2)
- Versatz: 0 mm
- OK

6.3.4 Schraube aus dem Inhaltscenter einfügen

Um die Sicherungsscheibe fest mit der Kurbelwelle verbinden zu können, benötigen wir auch hier eine Schraube M6 x 16 aus dem ***Inhaltscenter***.

Bild 1 Bild 2 Bild 3

Bild 4

"Zylinderkopfschraube aus dem Inhaltscenter"

- ***Aus Inhaltscenter platzieren***
- Verbindungselemente > Schrauben > Zylinderkopf > DIN EN ISO 4762
- Bohrung: Gewindebohrung (Nockenwelle) (Bild 1)
- Startseite: Seitenfläche (Sicherungsscheibe) (Bild 2)
- Doppelpfeil am Schraubenende ziehen, bis die Länge M6 x 16 erreicht ist (Bild 3)
- ***Bestätigen***

6.3.5 Farben zuweisen

Baugruppe "BG_Nockenwelle"

- Nockenwelle markieren
- ***Farbüberschreibung***
- Farbe: z. B. Chrom (blau)

- Nockenwelle-Riemenrad markieren
- ***Farbüberschreibung***
- Farbe: z. B. Gelb

- Schraube und Sicherungsscheibe markieren
- ***Farbüberschreibung***
- Farbe: z. B. Rot

Die Datei kann jetzt gespeichert und geschlossen werden.

6.4 Unterbaugruppe Zylinderblock

Baugruppe "BG_Zylinderblock"

Die Baugruppe Zylinderblock enthält fünf Bauteile. Den Zylinderblock und vier Laufbuchsen, in denen später die Kolben laufen werden.

Zusätzliche Komponenten aus dem Inhaltscenter sind hier nicht erforderlich.

Erstellen Sie eine ***neue Baugruppe*** und speichern Sie diese als ***BG_Zylinderblock.iam*** im Projektordner ab.

6.4.1 Einfügen der Komponenten

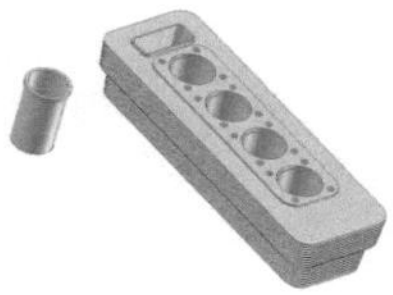

Einfügen der Komponenten

- ***Komponente platzieren***
- 1x Bauteil: Zylinderblock.ipt
- 1x Bauteil: Laufbuchse.ipt

6.4.2 Platzieren der ersten Laufbuchse

Die erste Laufbuchse soll durch die folgenden Abhängigkeiten mit dem Zylinderblock verbunden werden.

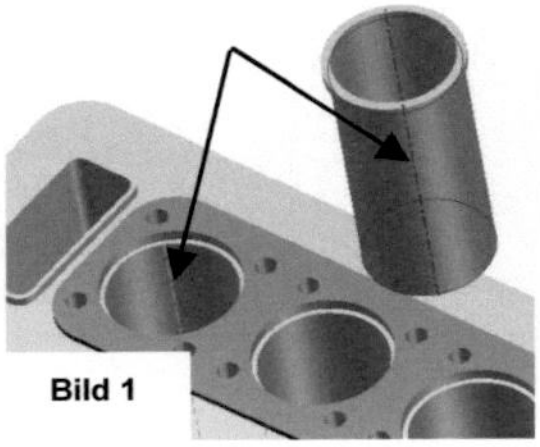

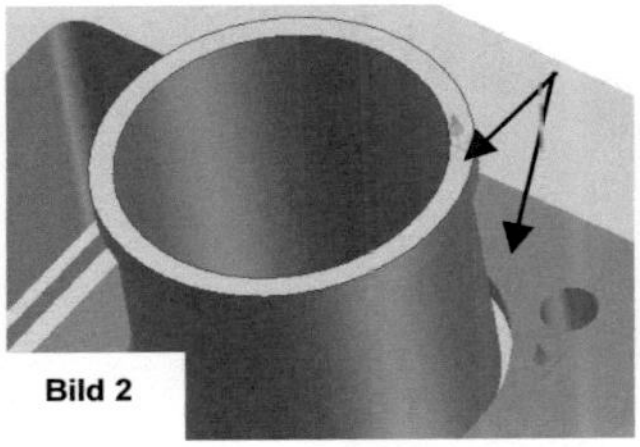

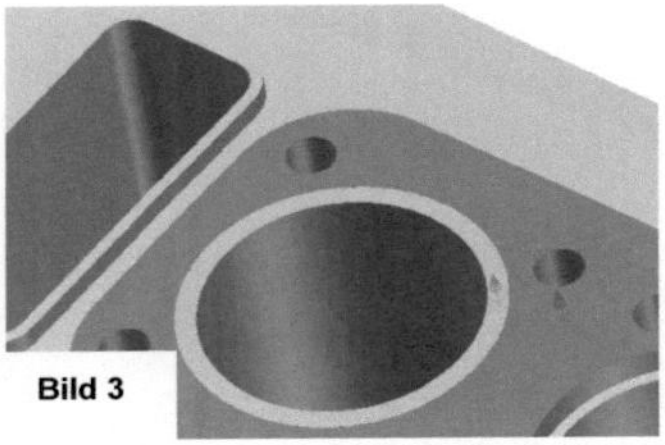

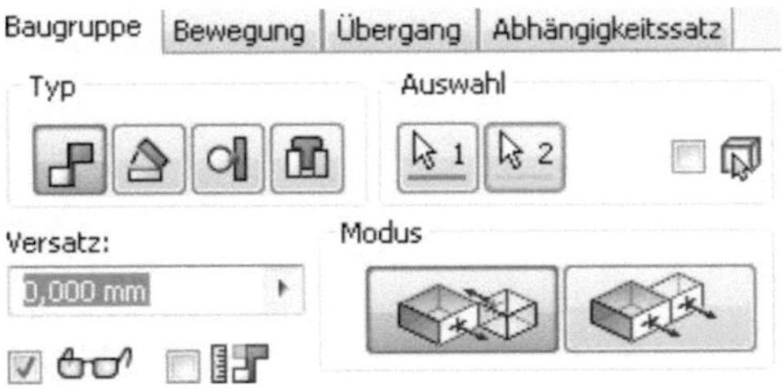

- ***Abhängigkeit platzieren***
- Typ: Baugruppe - Passend
- Modus: Passend
- Auswahl: Markierte Achsen (Bild 1)
- Versatz: 0 mm
- Anwenden
- Modus: Fluchtend
- Auswahl: Markierte Flächen (Bild 2)
- Versatz: 0 mm
- OK

6.4.3 Kopieren der Laufbuchsen durch rechteckige Anordnung

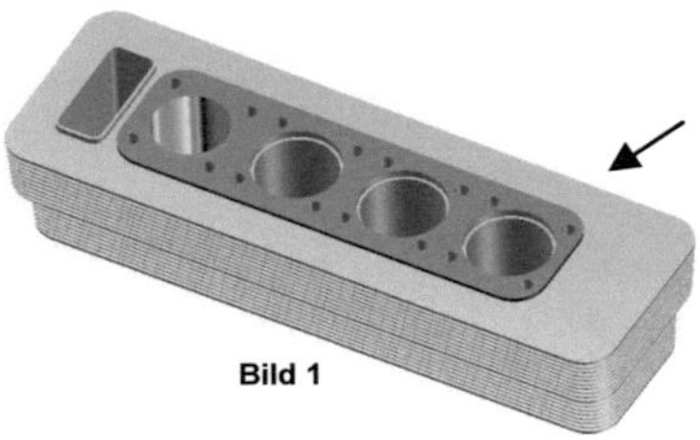

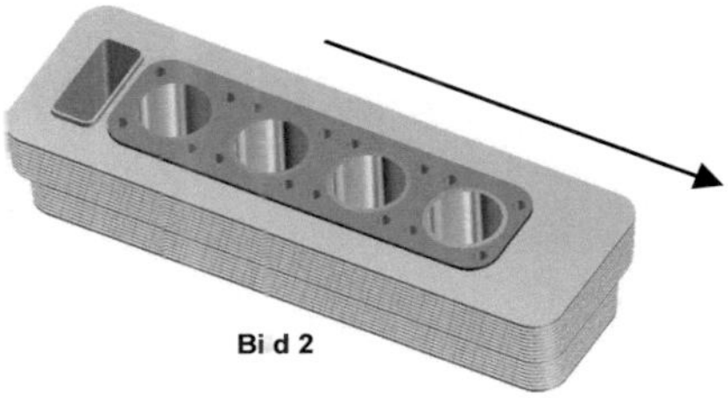

Die Laufbuchse des ersten Zylinders wurde positioniert. Mit dem Befehl ***Komponente anordnen*** erzeugen und positionieren wir die restlichen 3 Laufbuchsen. Als Richtungsvektor soll uns die in Bild 1 markierte Außenkante des Zylinderblocks dienen.

- ***Komponente anordnen (Muster)***
- Reiter: Rechteckig anordnen
- Komponente: Laufbuchse (Modellbaum)
- Richtung: Markierte Kante (Bild 1)
- Anzahl: 4
- Abstand: 70 mm
- OK

6.4.4 Farben zuweisen

Bild 1

Bild 2

Baugruppe "BG_Zylinderblock"

- Vier Laufbuchsen markieren
- ***Farbüberschreibung***
- Farbe: z. B. Chrom (blau)

- Zylinderblock markieren
- ***Farbüberschreibung***
- Farbe: z. B. Stahlmetall (gerostet)

Die Datei kann jetzt gespeichert und geschlossen werden.

6.5 Unterbaugruppe Zylinderkopf

Baugruppe "BG_Zylinderkopf"

Die letzte Unterbaugruppe soll die Baugruppe BG_Zylinderkopf werden. Sie besteht aus Zylinderkopf, Zündkerzen, Nockenwellenhaltern, Schrauben und Wellendichtring. Schrauben und Wellendichtring sollen wieder aus dem Inhaltscenter geladen werden.

Erstellen Sie eine neue ***Baugruppe*** und speichern Sie diese als ***BG_Zylinderkopf.iam*** im Projektordner ab.

6.5.1 Einfügen der Komponenten

Fügen Sie die folgenden Komponenten ein und legen Sie anschließend alle notwendigen ***Abhängigkeiten*** fest.

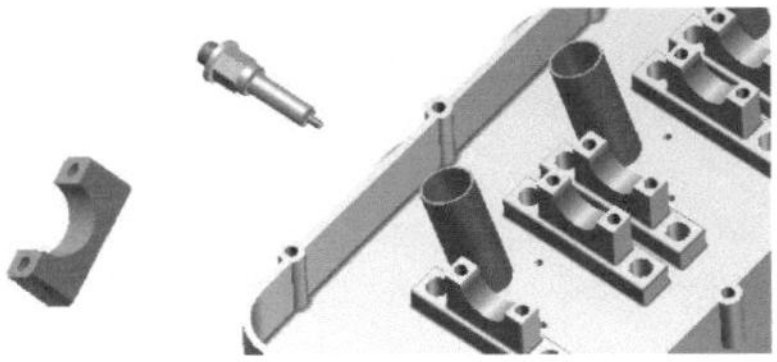

Einfügen der Komponenten

- ***Komponente platzieren***
- 1x Bauteil: Zylinderblock.ipt
- 2x Bauteil: Nockenwellenhalter.ipt
- 1x Bauteil: Zündkerze.ipt

6.5.2 Komponenten mit Abhängigkeiten versehen

Platzieren Sie Zündkerze und Nockenwellenhalter oberhalb des ersten Zylinderraumes und erzeugen Sie die restlichen Komponenten mittels ***Komponente anordnen***.

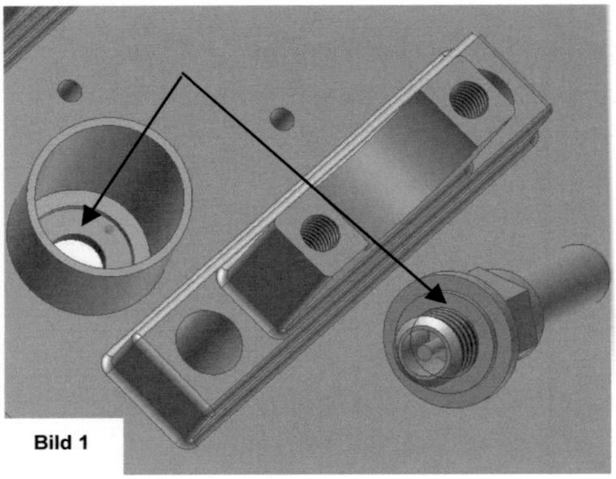

Bild 1

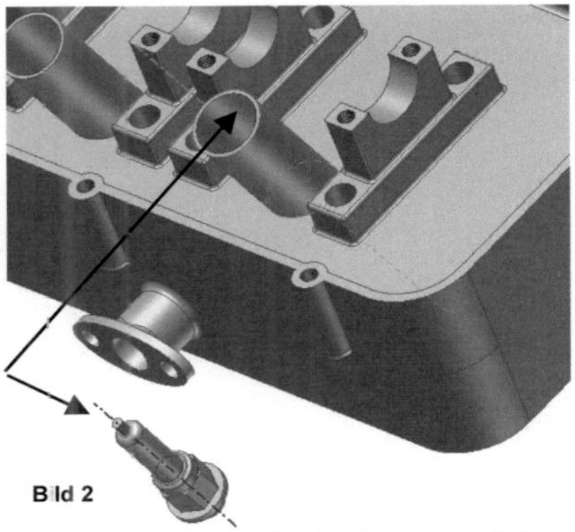

Bild 2

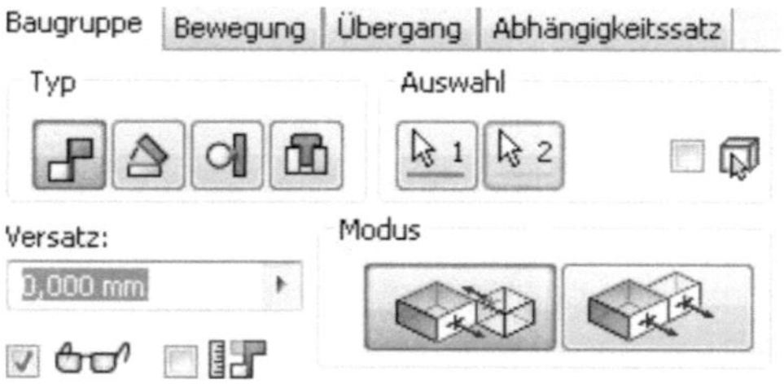

- ***Abhängigkeit platzieren***
- Typ: Baugruppe - Passend
- Modus: Passend
- Auswahl: Markierte Flächen (Bild 1)
- Versatz: 0 mm
- Anwenden
- Modus: Passend
- Auswahl: Markierte Achsen (Bild 2)
- Versatz: 0 mm
- OK

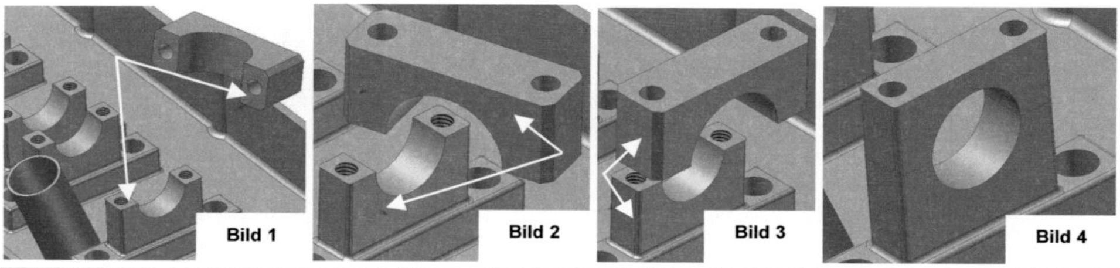
Bild 1 Bild 2 Bild 3 Bild 4

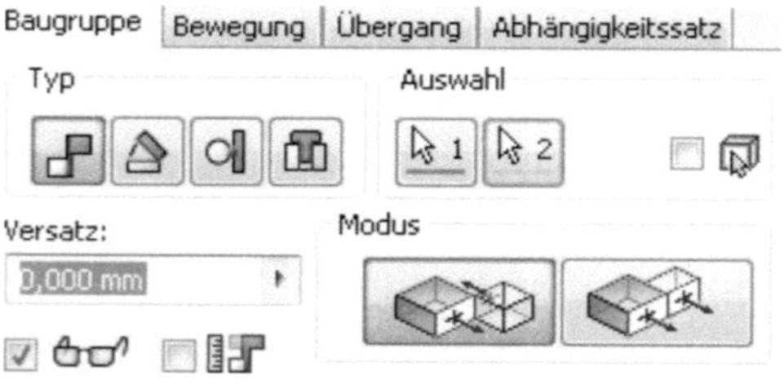

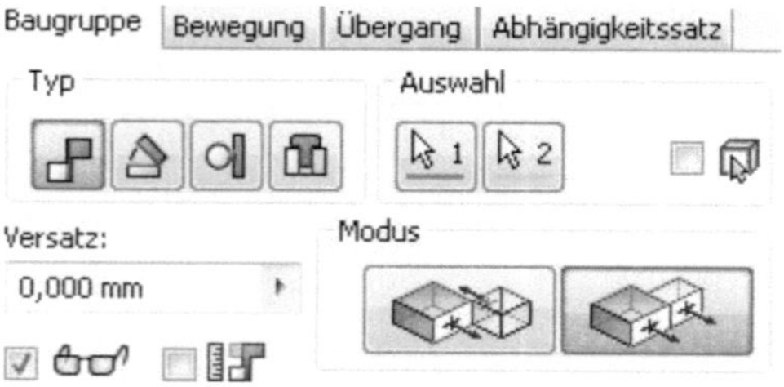

- ***Abhängigkeit platzieren***
- Typ: Baugruppe - Passend
- Modus: Passend
- Auswahl: Markierte Flächen (Bild 1)
- Versatz: 0 mm
- Anwenden
- Modus: Fluchtend
- Auswahl: Markierte Flächen (Bild 2)
- Versatz: 0 mm
- Anwenden
- Modus: Fluchtend
- Auswahl: Markierte Flächen (Bild 3)
- Versatz: 0 mm
- OK

Wiederholen Sie diese Abhängigkeiten beim zweiten Nockenwellenhalter.

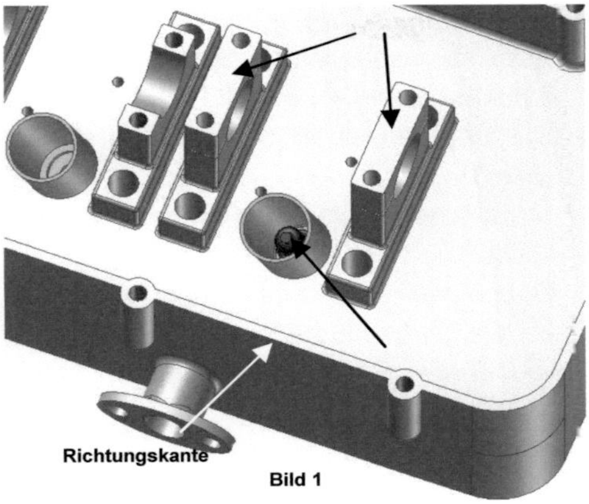

Bild 1

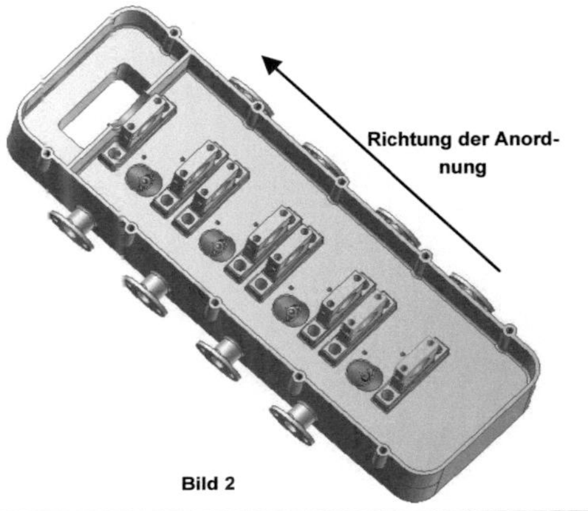

Bild 2

Sobald dieser mit allen notwendigen Abhängigkeiten versehen wurde, markieren Sie die drei Komponenten (Zündkerze und beide Nockenwellenhalter) und starten den Befehl ***Komponente anordnen***.

- ***Komponente anordnen (Muster)***
- Reiter: Rechteckig anordnen
- Komponenten: Zündkerze, beide Nockenwellenhalter
- Richtung: Markierte Kante (Bild 1)
- Anzahl: 4 (Richtung siehe Bild 2)
- Abstand: 70 mm
- OK

6.5.3 Schrauben aus dem Inhaltscenter generieren

Fügen Sie in die markierte Gewindebohrung Schrauben aus dem Inhaltscenter ein . verwenden Sie die AutoDrop-Funktion.

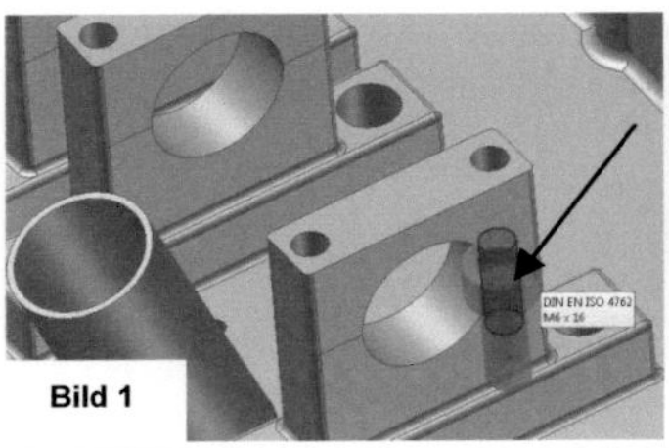
Bild 1

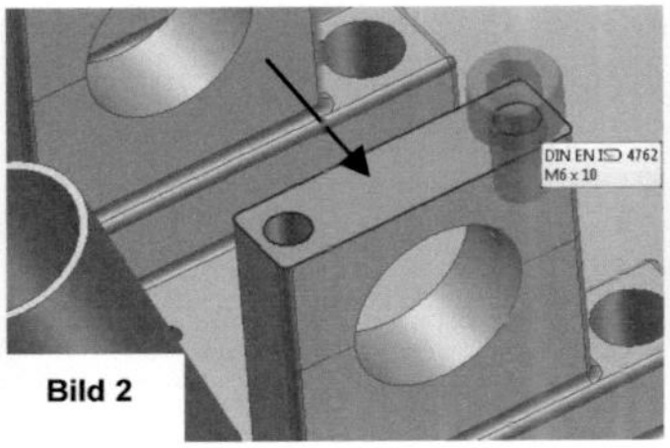
Bild 2

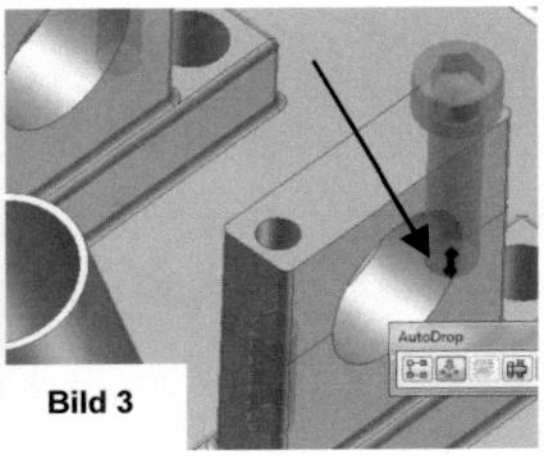

Bild 3

Modellbaum mit den 16 einzelnen Schrauben

- ***Aus Inhaltscenter platzieren***
- Verbindungselemente > Schrauben > Zylinderkopf > DIN EN ISO 4762
- Bohrung: Gewindebohrung (Zylinderkopf) (Bild 1)
- Startfläche: Fläche (Nockenwellenhalter) (Bild 2)
- Doppelpfeil am Schraubenende ziehen, bis die Länge M6 x 25 erreicht wurde
- ***Mehrere einfügen*** aktivieren
- ***Bestätigen***

Alle 16 Schrauben sollten jetzt erzeugt worden sein und untereinander im Modellbaum liegen (siehe linke Abbildung). Gruppieren Sie die Schrauben im Modellbaum.

HINWEIS: In Baugruppen können Sie verschiedene Komponenten gruppieren, um den Modellbaum übersichtlicher zu gestalten. Markieren Sie die Komponenten und wählen Sie ***ReM*** > ***Zu neuem Ordner hinzufügen***.

6.5.4 Gruppieren von Komponenten im Modellbaum

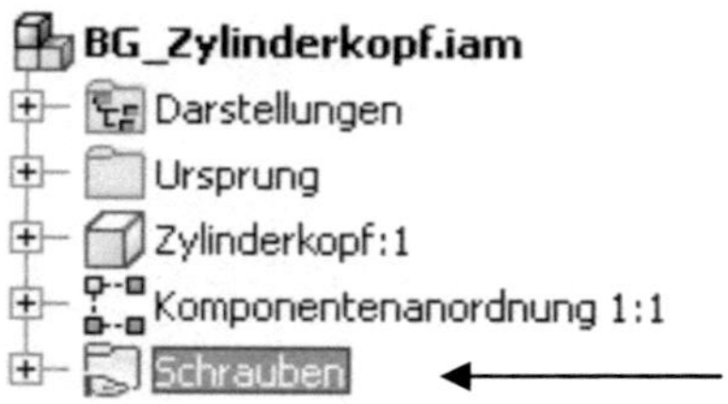

Modellbaum mit neuem Ordner "Schrauben"

Markieren Sie alle 16 Schrauben im Modellbaum und wählen Sie dann ***ReM*** > ***Zu neuem Ordner hinzufügen***. Dem Ordner geben Sie anschließend die Bezeichnung ***Schrauben***.

6.5.5 Einfügen eines Wellendichtringes aus dem Inhaltscenter

Anschließend soll ein Wellendichtring aus dem Inhaltscenter geladen werden. Dieser wird den Nockenwellenraum gegen den Riemenraum abdichten.

Der Dichtring muss manuell aus einer Tabelle gewählt werden, da hier keine AutoDrop-Funktion zur Verfügung steht.

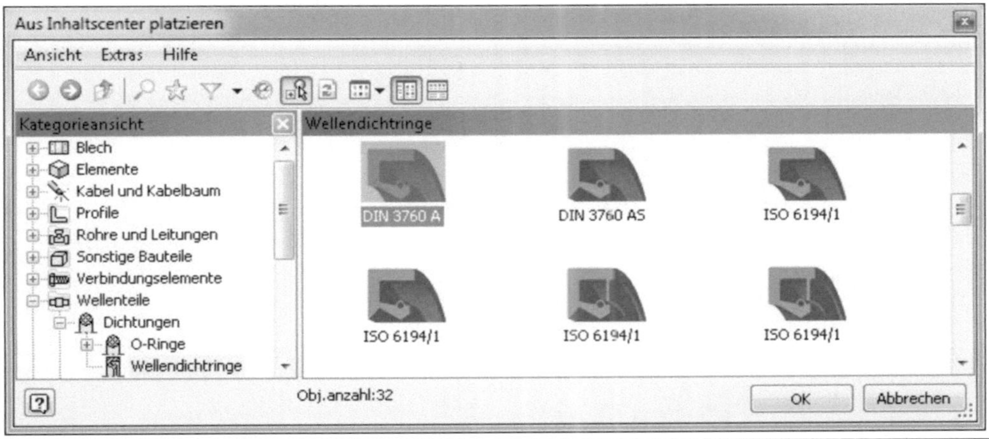

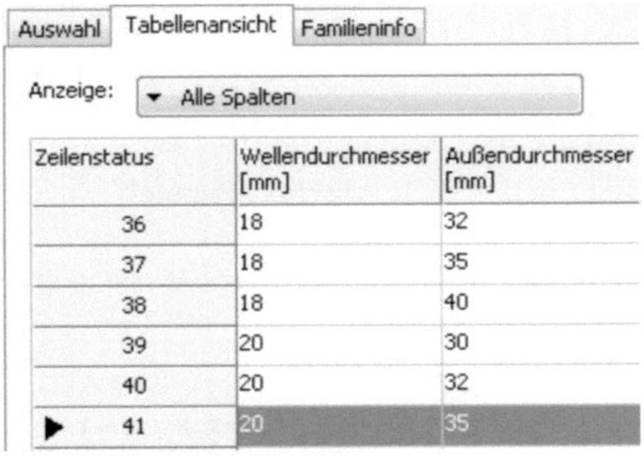

Zeilenstatus	Wellendurchmesser [mm]	Außendurchmesser [mm]
36	18	32
37	18	35
38	18	40
39	20	30
40	20	32
▶ 41	20	35

Auswahl der "Wellendichtringgröße"

- ***Aus Inhaltscenter platzieren***
- Wellenteile – Dichtungen – Wellendichtringe – DIN 3760 A
- In Reiter ***Tabellenansicht*** wechseln
- Zeilenstatus: 41 (20 x 35 x 7 mm)
- OK

Den Wellendichtring einmal im Zeichenfenster ablegen.

Bild 1

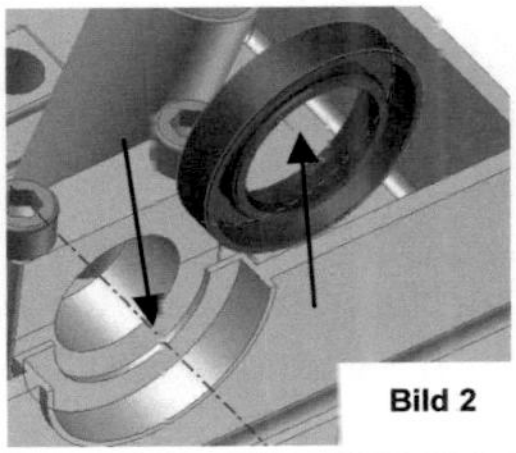

Bild 2

Bild 3

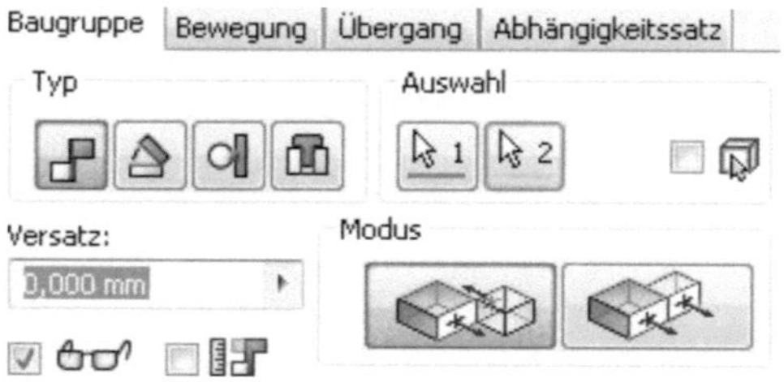

- **_Abhängigkeit platzieren_**
- Typ: Baugruppe - Passend
- Modus: Passend
- Auswahl: Markierte Flächen (Bild 1)
- Versatz: 0 mm
- Anwenden
- Modus: Passend
- Auswahl: Markierte Achsen (Bild 2)
- Versatz: 0 mm
- OK

HINWEIS: Achten Sie darauf, dass die offene Seite des Wellendichtringes in Richtung Riemenkanal zeigt (Abbildung 3).

6.5.6 Farben zuweisen

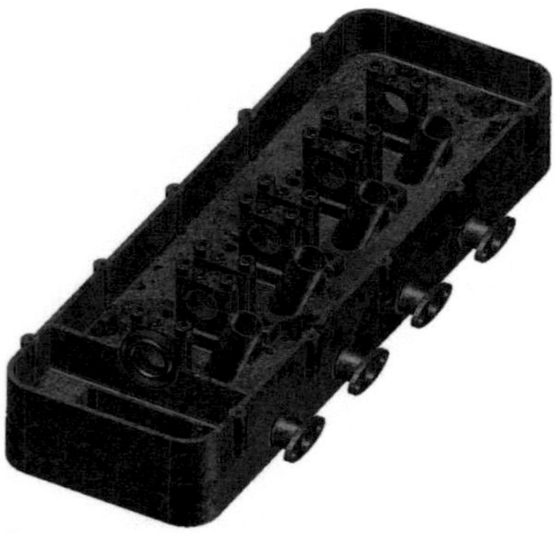

Baugruppe "BG_Zylinderkopf"

- Zylinderkopf und alle Nockenwellenhalter markieren
- **_Farbüberschreibung_**
- Farbe: z. B. Stahlmetall (gerostet)

- Zündkerzen, Schrauben und Wellendichtring markieren
- **_Farbüberschreibung_**
- Farbe: z. B. Rot

Die Datei kann jetzt gespeichert und geschlossen werden.

6.6 Hauptbaugruppe 4-Takt-Motor

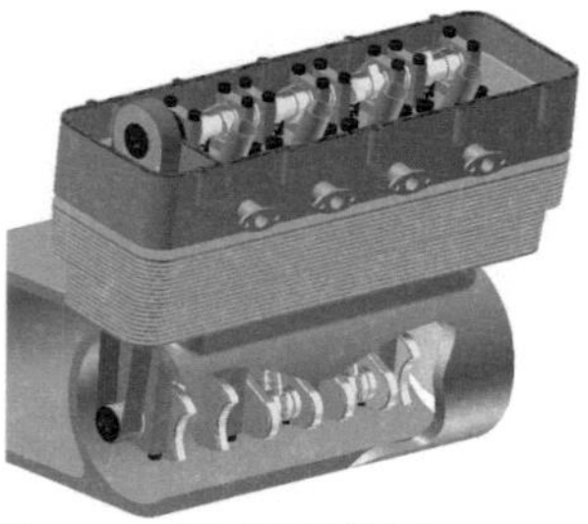

Baugruppe "BG_4-Takt-Motor"

Nachdem alle Unterbaugruppen erstellt wurden, ist nun die Hauptbaugruppe **_BG_4-Takt-Motor_** an der Reihe.

Neben den Unterbaugruppen (BG_Kurbelwelle, BG_Zylinderkopf, BG_Nockenwelle, BG_Kolben) werden weitere Bauteile und einige Komponenten aus dem Inhaltscenter platziert. Die Abhängigkeiten der Hauptbaugruppe müssen so gewählte werden, dass am Ende eine Bewegungssimulation des Motors möglich ist.

6.6.1 Einfügen des Motorgehäuses

Einfügen des "Motorgehäuses"

Erzeugen Sie eine **neue Baugruppe** und speichern Sie diese im Projektordner als ***BG_4-Takt-Motor.iam***. Fügen Sie die folgende Komponente ein.

- ***Komponente platzieren***
- 1x Bauteil: Motorgehaeuse.ipt

Die ***Fixierung*** im Modellbaum für dieses Bauteil soll bestehen bleiben, diesmal also nicht entfernt werden.

6.6.2 Einfügen der Unterbaugruppen BG_Kurbelwelle & BG_Kolben

Einfügen der Baugruppen "BG_Kolben" und "BG_Kurbelwelle"

Nachdem die Grundkomponente ***Motorgehaeuse.ipt*** in die Hauptbaugruppe eingefügt wurde, können die ersten beiden Unterbaugruppen geladen und platziert werden.

- ***Komponente platzieren***
- 1x Baugruppe: BG_Kurbelwelle.iam
- 4x Baugruppe: BG_Kolben.iam

Bei den vier Baugruppen ***BG_Kolben*** ist eine Besonderheit zu beachten. Grundsätzlich werden (bewegliche) Unterbaugruppen als starre Komponenten in eine Baugruppe geladen.

Wenn diese Unterbaugruppen aber auch in der Hauptbaugruppe weiterhin beweglich bleiben sollen, müssen diese im Modellbaum als ***flexibel*** definiert werden (***ReM*** > ***Flexibel***).

Führen Sie diesen Vorgang bei den vier Kolben-Baugruppen durch.

HINWEIS: Um die Flexibilität von Unterbaugruppen in übergeordneten Baugruppen zu gewährleisten, müssen diese als ***flexibel*** definiert werden (***ReM*** > ***Flexibel***).

6.6.3 BG_Kurbelwelle & BG_Kolben verbinden

Die Kolben-Baugruppen können jetzt mit der Kurbelwelle verbunden werden.

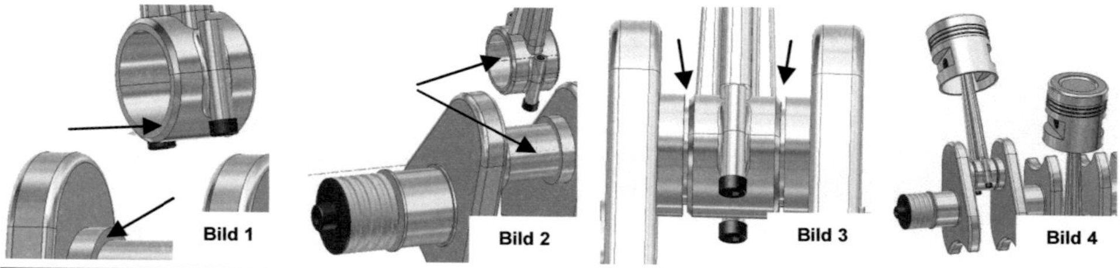

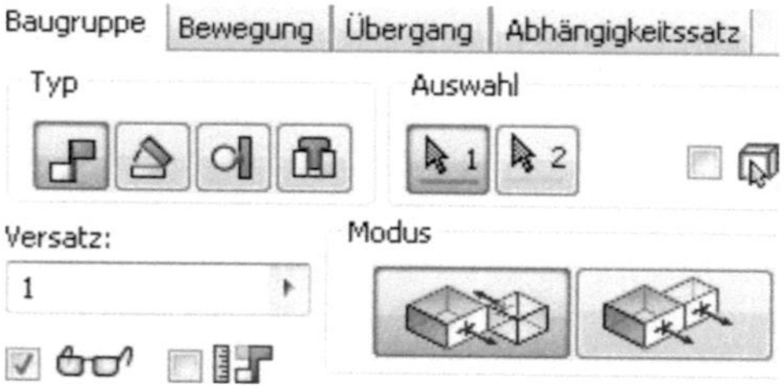

Baugruppen "BG_Kurbelwelle" und "BG_Kolben"

- ***Abhängigkeit platzieren***
- Typ: Baugruppe - Passend
- Modus: Passend
- Auswahl: Markierte Flächen (Bild 1)
- Versatz: 1 mm
- Anwenden
- Modus: Passend
- Auswahl: Markierte Achsen (Bild 2)
- Versatz: 0 mm
- OK

Achten Sie auf den Abstand (1mm) zwischen den beiden Flächen des ersten Abhängigkeitssatzes (Bilder 1 und 3).

Wiederholen Sie diese beiden Abhängigkeiten an den restlichen drei Kolben.

6.6.4 Baugruppeneinheit mit dem Motorgehäuse verbinden

Nachdem die Kolben-Baugruppen auf der Kurbelwellen-Baugruppe platziert wurden, kann mit dem Einbau ins Motorgehäuse begonnen werden.

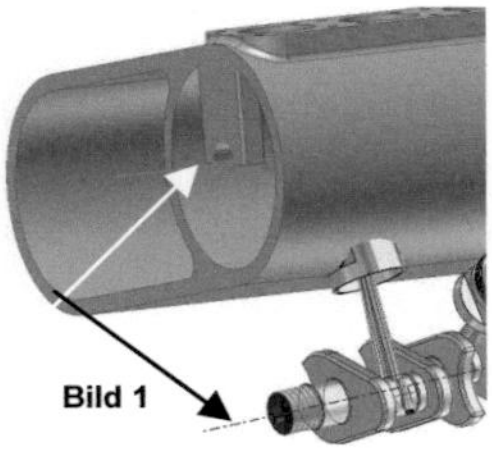
Bild 1

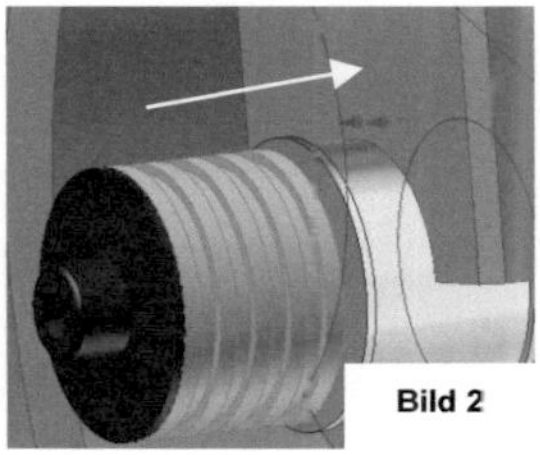
Bild 2

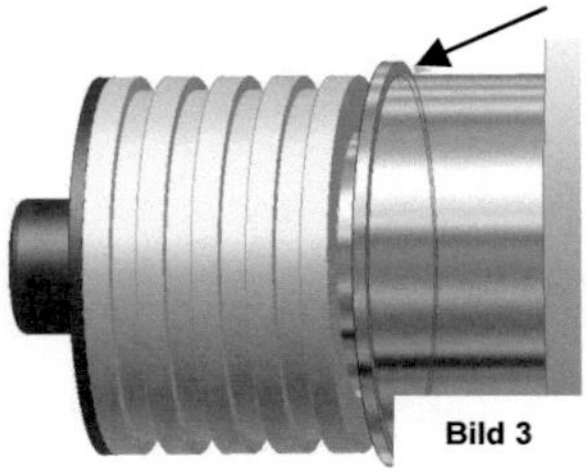
Bild 3

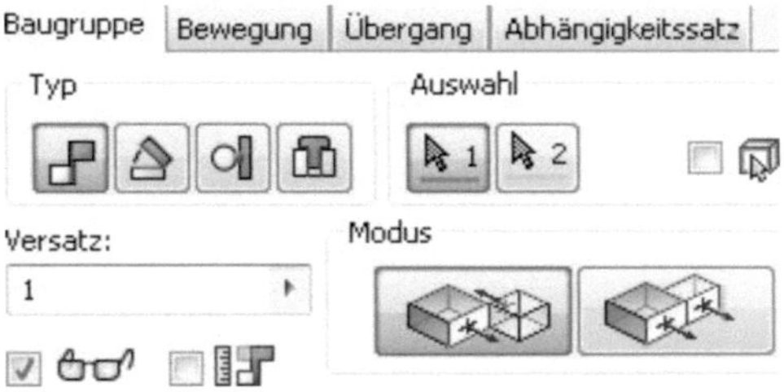

- **_Abhängigkeit platzieren_**
- Typ: Baugruppe - Passend
- Modus: Passend
- Auswahl: Markierte Achsen (Bild 1)
- Versatz: 0 mm
- [Anwenden]
- Modus: Passend
- Auswahl: Markierte Flächen (Bilder 2+3)
- Versatz: 1 mm
- [OK]

Achten Sie auch hier auf den Abstand (1mm) zwischen den beiden Flächen des zweiten Abhängigkeitssatzes (Bilder 2+3). Nachdem die Kurbelwelle in die korrekte Position gebracht wurde, können die vier Kolben-Baugruppen platziert werden.

Bild 1

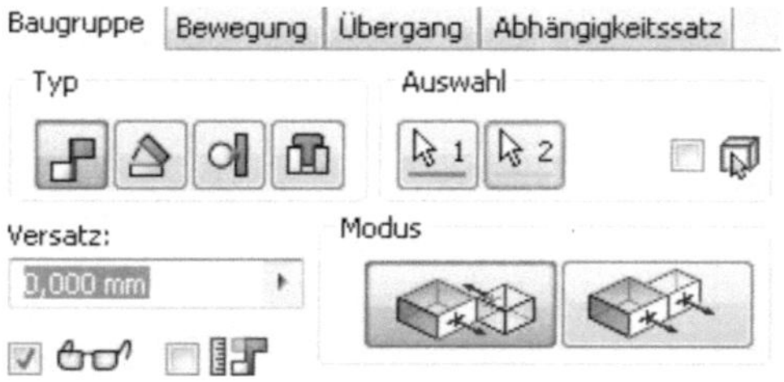

- **_Abhängigkeit platzieren_**
- Typ: Baugruppe - Passend
- Modus: Passend
- Auswahl: Markierte Achsen (Bild 1)
- Versatz: 1 mm
- OK

Wiederholen Sie diese Abhängigkeit bei den restlichen drei Kolben-Baugruppen.

HINWEIS: Um die Beweglichkeit der Baugruppen zu kontrollieren, drehen Sie an der Kurbelwelle bei gedrückter ***LiM***. Die Kolben sollten sich axial in den Laufbuchsenbohrungen des Motorgehäuses bewegen.

6.6.5 Einfügen und Platzieren des ersten Kurbelwellenhalters

Einfügen der "Kurbelwellenhalter"

- **_Komponente platzieren_**
- 4x Bauteil: Kurbelwellenhalter.ipt

Platzieren Sie den ersten Kurbelwellenhalter an der dargestellten Position.

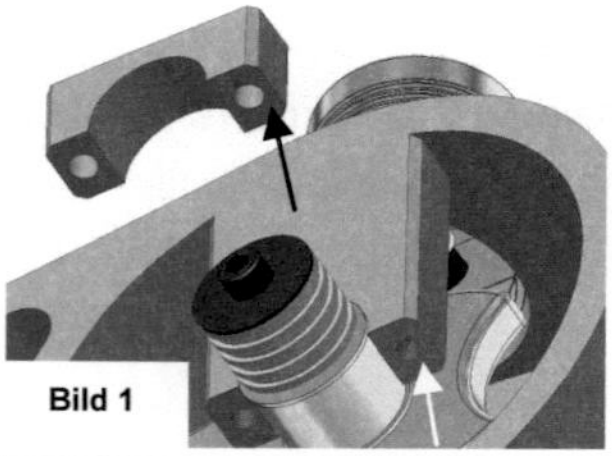
Bild 1

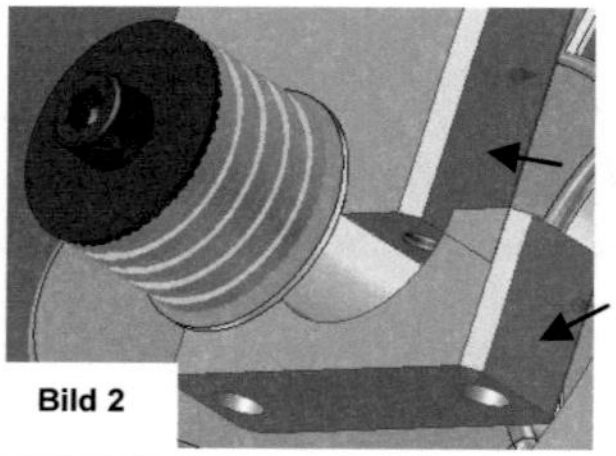
Bild 2

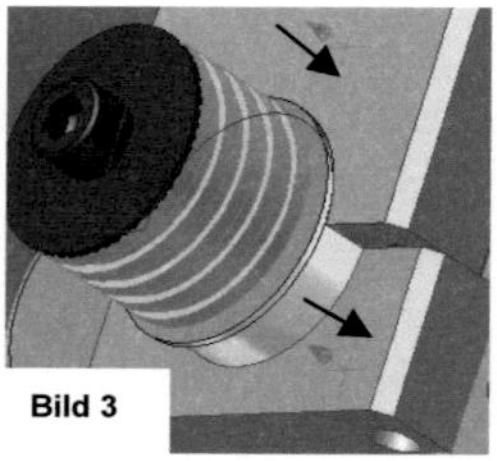
Bild 3

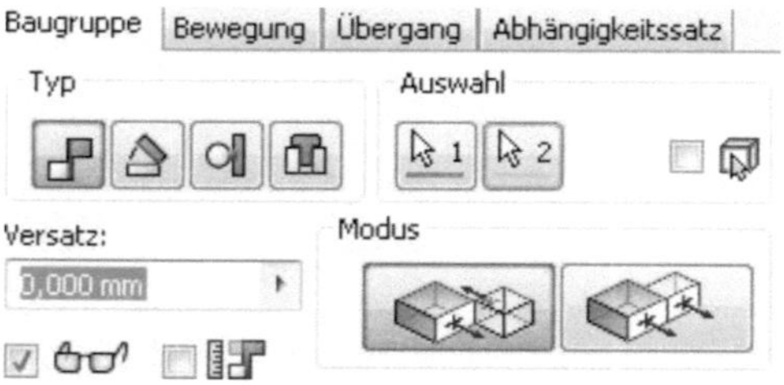

- **_Abhängigkeit platzieren_**
- Typ: Baugruppe - Passend
- Modus: Passend
- Auswahl: Markierte Flächen (Bild 1)
- Versatz: 0 mm
- Anwenden
- Modus: Fluchtend
- Auswahl: Markierte Flächen (Bild 2)
- Versatz: 0 mm
- Anwenden

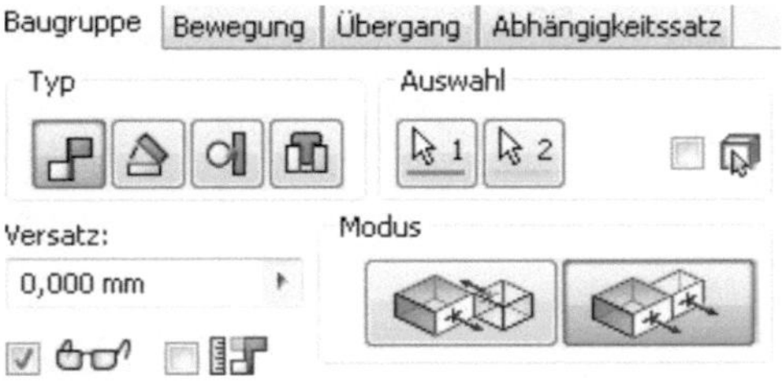

- Modus: Fluchtend
- Auswahl: Markierte Flächen (Bild 3)
- Versatz: 0 mm
- OK

Im nächsten Schritt sollen die restlichen Kurbelwellenhalter positioniert werden.

Da die innen liegenden Komponenten schlecht zu sehen sind, werden wir einen neuen Schnitt erzeugen.

6.6.6 Einen Schnitt in einer Baugruppe erzeugen

Starten Sie den Befehl ***Halbschnitt*** (Reiter: ***Ansicht*** > ***Darstellung***).

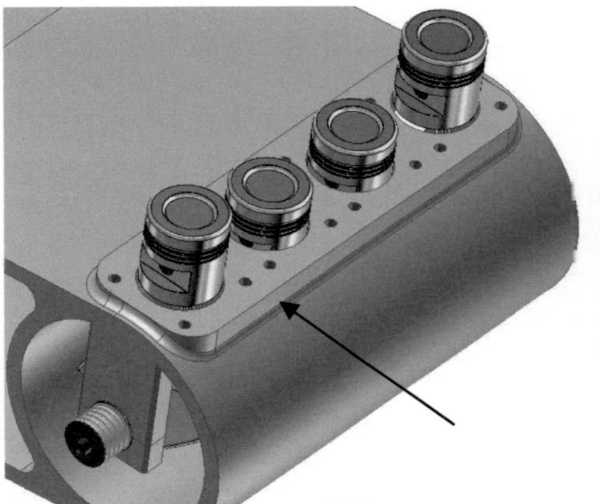

Bild 1

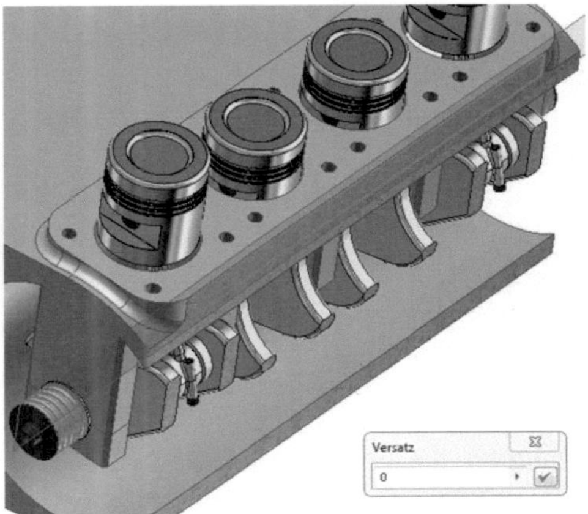

Bild 2

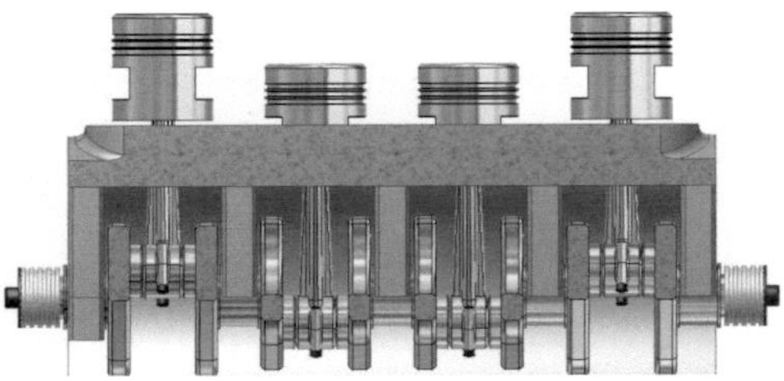

Geschnittene Baugruppe

- ***Halbschnitt***
- Markierte Seitenfläche (Bild 1) wählen
- Versatz: 0 mm
- ***Bestätigen***

Der Innenbereich des Kurbelgehäuses sollte jetzt gut sichtbar sein.

Setzen Sie die Abhängigkeiten an den restlichen vier Kurbelwellenhaltern und fügen Sie die passenden Schrauben aus dem Inhaltscenter ein.

6.6.7 Schrauben aus dem Inhaltscenter generieren

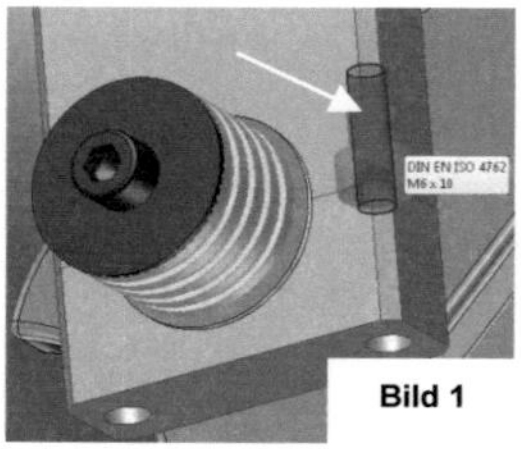

Bild 1

Bild 2

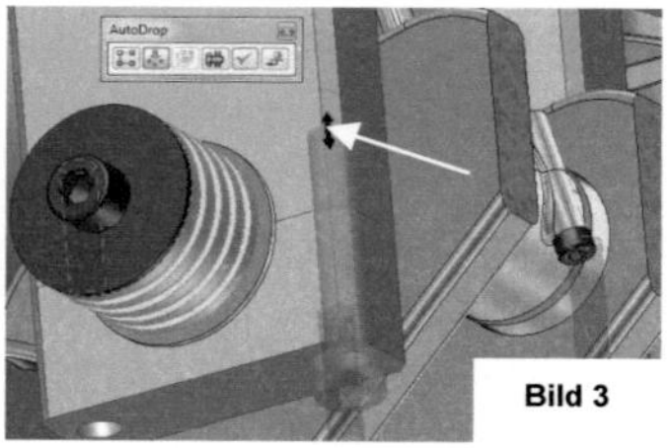

Bild 3

Geschnittene Baugruppe mit neuen Zylinderkopfschrauben

- ***Aus Inhaltscenter platzieren***
- Verbindungselemente > Schrauben > Zylinderkopf > DIN EN ISO 4762
- Bohrung: Gewindebohrung (Motorgehäuse) (Bild 1)
- Startfläche: Fläche (Kurbelwellenhalter) (Bild 2)
- Doppelpfeil am Schraubenende ziehen, bis die Länge M6 x 35 erreicht wurde (Bild 3)
- ***Mehrere einfügen*** aktivieren
- ***Bestätigen***

Erzeugen Sie im Modellbaum anschließend mit den zehn Zylinderkopfschrauben einen neuen Ordner ***Schrauben-Kurbelwellenhalter*** (***ReM*** > ***Zu neuem Ordner hinzufügen***).

6.6.8 Schnitt beenden & Farben zuweisen

Beenden Sie den Schnitt mit dem Befehl ***Schnitt beenden*** (Reiter: ***Ansicht*** > ***Darstellung***) und geben Sie jeder Komponente eine Farbe.

Baugruppe "BG_4-Takt-Motor"

- Motorgehäuse und alle Kurbelwellenhalter markieren
- ***Farbüberschreibung***
- Farbe: z. B. Stahlmetall (gerostet)

- Schrauben markieren
- ***Farbüberschreibung***
- Farbe: z. B. Rot

6.6.9 Dichtung zwischen Motorgehäuse und Zylinderblock erzeugen

Vor dem Einfügen der Baugruppe BG_Zylinderblock muss eine weitere Dichtung platziert werden. Mittels Befehl ***Erstellen*** erzeugen wir diese aus der Baugruppe heraus.

Bild 1

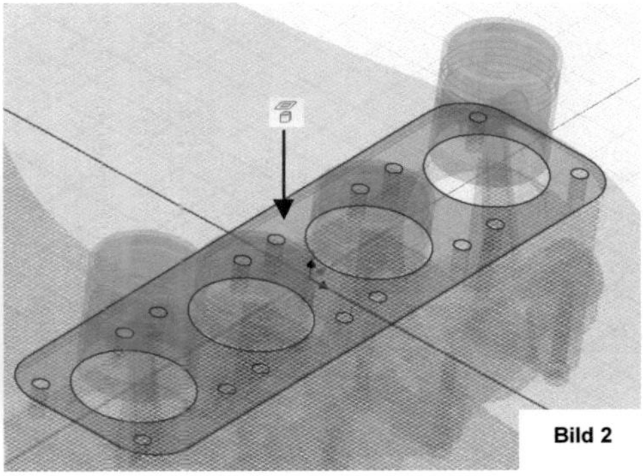

Bild 2

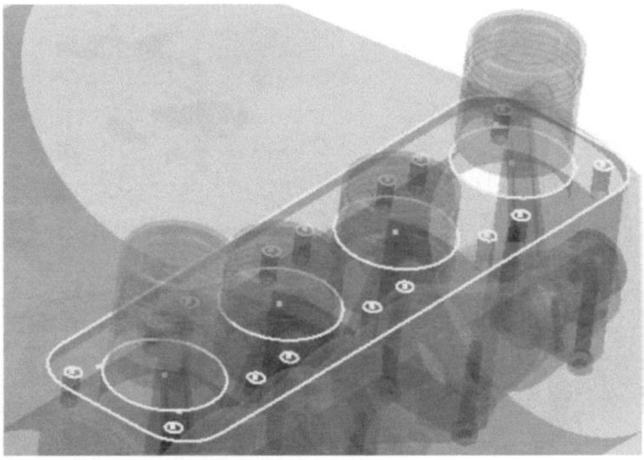

Erstellen eines neuen Bauteils aus der Baugruppe heraus

- ***Erstellen***
- Name: Dichtung-Zylinderblock
- Position: Markierte Fläche (Bild 1)
- Vorlage: Norm.ipt
- Dateispeicherort: Projektspeicherort
- Haken bei: Skizzierebene ... abhängig machen
- OK

- ***Geometrie projizieren*** (markierte Fläche Bild 1)
- ***Skizze fertig stellen***

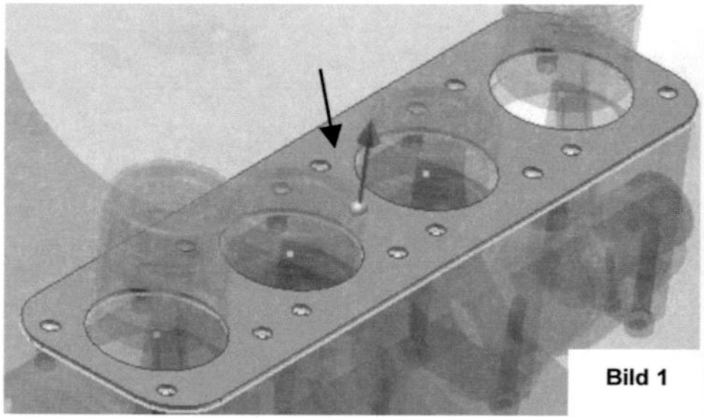

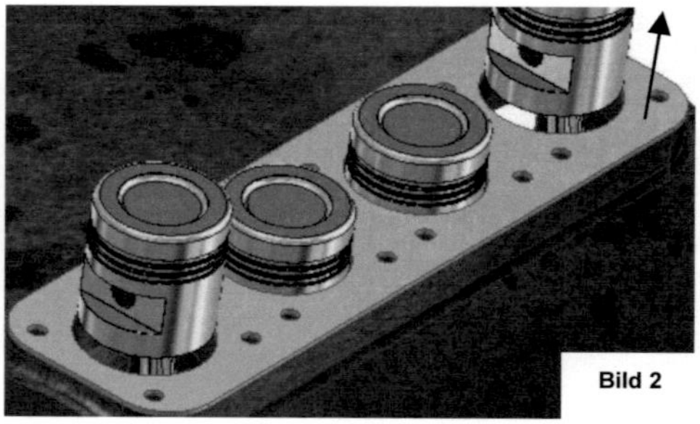

- ***Extrusion***
- Profil: Markierte Fläche (Bild 1)
- Vereinigung
- Größe: Abstand 2 mm (Richtung Bild 2)
- OK

Verlassen Sie den Modellbereich mit dem Befehl ***Zurück*** und weisen Sie der neuen Komponente eine Farbe zu.

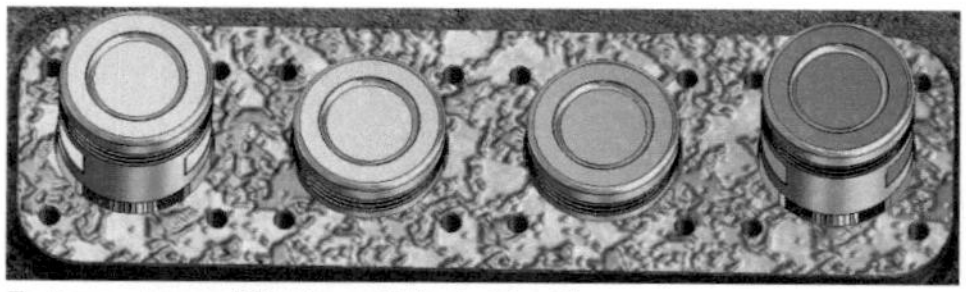
Farbzuweisung "Dichtung Zylinderblock"

- Dichtung-Zylinderblock markieren
- ***Farbüberschreibung***
- Farbe: z. B. Kork (Oberfläche)

Speichern Sie die Baugruppe ***4-Takt-Motor.iam*** jetzt erst einmal ab, um das neu erzeugte Bauteil zu sichern.

6.6.10 Einfügen der Baugruppe BG_Zylinderblock

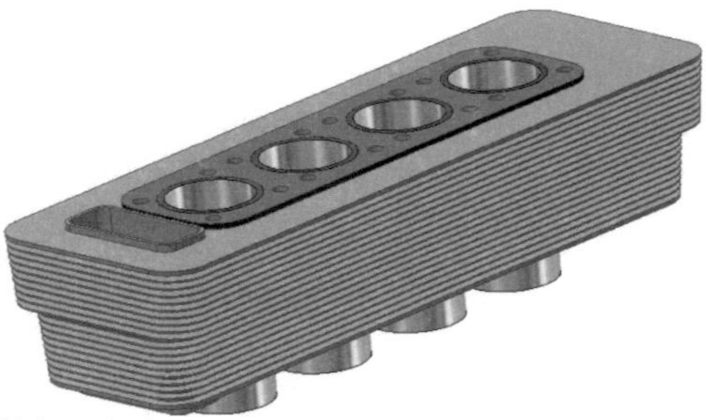
Einfügen der Baugruppe BG_Zylinderblock

Nachdem die Dichtung auf dem Motorblock erzeugt wurde, kann die Unterbaugruppe BG_Zylinderblock darauf platziert werden.

Fügen Sie diese ein und setzen Sie anschließend alle notwendigen Abhängigkeiten.

- ***Komponente platzieren***
- 1x Baugruppe: BG_Zylinderblock.iam

Bild 1

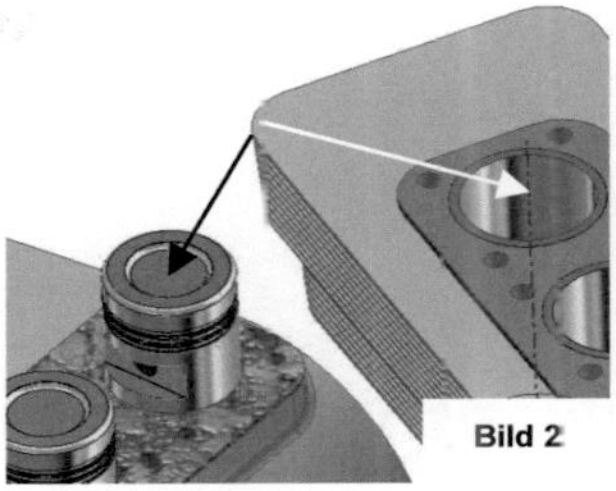
Bild 2

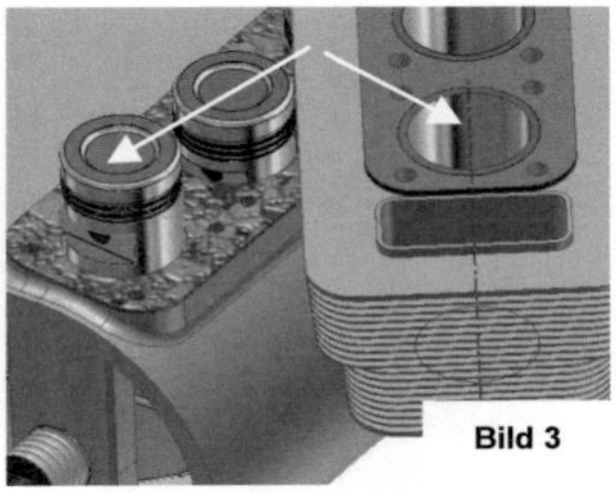
Bild 3

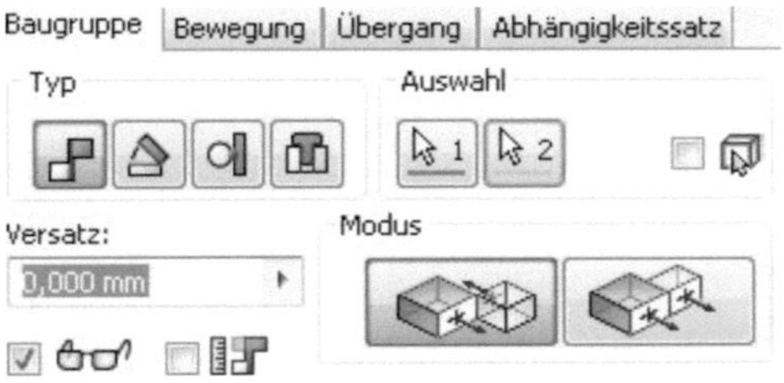

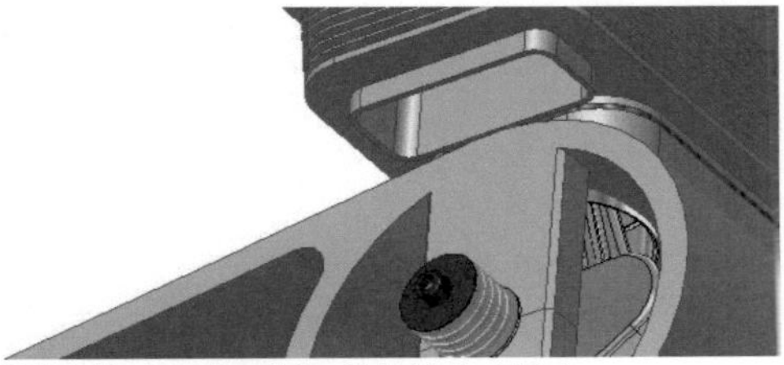
Zylinderblock wurde auf dem Motorblock platziert

- ***Abhängigkeit platzieren***
- Typ: Baugruppe - Passend
- Modus: Passend
- Auswahl: Markierte Flächen (Bild 1)
- Versatz: 0 mm
- Anwenden
- Modus: Passend
- Auswahl: Markierte Achsen (Bild 2)
- Versatz: 0 mm
- Anwenden
- Modus: Passend
- Auswahl: Markierte Achsen (Bild 3)
- Versatz: 0 mm
- OK

6.6.11 Einfügen der Dichtung zwischen Zylinderblock & Zylinderkopf

Einfügen der "Dichtung-Zylinderblock"

Vor dem Platzieren der nächsten Unterbaugruppe benötigen wir wieder eine Dichtung. Hier kann die im vorherigen Schritt erzeugte Dichtung verwenden.

- ***Komponente platzieren***
- 1x Bauteil: Dichtung-Zylinderblock.ipt

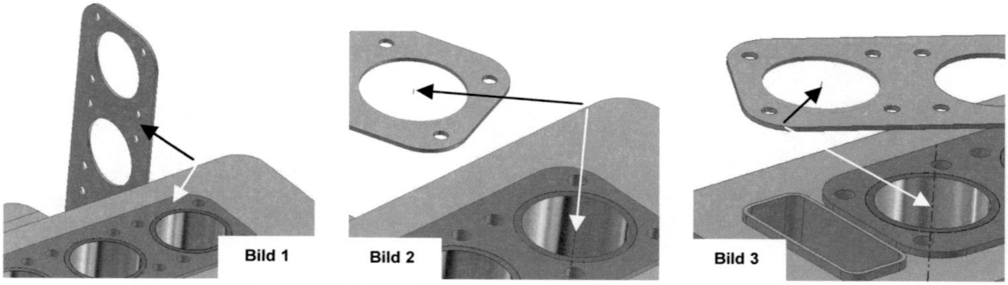

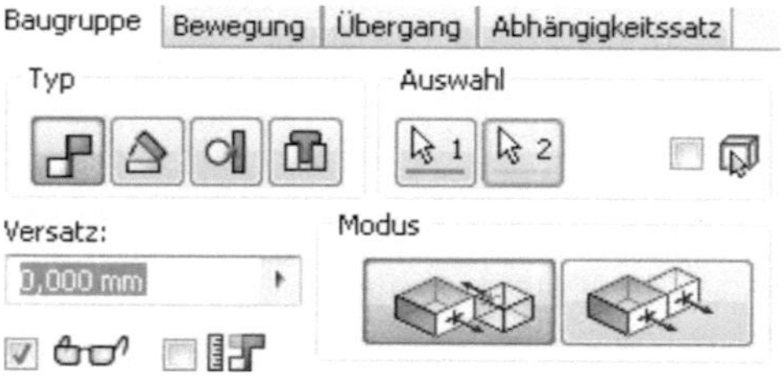

- **_Abhängigkeit platzieren_**
- Typ: Baugruppe - Passend
- Modus: Passend
- Auswahl: Markierte Flächen (Bild 1)
- Versatz: 0 mm
- Anwenden
- Modus: Passend
- Auswahl: Markierte Achsen (Bild 2)
- Versatz: 0 mm
- Anwenden
- Modus: Passend
- Auswahl: Markierte Achsen (Bild 3)
- Versatz: 0 mm
- OK

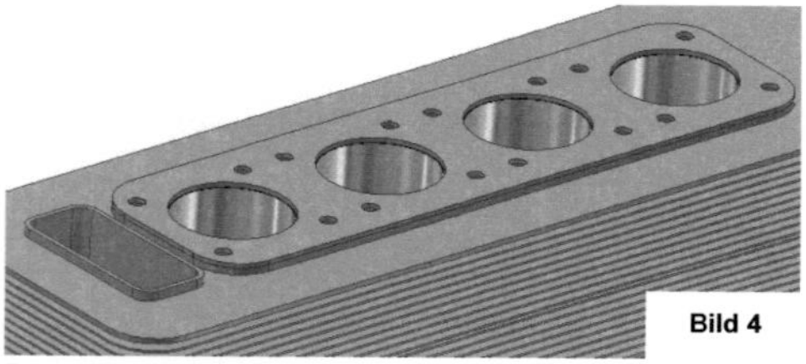

Zylinderblock mit Dichtung

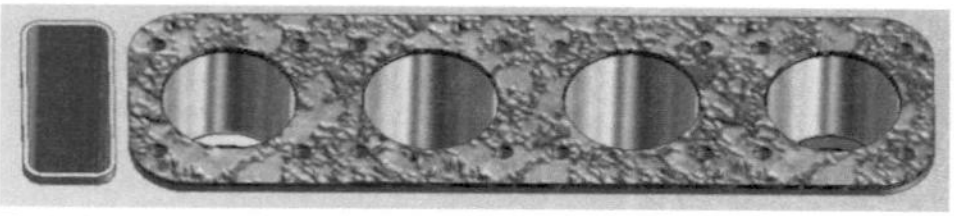

Farbüberschreibung der "Dichtung-Zylinderblock"

- Dichtung-Zylinderblock markieren
- ***Farbüberschreibung***
- Farbe: z. B. Kork (Oberfläche)

6.6.12 BG_Zylinderkopf & BG_Nockenwelle platzieren

Im folgenden Schritt soll die Ventilsteuerung realisiert werden. Das bedeutet, die Unterbaugruppen ***BG_Zylinderkopf*** und ***BG_Nockenwelle*** werden durch eine Drehabhängigkeit miteinander verbunden.

Vorher soll der Zylinderkopf mit dem Motor verbunden werden. Fügen Sie die beiden Baugruppen ***BG_Zylinderkopf*** und ***BG_Nockenwelle*** in die Hauptbaugruppe ein und platzieren Sie diese.

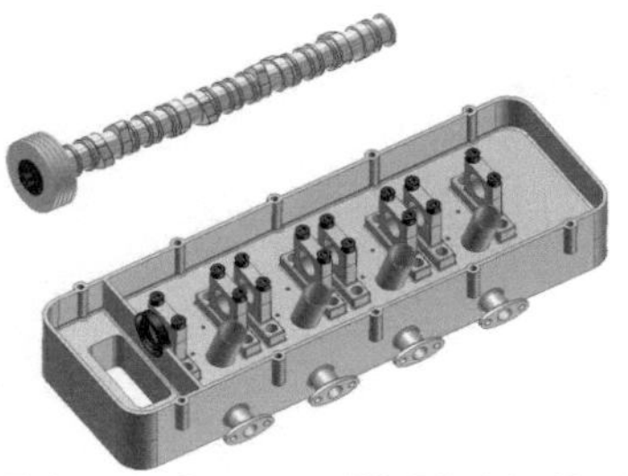

Einfügen der Baugruppen "BG_Zylinderkopf" und "BG_Nockelwelle"

- ***Komponente platzieren***
- 1x Baugruppe: BG_Zylinderkopf.iam
- 1x Baugruppe: BG_Nockenwelle.iam

Beide Baugruppen jeweils einmal im Zeichenfenster ablegen.

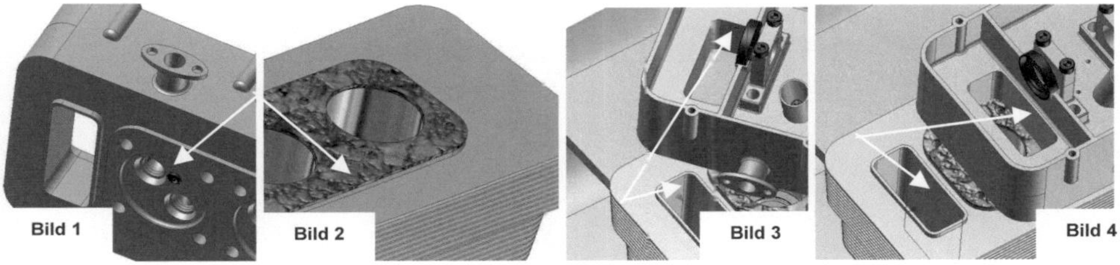

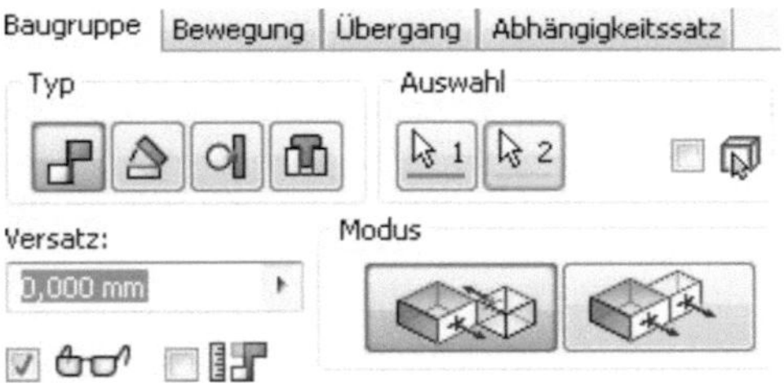

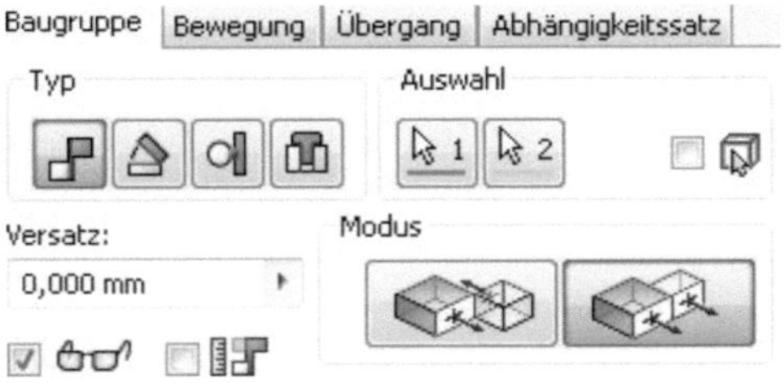

- ***Abhängigkeit platzieren***
- Typ: Baugruppe - Passend
- Modus: Passend
- Auswahl: Markierte Flächen (Bilder 1+2)
- Versatz: 0 mm
- Anwenden
- Modus: Fluchtend
- Auswahl: Markierte Flächen (Bild 3)
- Versatz: 0 mm
- Anwenden
- Modus: Fluchtend
- Auswahl: Markierte Flächen (Bild 4)
- Versatz: 0 mm
- OK

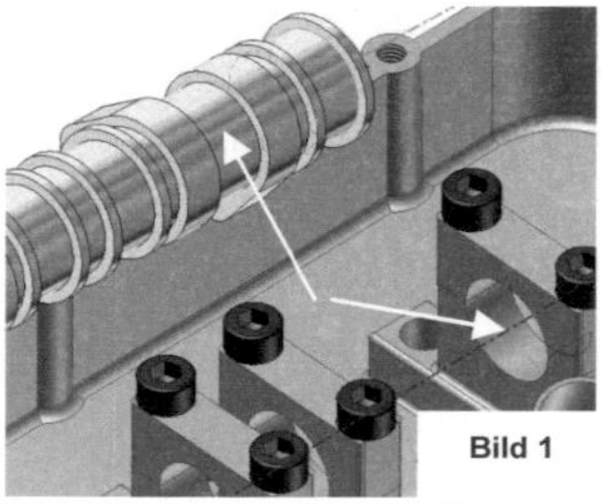
Bild 1

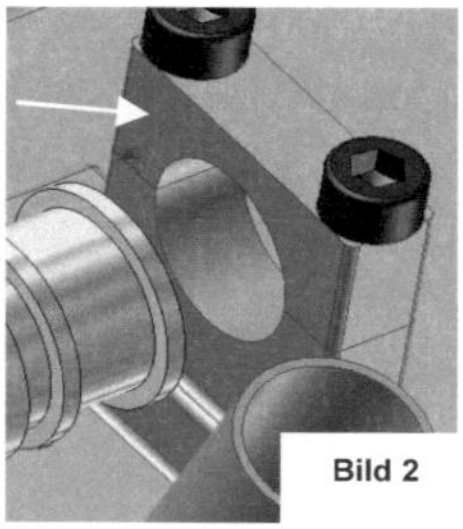
Bild 2

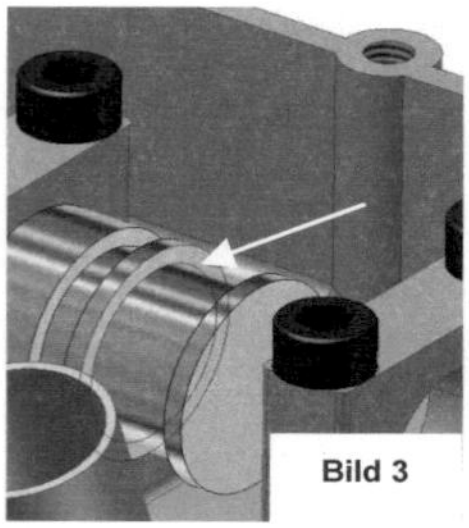
Bild 3

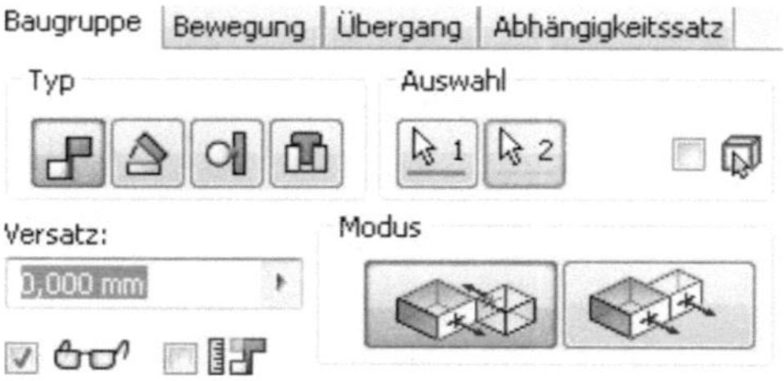

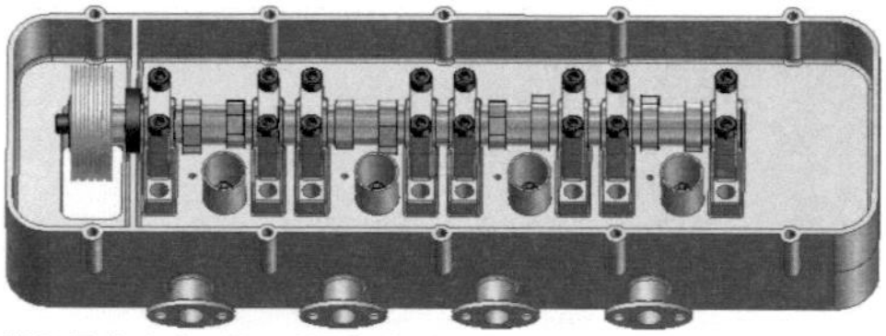
"BG_Zylinderkopf" und "BG_Nockenwelle"

- ***Abhängigkeit platzieren***
- Typ: Baugruppe - Passend
- Modus: Passend
- Auswahl: Markierte Achsen (Bild 1)
- Versatz: 0 mm
- Anwenden
- Modus: Passend
- Auswahl: Markierte Flächen (Bilder 2, 3)
- Versatz: 0 mm
- OK

Prüfen Sie den korrekten Sitz der Nockenwelle. Das Riemenrad der Nockenwelle muss auf der Seite der Aussparung am Zylinderkopf (Bild links) liegen.

6.6.13 Erzeugen einer Übergangsabhängigkeit

Beim Platzieren der Ventile gibt es eine Besonderheit zu beachten. Zum einen müssen die Ventile in den Ventilbohrungen des Zylinderkopfes geführt werden (axiale Abhängigkeit), zum anderen müssen die Ventilköpfe dem asymmetrischen Verlauf der Nockenflächen folgen können. Hierfür verwenden wir eine ***Übergangsabhängigkeit***.

Einfügen der "Ventile" in die Hauptbaugruppe

- ***Komponente platzieren***
- 8x Bauteil: Ventil.ipt

- Alle Ventile markieren
- ***Farbüberschreibung***
- Farbe: z. B. Rot

Starten Sie mit einem der Ventile in einer beliebigen Ventilbohrung. Setzen Sie zuerst die ***axiale Abhängigkeit*** (Typ: Baugruppe - Passend) und achten Sie darauf, dass der Kugelkopf des Ventils in Richtung Nockenwelle zeigt (Bild 2).

Sobald diese erste Abhängigkeit erzeugt wurde, erzeugen Sie eine ***Übergangsabhängigkeit*** zwischen dem Kugelkopf des Ventils und dem Nocken. Beim Bewegen der Nockenwelle sollte das Ventil danach dem Verlauf der Nockenfläche folgen.

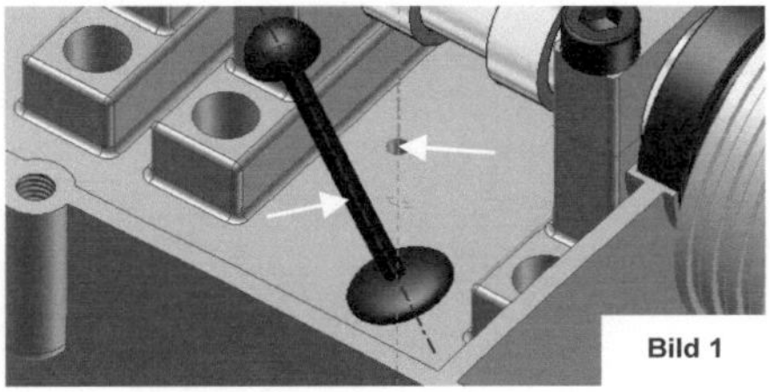

Bild 1

Bild 2

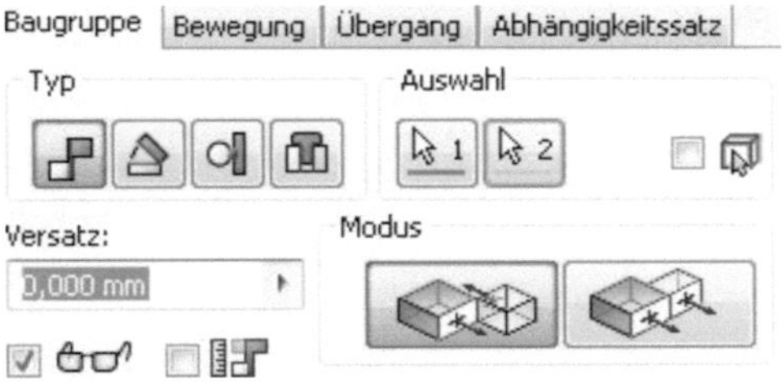

- ***Abhängigkeit platzieren***
- Typ: Baugruppe - Passend
- Modus: Passend
- Auswahl: Markierte Achsen (Bild 1)
- Versatz: 0 mm
- OK

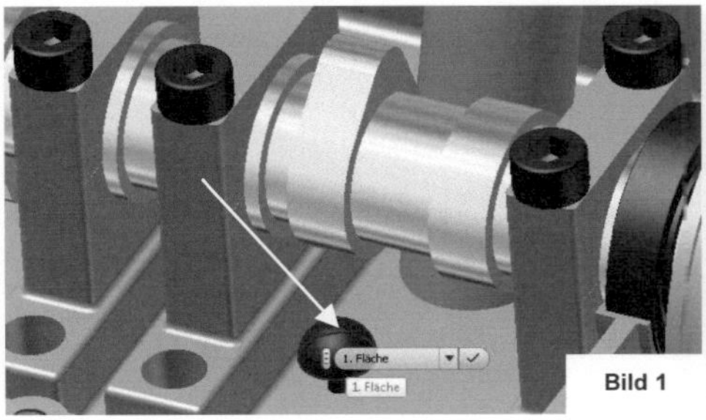

Bild 1

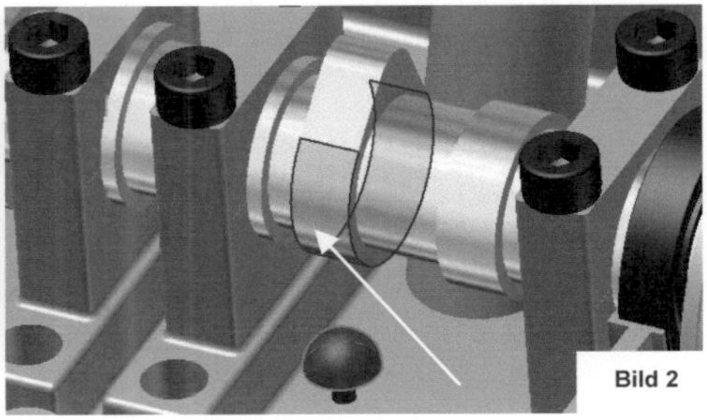

Bild 2

- ***Abhängigkeit platzieren***
- Typ: Übergang
- Auswahl 1: Kugelkopf (Ventil) (Bild 1)
- Auswahl 2: Nockenfläche (Bild 2)
- OK

Wiederholen Sie diese Abhängigkeiten bei den restlichen Ventilen und erzeugen Sie im Modellbaum aus den Ventilen einen neuen Ordner ***Ventile*** (***ReM*** > ***Zu neuem Ordner hinzufügen***).

6.6.14 BG_Zylinderkopf ausblenden & neuen Schnitt erzeugen

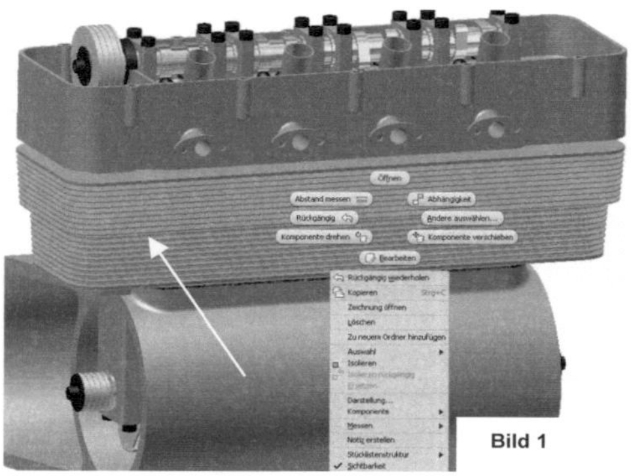
Bild 1

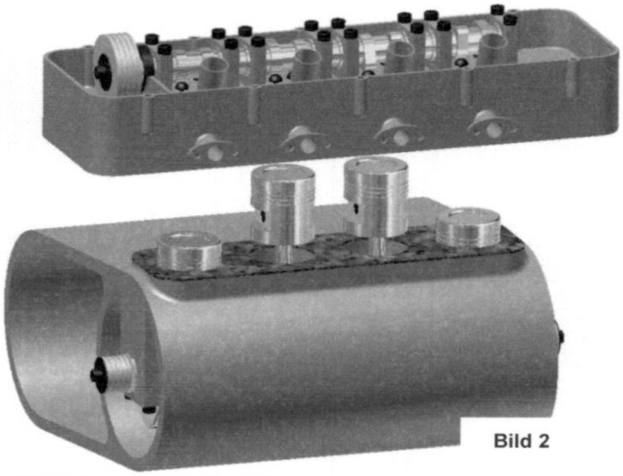
Bild 2

Zur Platzierung der Zylinderkopfschrauben blenden wir die Baugruppe ***BG_Zylinderkopf*** aus. Markieren Sie diese im Modellbaum und entfernen Sie den Haken bei Sichtbarkeit (***ReM*** > ***Sichtbarkeit***).

Bild 1

Bild 2

Wechseln Sie anschließend in den Reiter: ***Ansicht*** und wählen dort den ***Halbschnitt***. Die Schnittfläche soll die in Bild 1 markierte Seitenfläche der Kurbelwellenführung sein (Versatz: 0 mm).

6.6.15 Die Suchfunktion im Inhaltscenter

Neben der bereits bekannten Methode, Inhaltscenter-Komponenten manuell aus der Kategorieansicht zu wählen, können Sie sich die Auswahl mit der ***Suchfunktion*** erleichtern.

Wechseln Sie wieder in den Reiter: ***Zusammenfügen***, starten Sie den Befehl ***Aus Inhaltscenter platzieren*** und folgen Sie der Befehlskette.

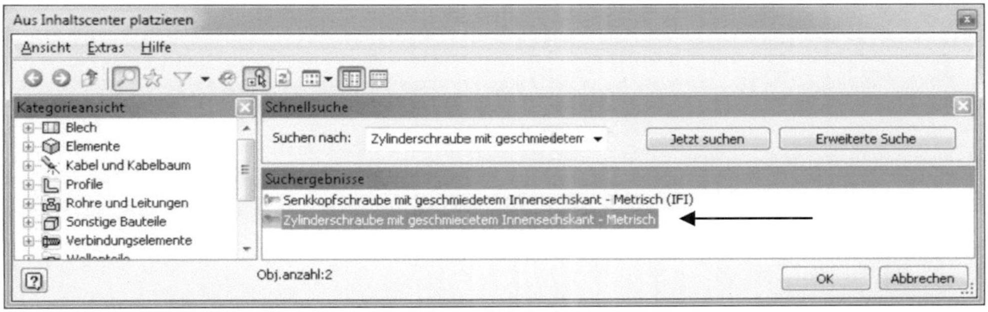

- ***Aus Inhaltscenter platzieren***
- ***Suchfunktion***
- Suchen nach: Zylinderschraube mit geschmiedetem Innensechskant
- Jetzt suchen
- Zylinderschraube mit geschmiedetem Innensechskant - Metrisch (Bild oben)
- OK

Bild 1

Bild 2

Bild 3

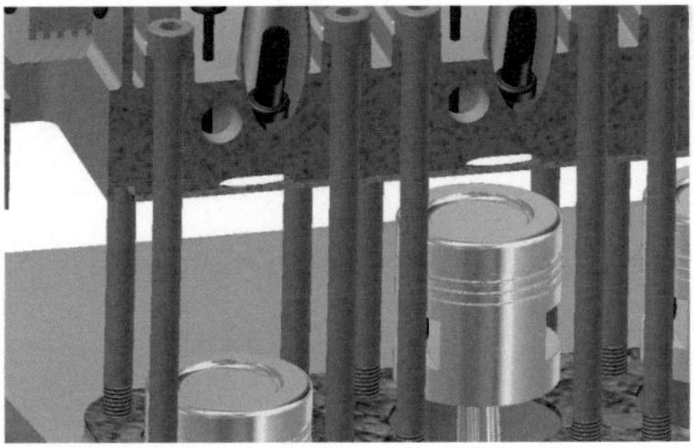
Aus dem Inhaltscenter erzeugte "Zylinderkopfschrauben"

- Bohrung: Gewindebohrung (Motorgehäuse) (Bild 1)
- Startfläche: Fläche (Zylinderkopf) (Bild 2)
- Doppelpfeil am Schraubenende ziehen, bis die Länge M8 x 150 erreicht wurde (Bild 3)
- ***Mehrere einfügen*** aktivieren
- ***Bestätigen***

Alle 16 Zylinderkopfschrauben sollten jetzt platziert worden sein. Die Schraubenlänge wurde absichtlich falsch gewählt. Die Schrauben sind im aktuellen Zustand zu lang und durchstoßen die Gewindebohrung. In der folgenden Übung soll die Schraubenlänge korrigiert werden.

6.6.16 Ändern der Länge einer Schraube aus dem Inhaltscenter

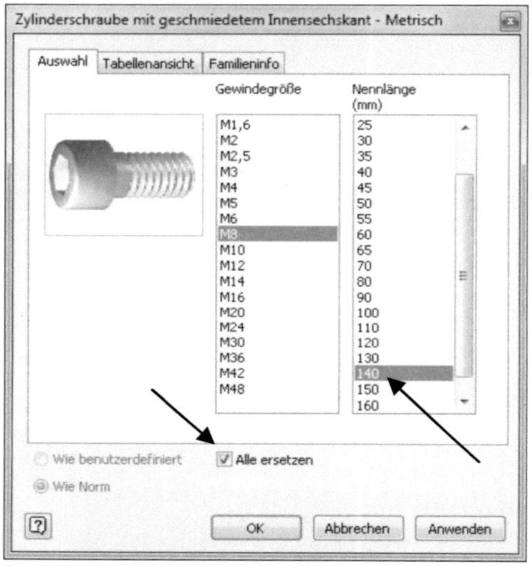

Bearbeitungsfenster "Zylinderkopfschrauben"

Markieren Sie eine der Zylinderkopfschrauben im Modellbaum und wählen Sie ***ReM*** > ***Größe ändern***. Es erscheint das nebenstehende Fenster.

Wählen Sie:

- Nennlänge: 140 mm
- Haken bei: Alle ersetzen

Bestätigen Sie die Eingaben mit OK ***OK***. Alle Schrauben sollten jetzt zeitgleich korrigiert werden.

Gruppieren Sie die Schrauben im Modellbaum anschließend in einem neuen Ordner ***Zylinderkopfschrauben***.

6.6.17 Schnitt beenden & Farben zuweisen

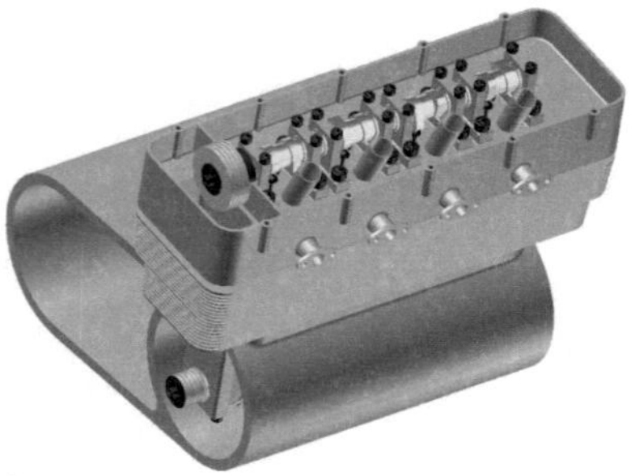
Baugruppe "BG_4-Takt-Motor"

- Alle Zylinderkopfschrauben markieren
- ***Farbüberschreibung***
- Farbe: z. B. Rot

- Reiter: ***Ansicht***
- Befehlsgruppe: Darstellung
- ***Schnitt beenden***

- BG_Zylinderblock markieren
- ***ReM*** > ***Sichtbarkeit***

6.6.18 Ventildeckel und Ventildeckeldichtung platzieren

Fügen Sie aus dem Downloadordner die beiden Bauteile ***Uebung-Ventildeckel.ipt*** und ***Dichtung-Ventildeckel.ipt*** ein und platzieren diese wie dargestellt.

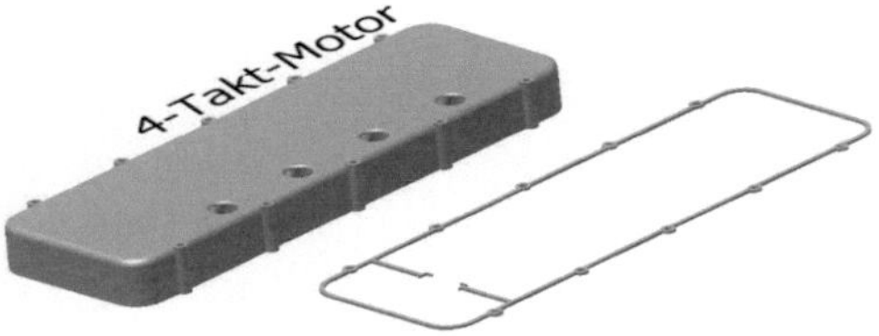

Einfügen von "Ventildeckel" und "Ventildeckeldichtung"

- ***Komponente platzieren***
- 1x Bauteil: Uebung-Ventildeckel.ipt
- 1x Bauteil: Dichtung-Ventildeckel.ipt

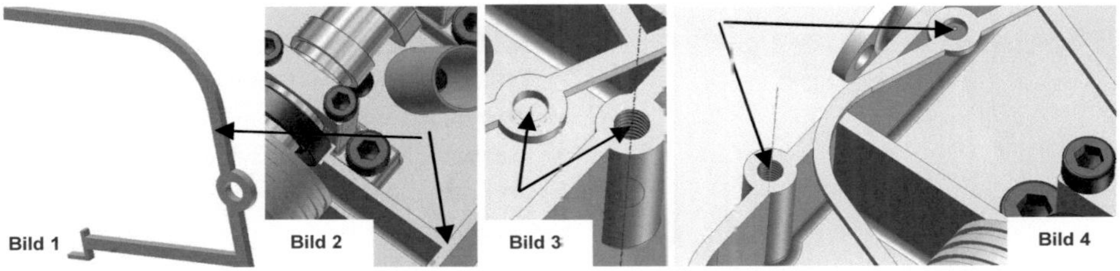

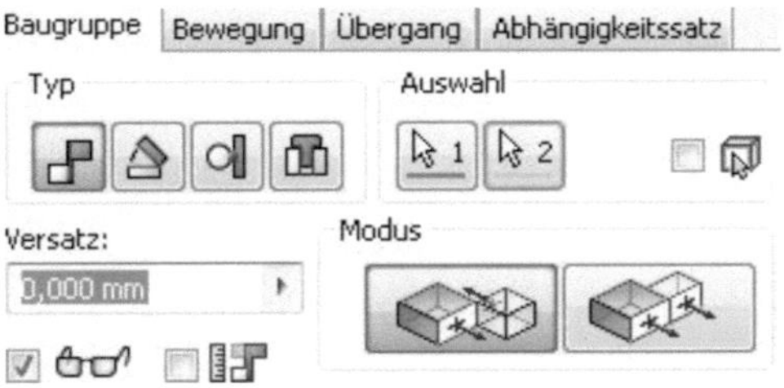

Zylinderkopf mit "Ventildeckeldichtung"

- ***Abhängigkeit platzieren***
- Typ: Baugruppe - Passend
- Modus: Passend
- Auswahl: Markierte Flächen (Bilder 1, 2)
- Versatz: 0 mm
- [Anwenden]
- Modus: Passend
- Auswahl: Markierte Achsen (Bild 3)
- Versatz: 0 mm
- [Anwenden]
- Modus: Passend
- Auswahl: Markierte Achsen (Bild 4)
- Versatz: 0 mm
- [OK]

- Dichtung-Ventildeckel markieren
- ***Farbüberschreibung***
- Farbe: z. B. Kork (Oberfläche)

HINWEIS: Welche beiden Achsenpaare Sie miteinander verbinden, ist Ihnen überlassen. Wichtig ist, dass die Dichtung deckungsgleich auf der Zylinderkopfdichtung liegt.

Setzen Sie den Ventildeckel jetzt kongruent auf die soeben platzierte Dichtung.

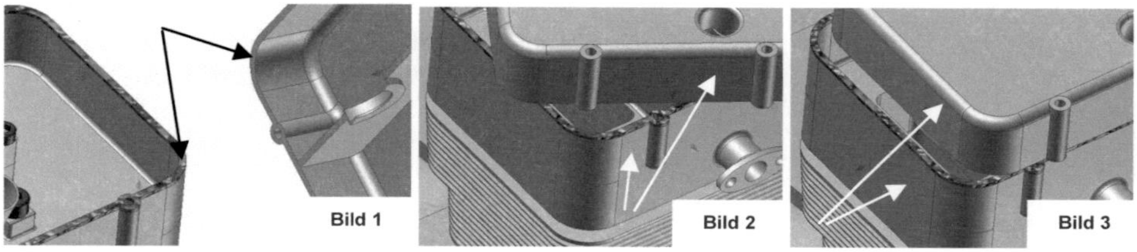

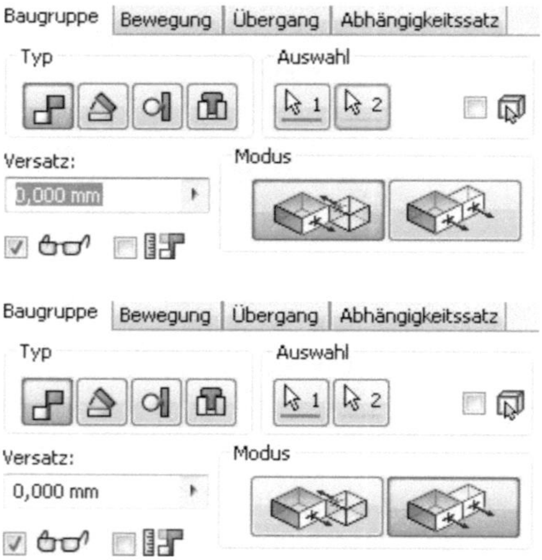

- ***Abhängigkeit platzieren***
- Typ: Baugruppe - Passend
- Modus: Passend
- Auswahl: Markierte Flächen (Bild 1)
- Versatz: 0 mm
- [Anwenden]
- Modus: Fluchtend
- Auswahl: Markierte Flächen (Bild 2)
- Versatz: 0 mm
- [Anwenden]
- Modus: Fluchtend
- Auswahl: Markierte Flächen (Bild 3)
- Versatz: 0 mm
- [OK]

- Uebung-Ventildeckel markieren
- ***Farbüberschreibung***
- Farbe: z. B. Stahlmetall (gerostet)

6.6.19 Bearbeiten einer Komponente innerhalb der Baugruppe

"Bearbeiten" des Ventildeckels innerhalb der Baugruppe

Sie können Bauteile aus einer Baugruppe heraus öffnen (***ReM*** > ***Öffnen***) und dann in einer separat geöffneten Datei bearbeiten, oder diese direkt innerhalb der Baugruppe bearbeiten (***ReM*** > ***Bearbeiten***). Alle anderen Komponenten der Baugruppen werden dann durchsichtig dargestellt.

Markieren Sie den Ventildeckel und wählen ***ReM*** > ***Bearbeiten***.

6.6.20 Prägen und Gravieren von Flächen

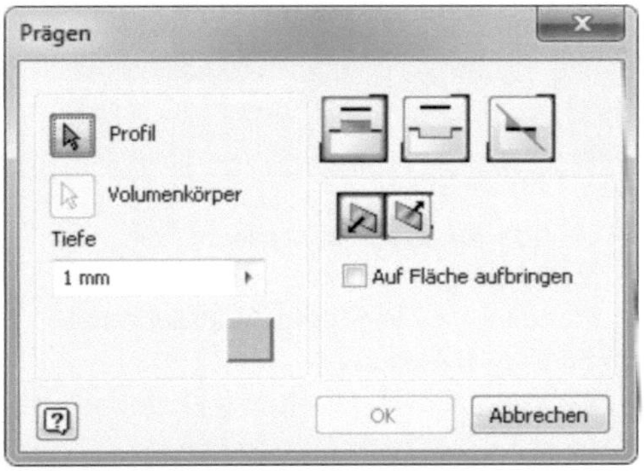

Befehlsoptionen "Prägen"

Starten Sie den Befehl ***Prägen***. Mit diesem Befehl kann Material auf eine Fläche auftragen (Prägen) oder von dieser entfernt werden (Gravieren). Hierfür benötigen Sie eine 2D-Skizze mit einer geschlossenen Kontur oder einem Text.

Sie können die Tiefe/ Höhe der Gravur/ Prägung angeben und auf Wunsch der neu entstandenen Fläche eine eigene Farbe zuweisen.

Bild 1

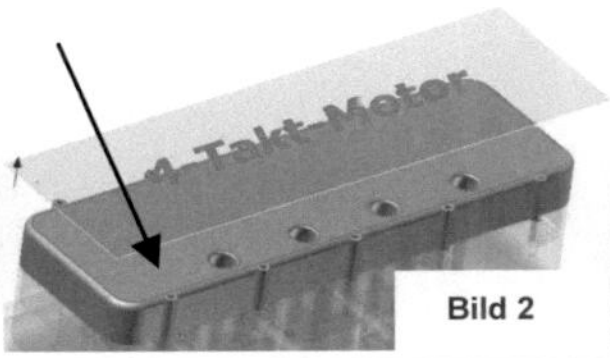

Bild 2

Bild 3

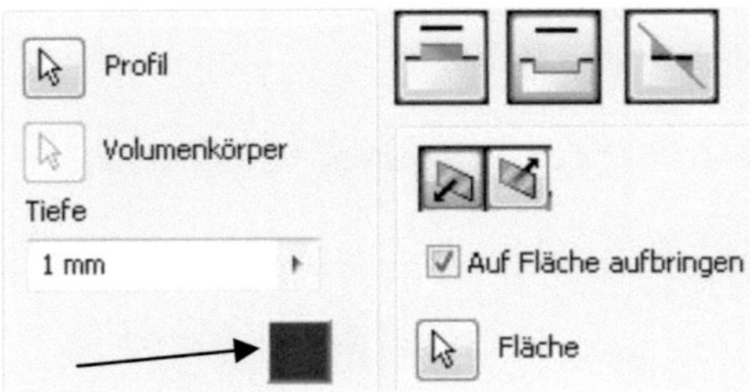

- ***Prägen***
- Profil: Text (*4-Takt-Motor*) (Bild 1)
- Option: Von Fläche gravieren
- Tiefe: 1 mm
- Haken bei: Auf Fläche aufbringen
- Fläche: Markierte Fläche (Bild 2)
- Farbe für obere Fläche: Rot (Bild 4)
- OK

Verlassen Sie den Modellbereich des Ventildeckels wieder und speichern Sie die Baugruppe und alle geänderten Komponenten.

HINWEIS: Achten Sie beim Speichern darauf, auch die Änderungen an den Bauteilen zu sichern.

6.6.21 Ventildeckelschrauben aus dem Inhaltscenter platzieren

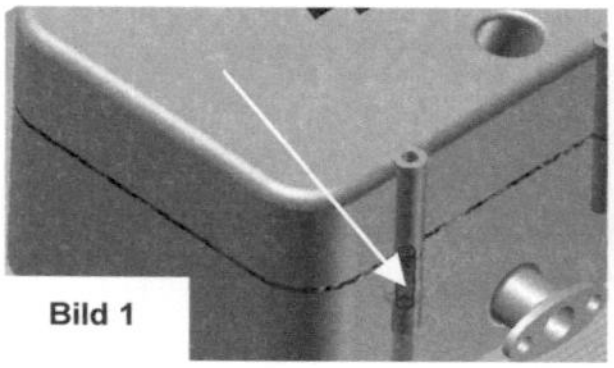
Bild 1

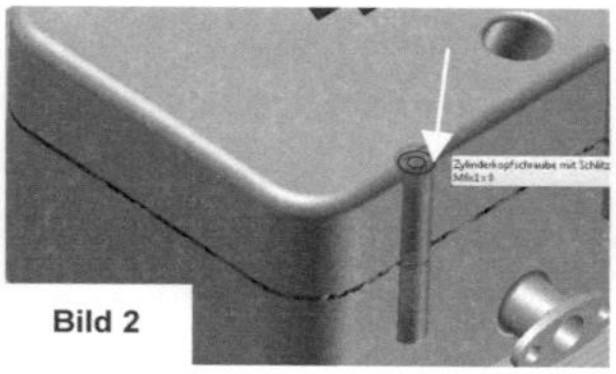
Bild 2

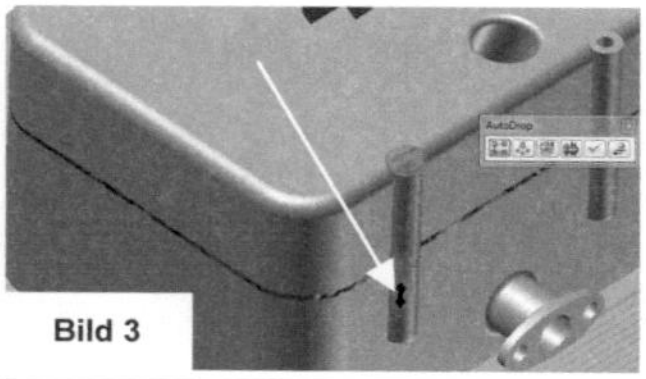
Bild 3

Ventildeckel mit "Ventildeckelschrauben"

- ***Aus Inhaltscenter platzieren***
- Verbindungselemente > Schrauben > Rundkopf > Zylinderkopfschraube mit Schlitz - Metrisch
- Bohrung: Gewindebohrung (Zylinderkopf) (Bild 1)
- Startfläche: Fläche (Ventildeckel) (Bild 2)
- Doppelpfeil am Schraubenende ziehen, bis die Länge M6 x 50 erreicht wurde (Bild 3)
- ***Mehrere einfügen*** aktivieren
- ***Bestätigen***

- Alle Ventildeckelschrauben markieren
- ***Farbüberschreibung***
- Farbe: z. B. Rot

Gruppieren Sie die neuen Schrauben anschließend im Order: ***Schrauben-Ventildeckel***.

6.6.22 Bauteil Steuerriemen aus der Baugruppe heraus erzeugen

Bild 1

Bild 2

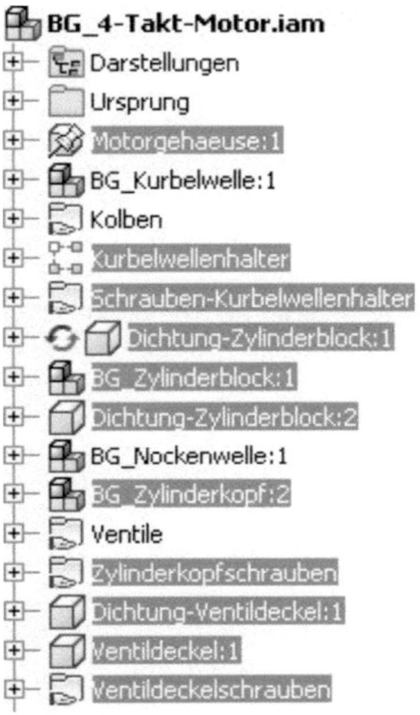

Markierte Komponenten zur Deaktivierung der Sichtbarkeit

In der nächsten Übung soll ein weiteres Bauteil erstellt werden.

Hierzu sollten zur besseren Übersicht einige Komponenten ausgeblendet werden. Markieren Sie im Modellbaum:

- Motorgehäuse
- Kurbelwellenhalter
- Schrauben-Kurbelwellenhalter
- Dichtung-Zylinderblock (beide)
- BG_Zylinderblock
- BG_Zylinderkopf
- Zylinderkopfschrauben
- Dichtung-Ventildeckel
- Ventildeckel
- Ventildeckelschrauben

Deaktivieren Sie die Sichtbarkeit (***ReM*** > ***Sichtbarkeit***) der im Modellbaum markierten Komponenten.

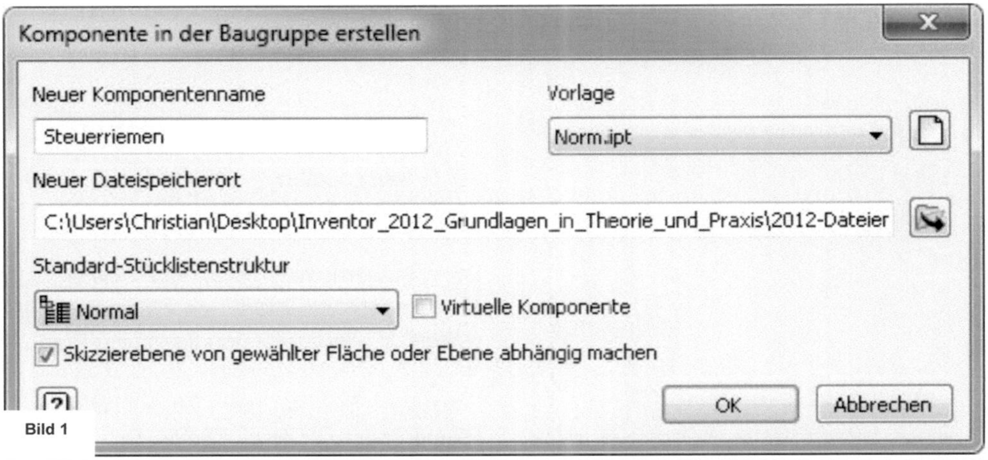

Bild 1

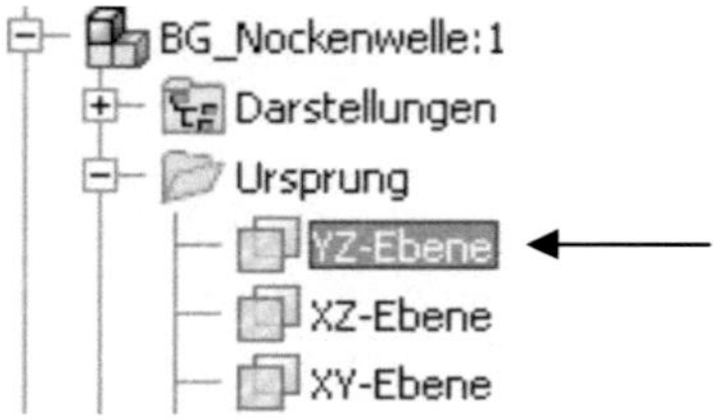

Neues Bauteil auf "YZ-Ebene" der "BG_Nockenwelle" erzeugen

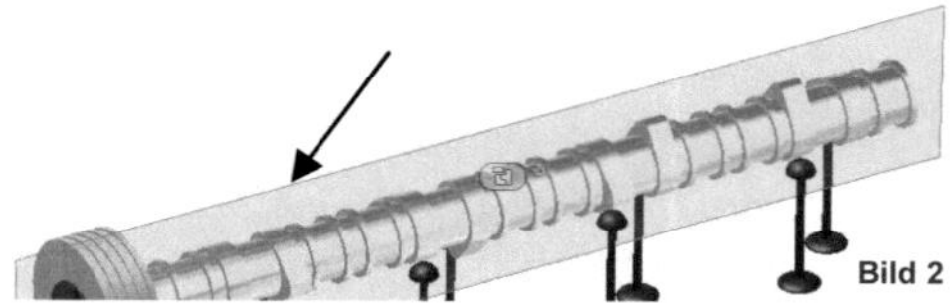

Markierte YZ-Ebene der Baugruppe "BG_Nockenwelle"

Anschließend erzeugen Sie ein neues Bauteil.

- ***Erstellen***
- Komponentenname: Steuerriemen
- Vorlage: Norm.ipt
- OK

Als Basisebene soll die ***YZ-Ebene*** der ***BG_Nockenwelle*** dienen (Bild 2). Projizieren Sie die markierten Kanten und zeichnen Sie die restlichen Linien.

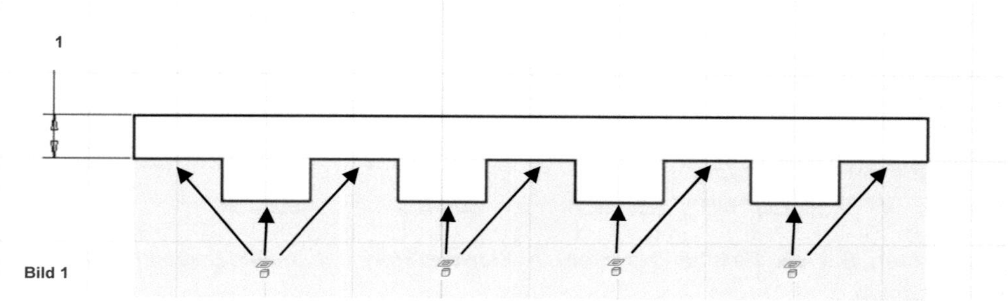

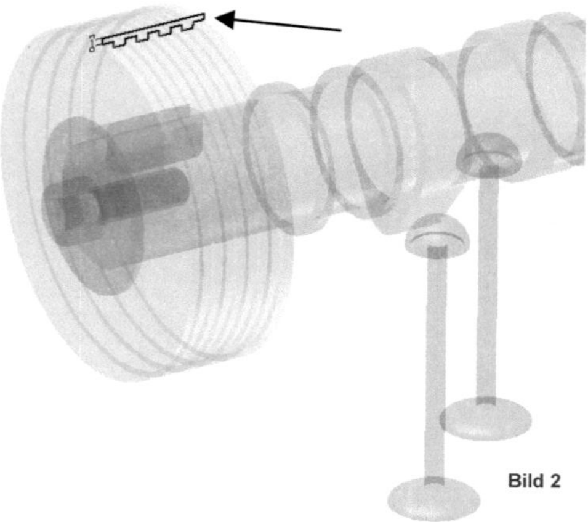

Projizieren der vorhandenen Kanten am Riemenrad der Nockenwelle

- ***Geometrie projizieren*** (9 markierte Kanten des Nockenwellen-Riemenrades (Bild 1)
- ***Linie*** (Kontur siehe Bild 1 komplettieren)
- ***Maße*** setzen
- ***Skizze fertig stellen***

Der Steuerriemen soll ein Sweeping-Element werden. Hierfür benötigen wir eine weitere 2D-Skizze für den Sweeping-Pfad.

Erzeugen Sie auf der Seitenfläche des Riemenrades der Nockenwelle eine neue ***2D-Skizze***.

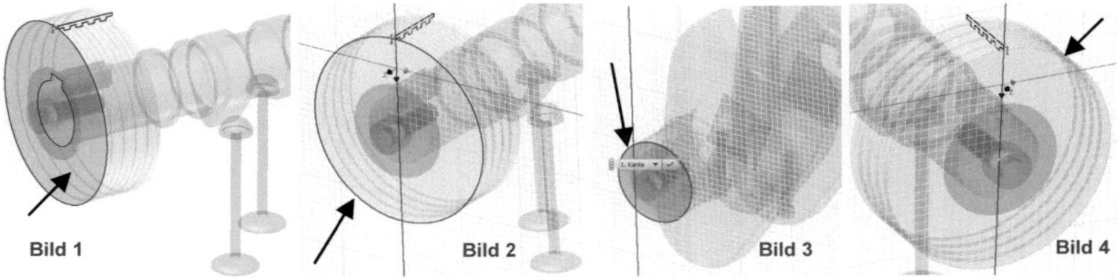

Bild 1 Bild 2 Bild 3 Bild 4

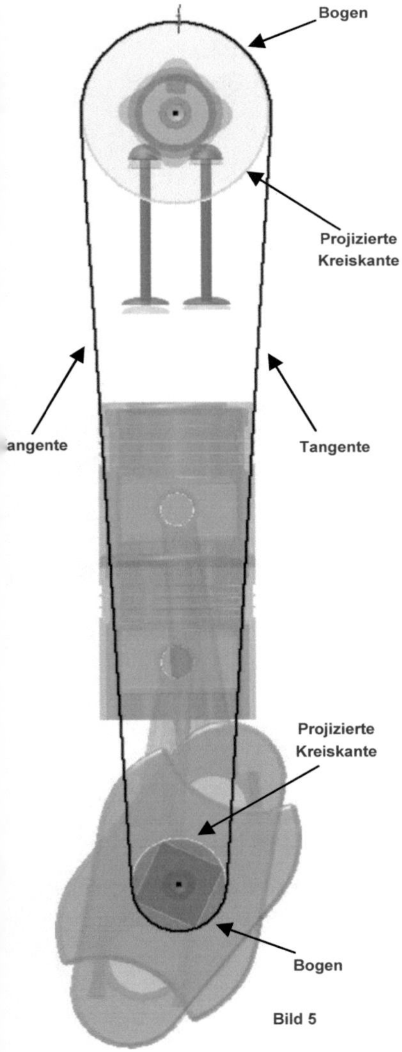

Bild 5

- **_2D-Skizze_** erstellen (auf markierter Fläche Bild 1)
- **_Geometrie projizieren_** (markierte Außenkanten von Riemenrad Nockenwelle (Bild 2) und Riemenrad Kurbelwelle (Bild 3)
- Beide projizierten Kreise als **_Konstruktionslinien_** definieren
- 2 **_Linien_** zeichnen und **_tangential_** an die projizierten Kreiskanten legen
- Überstehende Enden der Linien **_stutzen_**
- Zwei **_Bögen (Mittelpunkt)_** zeichnen und die Kontur (oben und unten) damit schließen
- **_Skizze fertig stellen_**

Die Kontur sollte dann so wie in Bild 5 aussehen.

Achten Sie darauf, dass die Mittelpunkte der beiden Bögen in den Mittelpunkten der beiden projizierten Kreise liegen, die jeweils selbe Größe haben und die Kontur geschlossen ist.

Starten Sie den Befehl **_Sweeping_** und erzeugen Sie einen Volumenkörper.

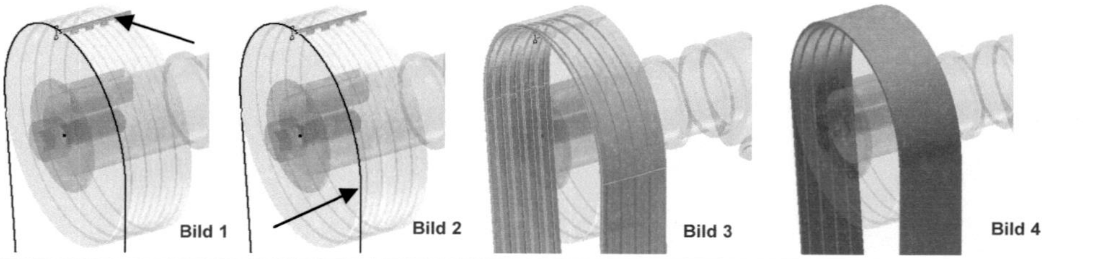

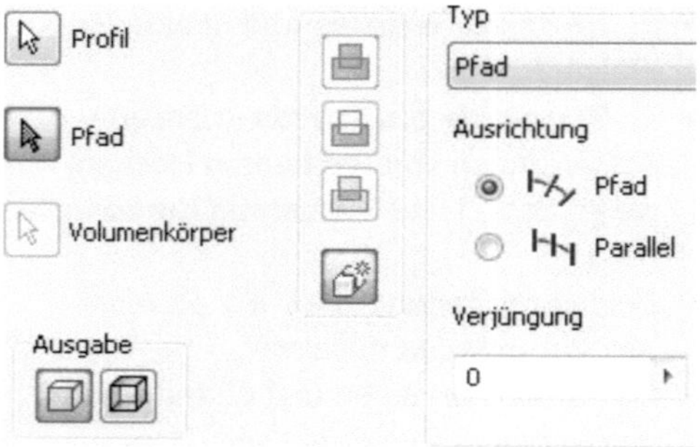

- **_Sweeping_**
- Profil: Markierte Kontur (Bild 1)
- Pfad: Markierte Kontur (Bild 2)
- Typ: Pfad
- Verjüngung: 0 °
- OK
- **_Zurück_** in die Baugruppe
- Steuerriemen markieren
- **_Farbüberschreibung_**
- Farbe: z. B. Gummi (grün)

HINWEIS: Sollten Profil oder Pfad nicht erkannt werden, kehren Sie in das Bauteil und die betreffende Skizze zurück und überprüfen Sie, ob die Kontur geschlossen ist und alle überstehenden Linien gestutzt wurden.

Blenden Sie noch sichtbare Ebenen aus, speichern Sie die gesamte Baugruppe und achten Sie besonders auf die Erstspeicherung für das neue Bauteil.

6.6.23 Grundprinzip eines 4-Takt-Motors

Der Motor arbeitet nach einem 4-Takt-Prinzip (Ansaugen, Verdichten, Arbeiten und Ausstoßen). Im Folgenden eine kurze Erklärung dazu.

1. Takt: Ansaugen

Der Kolben bewegt sich nach unten. Das Auslassventil wird geschlossen und das Einlassventil öffnet sich. Während der Abwärtsbewegung des Kolbens, saugt der Kolben das Brennstoff-Luftgemisch in den Verbrennungsraum.

2. Takt: Verdichten

Der Kolben bewegt sich nach oben. Das Brennstoff-Luftgemisch wird komprimiert. Beide Ventile sind geschlossen.

3. Takt: Arbeiten

Nachdem der Kolben den oberen Wegpunkt verlassen hat, erfolgt die Zündung. Das Brennstoff-Luftgemisch explodiert und der Kolben bewegt sich nach unten. Kurz vor dem unteren Wegpunkt öffnet das Auslassventil.

4. Takt: Ausstoßen

Das Auslassventil ist voll geöffnet. Der Kolben bewegt sich nach oben und schiebt das verbrannte Gas aus dem Verbrennungsraum.

6.6.24 Ausrichten der Kurbelwelle

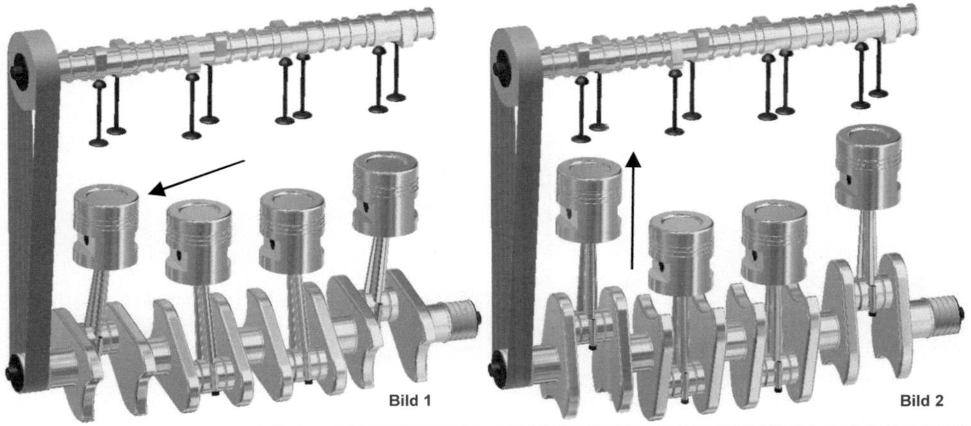

Das Drehverhältnis zwischen Kurbelwelle und Nockenwelle muss genau 2:1 betragen. Die Kurbelwelle soll sich also doppelt so schnell drehen wir die Nockenwelle.

Bevor diese Drehabhängigkeit festgelegt werden kann, müssen Kurbel- und Nockenwelle in die korrekte Position gebracht werden.

Für die Kurbelwelle verwenden wir eine einfache Lösung. Ziehen Sie den ersten Kolben (Bild 1) mit der Maus senkrecht nach oben, bis die oberste Stellung erreicht ist (Bild 2). Das ist nicht 100 prozentig genau, aber genügt für unsere Zwecke.

6.6.25 Ausrichten der Nockenwelle

Bei der Positionierung der Nockenwelle müssen wir etwas präziser vorgehen. Starten Sie den Befehl ***Abhängig machen*** und erzeugen Sie eine ***Winkelabhängigkeit***.

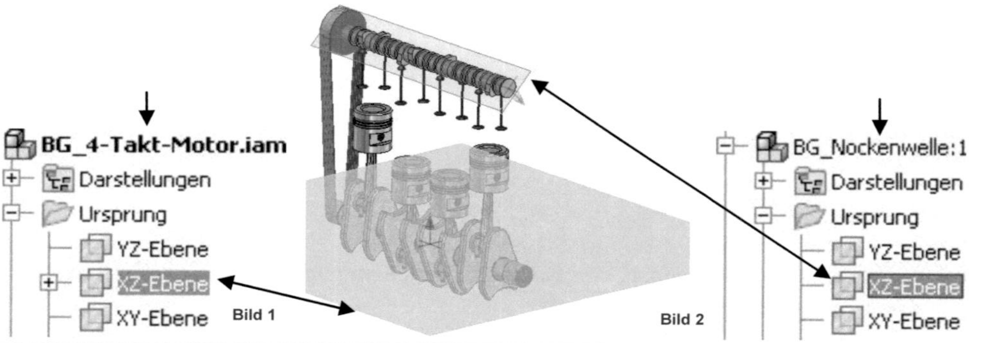

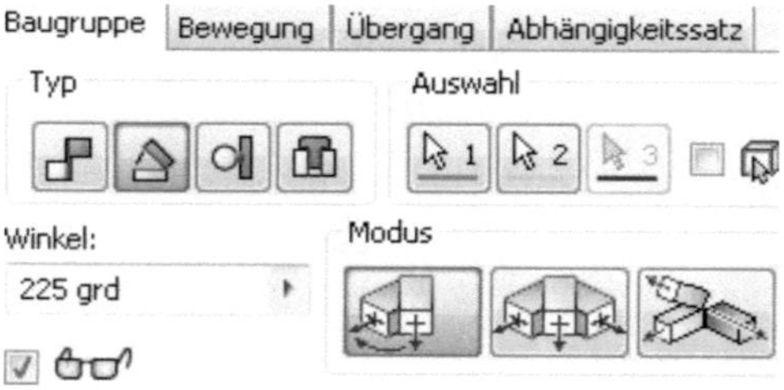

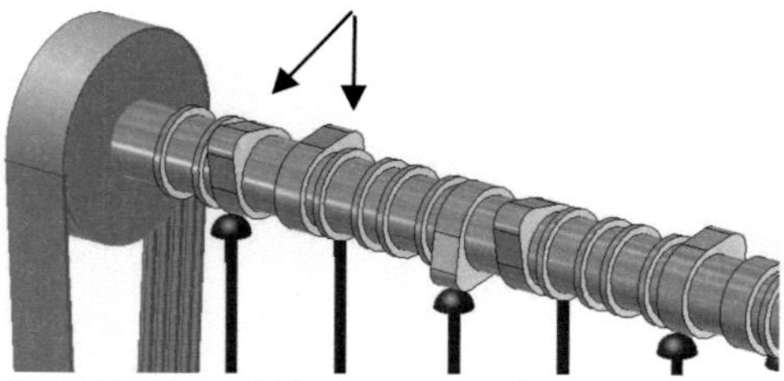

Ausgerichtete Nockenwelle, beiden Nocken des markierten Zylinders zeigen nach oben

- ***Abhängigkeit platzieren***
- Typ: Baugruppe - Winkel
- Modus: Gerichteter Winkel
- Auswahl 1: XZ-Ebene (BG_Nockenwelle) (Bild 2)
- Auswahl 2: XZ-Ebene (BG_4-Takt-Motor) (Bild 1)
- Winkel: 225 °
- OK

Achten Sie darauf, dass beide Nocken der Nockenwelle des am Riemenrad liegenden Zylinders (Bild links) gleichmäßig nach oben zeigen. Sollten beide Nocken nach unten zeigen, korrigieren Sie den Winkel auf 45 Grad.

HINWEIS: Eventuell könnte es Komplikationen beim Setzen dieser Winkelabhängigkeit geben. Kontrollieren Sie in diesem Fall die Übergangsabhängigkeiten zwischen Ventilen und Nockenwelle, löschen Sie diese bei Bedarf und setzten Sie die betreffenden Abhängigkeiten später neu.

6.6.26 Erzeugen einer Bewegungsabhängigkeit

Kurbel- und Nockenwelle stehen jetzt in der korrekten Position zueinander und können mit einer ***Bewegungsabhängigkeit*** miteinander verbunden werden.

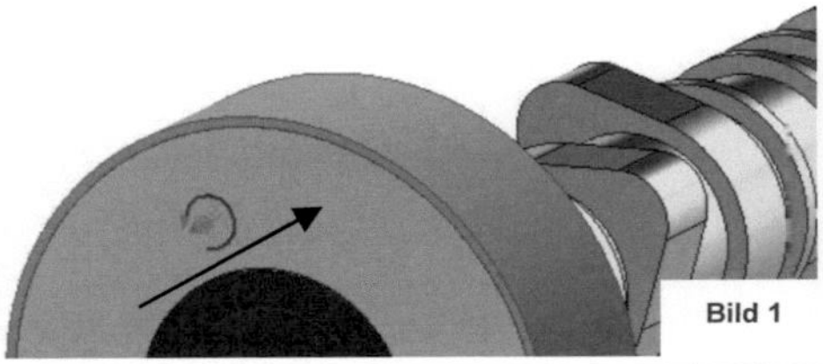

Bild 1

Bild 2

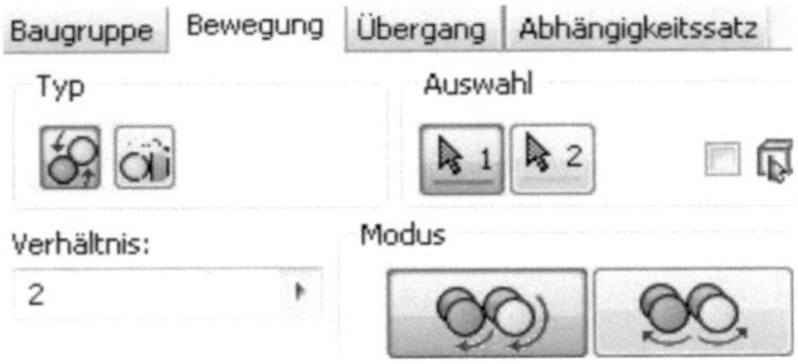

- ***Abhängigkeit platzieren***
- Typ: Bewegung – Drehung
- Auswahl 1: Markierte Fläche (Nockenwelle-Riemenrad) (Bild 1)
- Auswahl 2: Markierte Fläche (Kurbelwelle-Riemenrad) (Bild 2)
- Verhältnis: 2
- Modus: Vorwärts
- OK

6.6.27 Simulation einer Bewegungsabhängigkeit

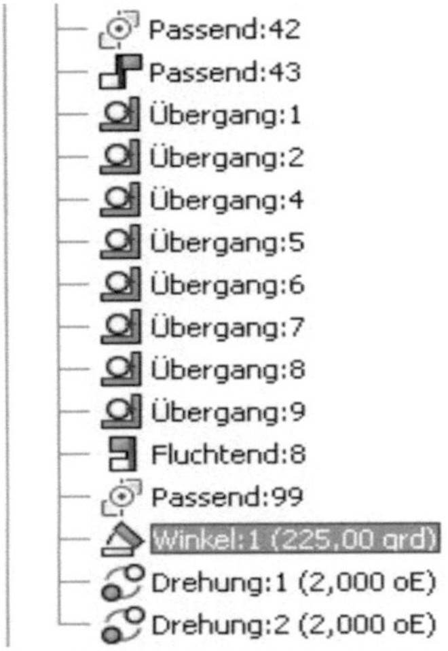

Winkelabhängigkeit der BG_Nockenwelle (Modellbaum)

Neben der dynamischen Simulation gibt es eine vereinfachte Möglichkeit, eine Baugruppe anhand einer Abhängigkeit dynamisch zu simulieren. Die ***Bauteilbewegung nach Abhängigkeit***.

In der folgenden Übung werden wir die Winkelabhängigkeit der Nockenwelle animieren und daraus ein Video erzeugen.

Öffnen Sie im Modellbaum die Baugruppe ***BG_Nockenwelle*** und folgen Sie der Befehlskette.

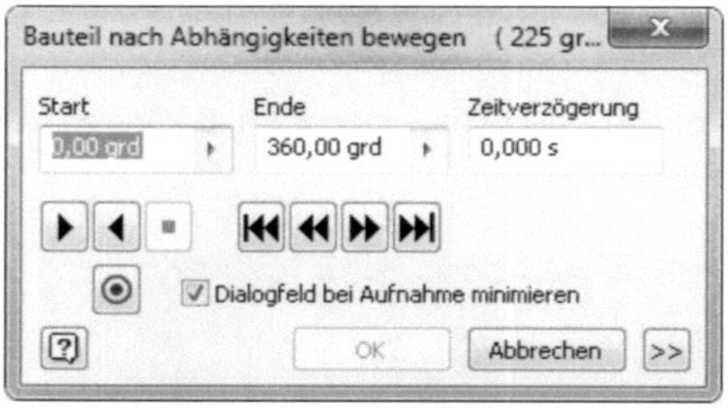

Befehlsfenster "Bauteil nach Abhängigkeit bewegen"

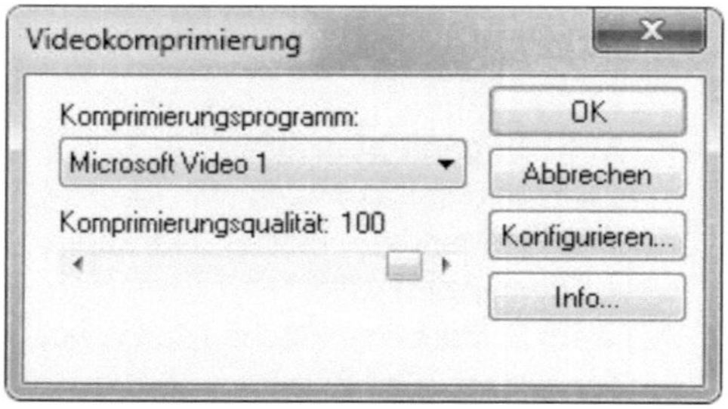

Einstelloptionen einer "*.avi-Videodatei"

- Abhängigkeit ***Winkel (225 °)*** markieren
- ***ReM*** > ***Bauteil nach Abhängigkeit bewegen***
- Start: 0 °
- Ende: 360 °
- Zeitverzögerung: 0 Sek
- ***Aufnahme***
- Dateiname und Speicherort festlegen
- Dateityp: *.avi
- Speichern
- Komprimierungspro.: Microsoft Video 1
- Komprimierungsqualität: 100 %
- OK
- ***Minimum***
- ***Vorwärts*** (warten bis Simulation beendet wurde)
- ***Aufnahme beenden***
- OK

Öffnen Sie das Video anschließend (z. B. mit dem Media Player).

HINWEIS: Der Steuerriemen sollte sich nicht mitdrehen. Wenn doch, löschen Sie den gesamten Steuerriemen noch einmal aus der Baugruppe, fügen diesen erneut ein und setzen alle Abhängigkeiten zwischen Steuerriemen und den beiden Riemenrädern neu.

6.6.28 Austauschen von Komponenten bei bestehenden Abhängigkeiten

Manchmal ist es erforderlich, ein Bauteil in einer Baugruppe schnell gegen ein anderes Bauteil (eventuell einer anderen Variante mit geringen Änderungen) auszutauschen.

Hierfür gibt es die beiden Befehle ***Ersetzen*** und ***Alle ersetzen***.

Mit diesen Befehlen können Sie ein Bauteil oder alle baugleichen Bauteile einer Auswahl gegen ein anderes Bauteil austauschen, aber alle Abhängigkeiten dabei beibehalten.

In unserer nächsten Übung wollen wir das Motorgehäuse gegen eine Variante mit einem Sichtfenster auf die Kurbelwelle tauschen, um während der Simulation einen besseren Einblick in das Innere unseres Motors zu erhalten.

Hauptbaugruppe mit reaktivierter Sichtbarkeit der Komponenten

Aktivieren Sie die Sichtbarkeit bei folgenden Komponenten:

- Motorgehäuse
- Kurbelwellenhalter
- Schrauben-Kurbelwellenhalter
- Dichtung-Zylinderblock (beide)
- BG_Zylinderblock
- BG_Zylinderkopf
- Zylinderkopfschrauben
- Dichtung-Ventildeckel

Starten Sie den Befehl ***Ersetzen*** und tauschen Sie das Bauteil ***Motorgehaeuse.ipt*** gegen das Bauteil ***Motorgehaeuse-Schnitt.ipt*** aus dem Downloadordner.

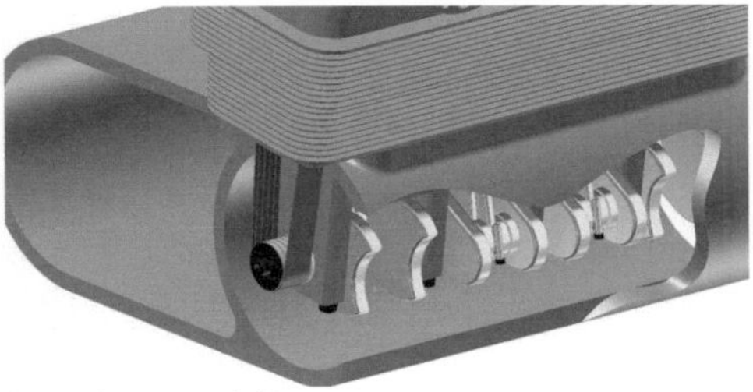

Motorgehäuse, geschnitten

- ***Ersetzen***
- ***Motorgehaeuse*** im Modellbaum markieren
- ***Motorgehaeuse-Schnitt.ipt*** im Downloadordner wählen (im Auswahlfenster)
- OK

Die Kurbelwelle ist jetzt sichtbar. Starten Sie die Simulation erneut.

HINWEIS: Achten Sie beim ***Ersetzen*** von Komponenten auf bereits gesetzte Abhängigkeiten. Vorhandene Abhängigkeiten können nur übernommen werden, wenn die neue Komponente dies geometrisch zulässt. Bezieht sich eine Komponente z. B. auf eine vorhandene Bohrung und diese Bohrung in der einzufügenden Komponente nicht mehr vorhanden, wird das Programm protestieren.

Unsere Hauptbaugruppe ist vollständig und wir speichern und schließen die Datei. Hiermit verlassen wir den Baugruppenbereich und wechseln in die Zeichnungserstellung.

7 ABLEITEN EINER 2D-ZEICHNUNG

7.1 Grundsätzlicher Aufbau

2D-Zeichnungen werden in Inventor® aus vorhandenen Bauteilen oder Baugruppen abgeleitet. Die 2D-Zeichnung hat mit der ursprünglichen Grundskizze nichts mehr zu tun. In der 2D-Zeichnungsableitung müssen Sie alle Maße neu erzeugen oder aus den Volumenkörper-Modellen ableiten.

Grundsätzlich kann der Zeichnungsbereich in die beiden Bereiche: ***Ansichten platzieren*** und ***Mit Anmerkungen versehen*** unterteilt werden.

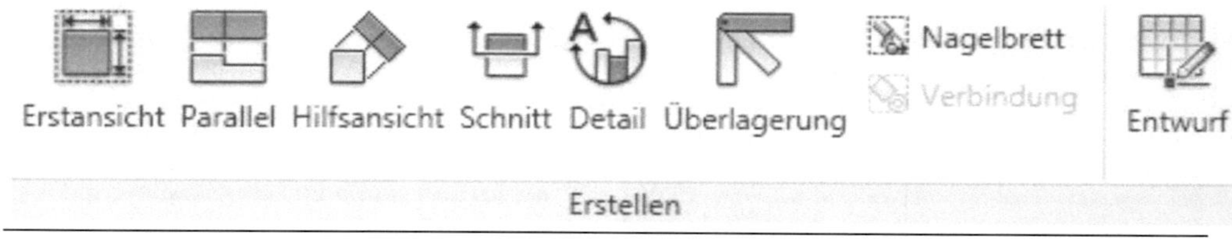

Im Reiter: ***Ansichten platzieren*** finden Sie die Befehlsgruppen: ***Erstellen***, ***Ändern***, ***Skizze*** und ***Blätter***. Hier erzeugen Sie neue Ansichten (Fenster) eines Bauteils/ einer Baugruppe, entweder als Haupt-, Seiten-, Schnitt- oder einer anderen Ansicht, ändern die Ansichten oder erzeugen neue Zeichenblätter.

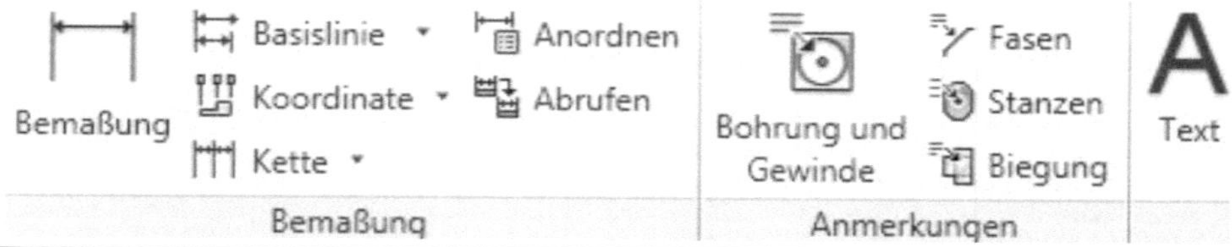

Der Reiter: ***Mit Anmerkungen versehen*** enthält die Befehlsgruppen: ***Bemaßung***, ***Anmerkungen***, ***Text***, ***Symbole***, ***Skizze***, ***Tabelle*** und ***Format***.

Die erzeugten Ansichten können bemaßt werden (Maße können manuell gesetzt oder automatisch von den Bauteilen/ Baugruppen abgerufen werden), Anmerkungen, Texte und Symbole einfügen oder verschiedene Tabellen und Positionsnummern (für Baugruppen) definieren.

Der Bereich Layer bietet zusätzliche Möglichkeiten, Zeichenelementen diverse Farben und Stärken zu geben

7.2 Erzeugen & Bearbeiten von Ansichten

7.2.1 Grundeinstellungen im Zeichnungsbereich

In unserem ersten Beispiel der Zeichnungserstellung werden wir das Bauteil ***Nockenwelle-Riemenrad.ipt*** ableiten und bemaßen. Erzeugen Sie eine neue ***Zeichnung*** und speichern Sie diese als ***NW-Riemenrad.idw*** im Projektordner ab.

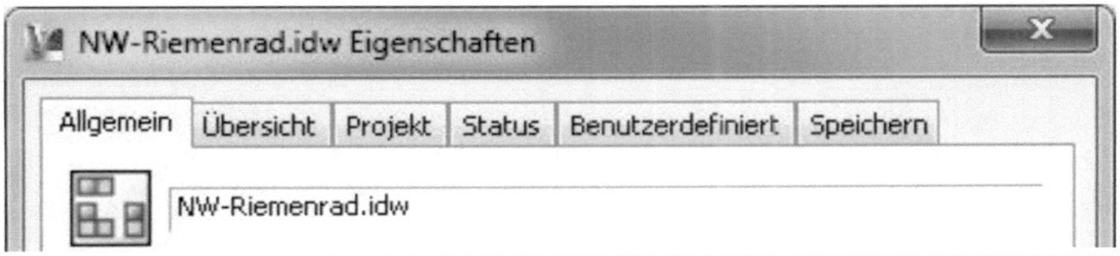

Bild 1

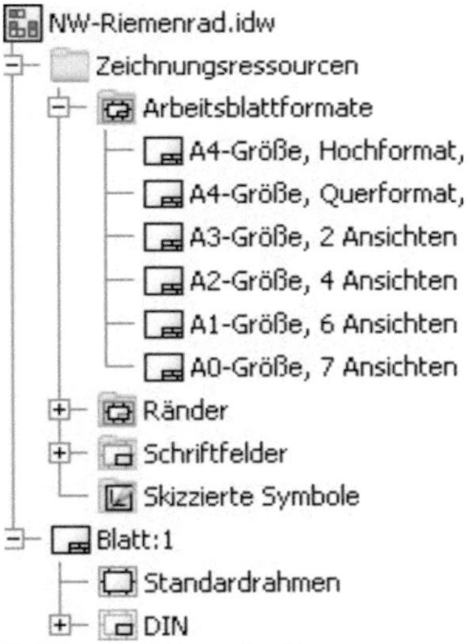

Modellbaum im Zeichnungsbereich

Die Eigenschaften einer Datei werden in den ***iProperties*** verwaltet.

Markieren Sie im Modellbaum den Dateinamen (im linken Bild ***NW-Riemenrad.idw***) und wählen dann ***ReM*** > ***iProperties***.

Die iProperties lassen sich auch bereits im Skizzen-, Modell,- und Bauteilbereich öffnen.

Im nächsten Schritt sollen einige Änderungen in den Eigenschaften vorgenommen werden.

Reiter "Übersicht" in den iProperties

Öffnen Sie die ***iProperties*** und wechseln Sie in den Reiter: ***Übersicht***. Übernehmen sie folgende Änderungen:

- Titel: 2D-Zeichnung Riemenrad-Nockenwelle
- Thema: Konstruktionsübung
- Autor: Ihr Name

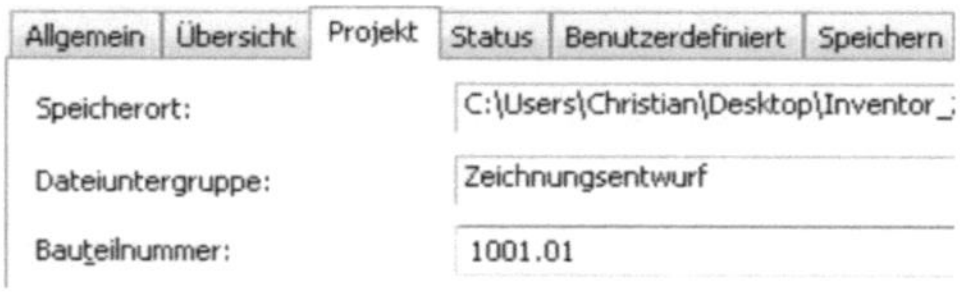

Reiter "Projekt" in den iProperties

Wechseln Sie in den Reiter: ***Projekt***. Übernehmen sie folgende Änderungen:

- Bauteilnummer: 1001.01
- OK

7.2.2 Schriftfelder in Zeichnungen

Modellbaum der 2D-Zeichnung "Nockenwelle-Riemenrad"

Grundsätzlich besteht das Schriftfeld aus einer vorgefertigten Tabelle mit festgelegten Inhalten. Diese können Sie nach eigenen Vorstellungen bearbeiten.

Markieren Sie im Modellbaum den Ordner ***DIN*** (im Ordner ***Blatt***) und wählen ***ReM*** > ***Definition bearbeiten***.

7.2.3 Bearbeiten des Textfeldes

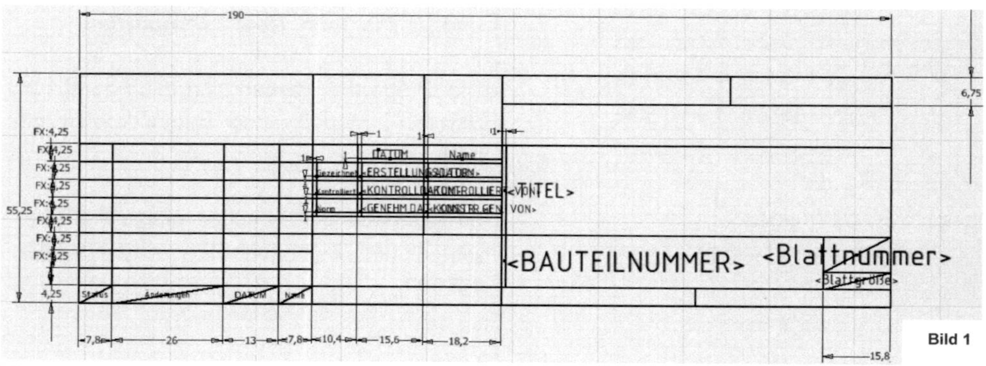

Bild 1

Es öffnet sich der oben dargestellte Skizzenbereich. Wie zu erkennen ist, besteht das Standard-Textfeld aus einer Tabelle und einigen vordefinierten Textfeldern.

Die in den <Klammern> stehenden Textbereiche sind Verknüpfungen zu Werten aus den Datei-Eigenschaften (Textparameter).

Sie haben die Möglichkeit, die vorhandenen Linien und Texte zu bearbeiten oder eigene Elemente zu zeichnen, bzw. Texte/ Textparameter zu erzeugen.

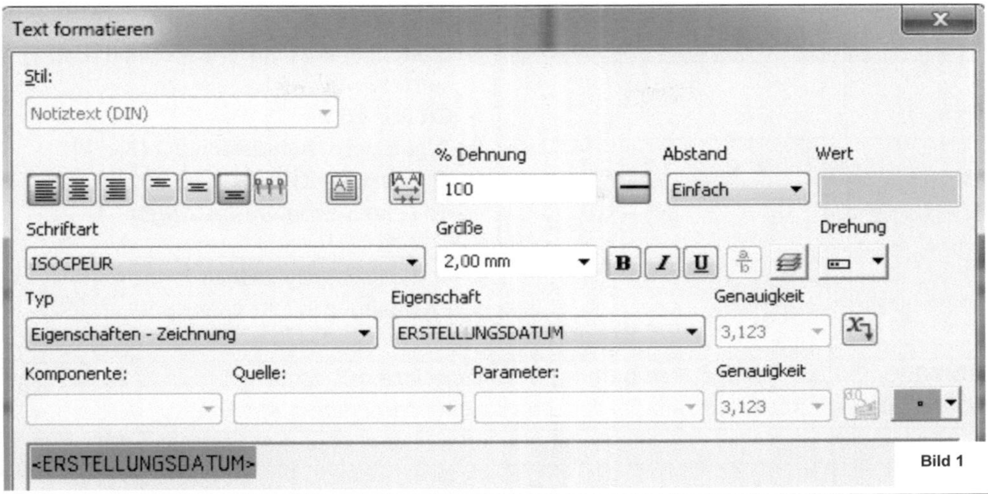

Bild 1

Wenn Sie einen Text/ Textparameter erstellen oder bearbeiten, öffnet sich das Fenster ***Text formatieren***. Die Eingabe eines Textes erfolgt im unteren Texteingabefeld, die Definition eines Textparameters über die Auswahlbereiche ***Typ*** und ***Eigenschaft***.

In der folgenden Übung werden wir dem Schriftfeld der aktuellen Zeichnungsdatei einen neuen Textparameter hinzufügen.

7.2.4 Erzeugen eines Textparameters

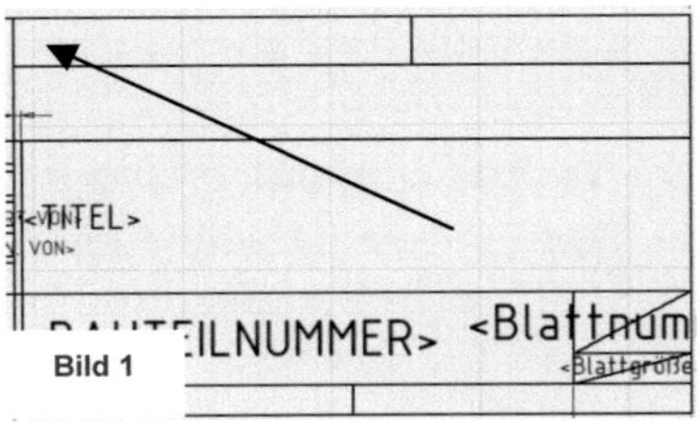

Bild 1

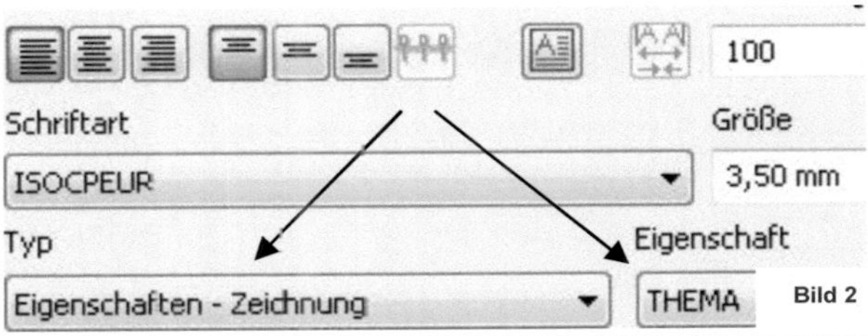

Bild 2

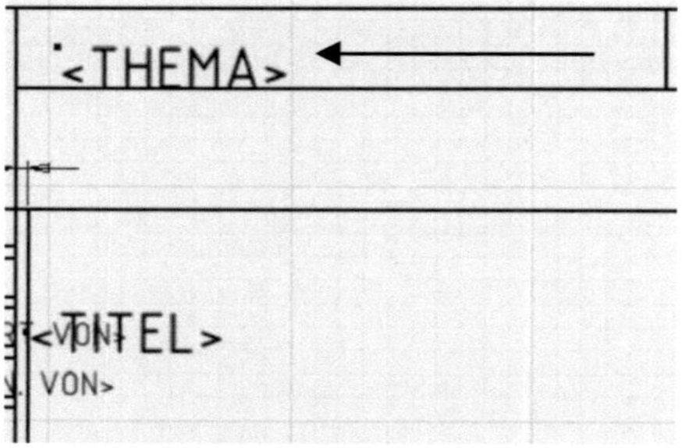

Schriftfeld mit neuem "Textparameter"

- A ***Text***
- Startpunkt auf markierte Position (Bild 1) setzen
- Größe: 3,5 mm
- Typ: Eigenschaft-Zeichnung (Bild 2)
- Eigenschaft: THEMA (Bild 2)
- ***Textparameter hinzufügen***
- OK
- ***Skizze fertig stellen***
- Bearbeitung in DIN speichern? Ja

HINWEIS: Bei der Abfrage ***Bearbeitung in DIN speichern?*** muss mit Ja ***Ja*** bestätigt werden, da die Änderungen am Textfeld sonst nicht übernommen werden.

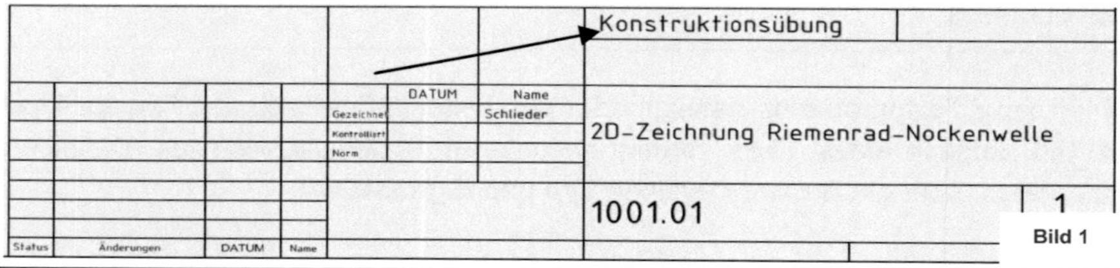

Bild 1

Im neuen Textfeld sollte jetzt ***Konstruktionsübung*** stehen. Diesen Wert hatten wir in den ***iProperties*** (Eigenschaft: ***Thema***) zugewiesen. Jede Änderung dieses Wertes in den Eigenschaften wird ab jetzt auch in der Zeichnung wiedergegeben.

7.2.5 Ändern der Blatt-Eigenschaften

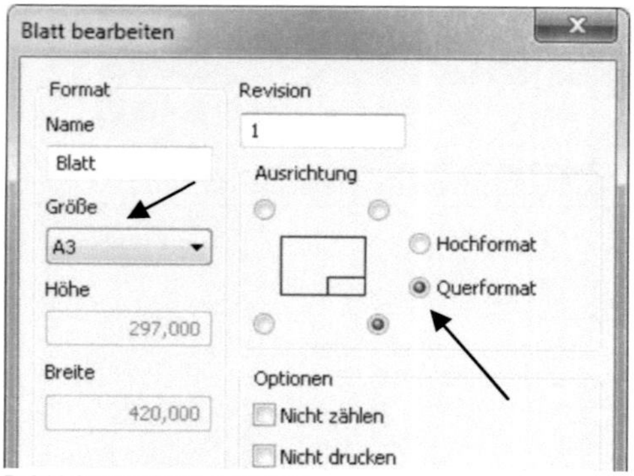

Befehlsfenster "Blatt bearbeiten"

Nachdem das Textfeld ausgefüllt und angepasst wurde, legen wir die passende Blattgröße fest.

Markieren Sie im Modellbaum Blatt und wählen ***ReM*** > ***Blatt bearbeiten***. Es erscheint das nebenstehende Fenster. Wählen Sie die Blattgröße ***DIN A3*** im ***Querformat*** und OK bestätigen Sie.

7.2.6 Das Zeichnungsansichts-Fenster

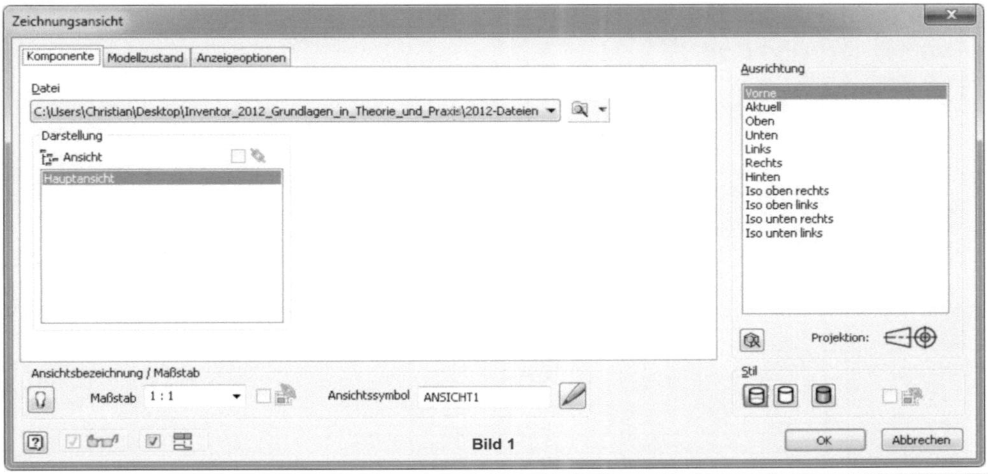

Bild 1

Eine ***Ansicht*** ist eine 2D-Darstellung einer Komponente/ Baugruppe aus einer zu definierenden Sicht.

Sobald Sie eine Ansicht einfügen, erscheint beim Einfügen oder beim Doppelklick auf die vorhandene Ansicht das ***Zeichnungsansichts-Fenster***.

Hier werden alle Darstellungsoptionen der aktuellen Ansicht verwaltet. Die wichtigsten Optionen befinden Sich außerhalb der drei Reiter.

Der Bereich ***Ansichtsbezeichnung/ Maßstab*** legt Maßstab und Bezeichnung der Ansicht (im Modellbaum) fest, der Bereich ***Ausrichtung*** definiert die Ansichtsausrichtung und der Bereich ***Stil*** legt die Ansicht der Kanten und Flächen fest. Im Reiter ***Komponente*** wählen Sie die Komponente (Datei) und legen den Detaillierungsgrad fest.

Im Reiter ***Modellzustand*** können Sie Optionen für Schweißkonstruktionen wählen oder Referenzdaten festlegen, der Reiter ***Anzeigeoptionen*** ermöglicht die Auswahl allgemeiner Darstellungsoptionen.

Je nach Art der Komponente (Bauteil, Baugruppe, Schweißbaugruppe, Blechteil) sind einige der Optionen innerhalb der drei Reiter aktiviert, andere inaktiv.

7.2.7 Erst-, Parallel- & Hilfsansichten

Starten Sie den Befehl ***Erstansicht*** und wählen Sie im Projektordner die Datei ***Nockenwelle-Riemenrad.ipt***.

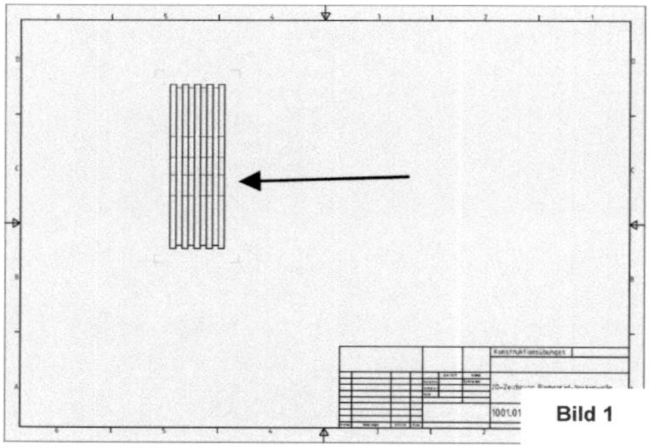

Bild 1

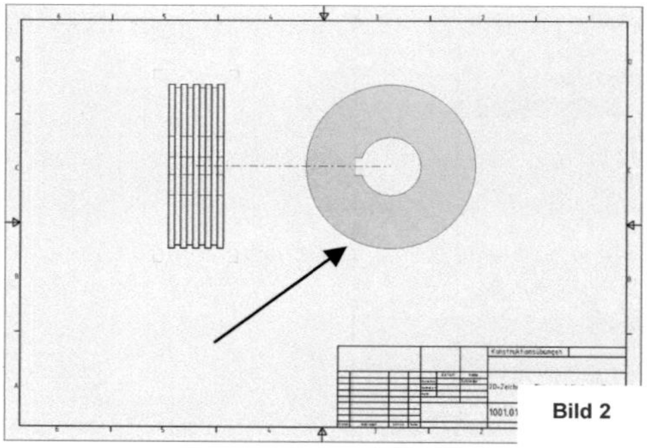

Bild 2

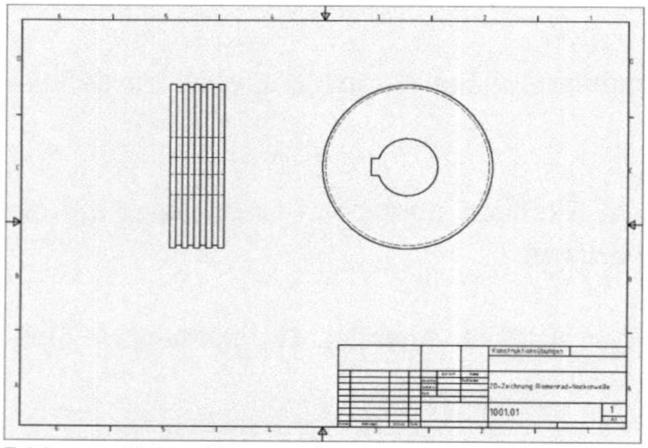

Zeichnungsableitung "Riemenrad-Nockenwelle" mit Erst- und Parallelansicht

- ***Erstansicht***
- Datei: Nockenwelle-Riemenrad.ipt wählen
- Maßstab: 2:1
- Ausrichtung: Vorne
- Ansicht an markierter Position (Bild 1) ablegen (***LiM***)
- Maus nach rechts ziehen, Parallelansicht wie dargestellt (Bild 2) ablegen
- ***ReM*** > ***Erstellen***
- ***ESC***

Wie Sie bemerkt haben, werden Sie nach dem Ablegen der Erstansicht automatisch aufgefordert, eine oder mehrere Parallelansichten zu positionieren. Parallelansichten sind orthogonale oder isometrische Ableitungen der Erstansicht und können vertikal, horizontal oder isometrisch erzeugt werden.

Hilfsansichten sind Parallelansichten, jedoch werden diese nicht automatisch vertikal oder horizontal abgeleitet, sondern es muss vorher eine Referenzlinie in der abzuleitenden Erstansicht definiert werden. Von dieser Referenzlinie wird dann orthogonal abgeleitet.

Schnittansichten erzeugen Ansichten einer aufgeschnittenen Komponente.

HINWEIS: Parallelansichten können entweder direkt nach dem Platzieren der Erstansicht erzeugt werden, oder mittels Befehl ***Parallele Ansicht***.

7.2.8 Schnitt-, Detail- & Überlagerungsansichten

Mit dem Befehl ***Schnittansicht*** erzeugen Sie eine geschnittene Ansicht, orthogonal abgeleitet von einer frei zu wählenden Basisansicht (das kann eine Erst-, Parallel- oder Hilfsansicht sein).

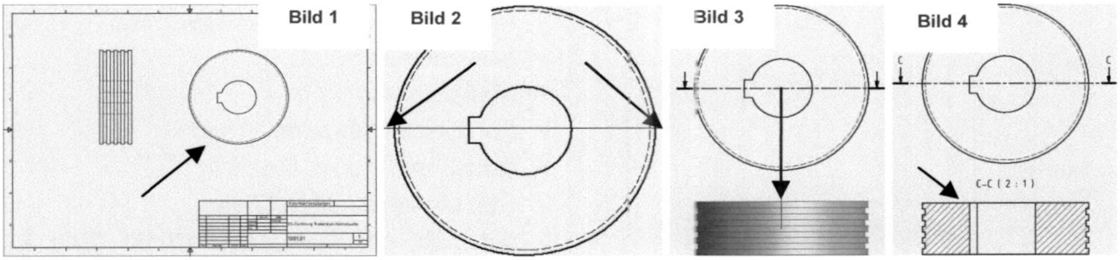

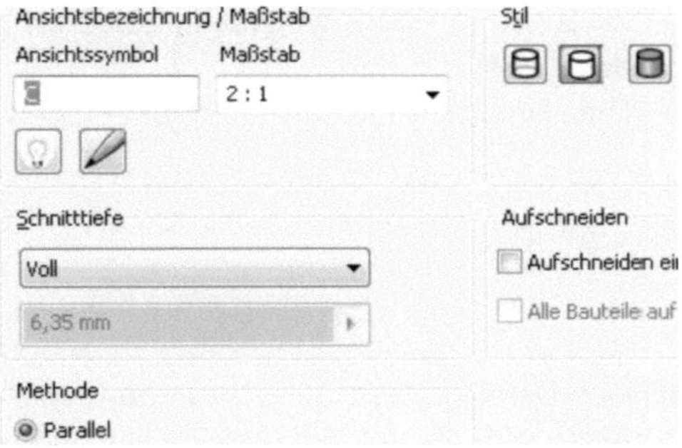

- ***Schnittansicht***
- Parallelansicht (Bild 1) wählen
- Ersten Punkt links neben die Riemenscheibe setzen (Bild 2)
- Zweiten Punkt rechts neben die Riemenscheibe setzen (Bild 2)
- ***ReM*** > ***Weiter***
- Ansichtssymbol: C
- Maßstab: 2:1
- Ansicht nach unten ziehen und ablegen (Bilder 3, 4)

HINWEIS: Die Schnittlinie kann nachträglich an den grünen Punkten verschoben/ verlängert werden. Hierzu müssen Sie die Linie markieren und dann an den grünen Punkten bearbeiten. Wenn Sie die Linie in ihrer Position verschieben, ändert sich auch die Schnittansicht.

Detailansichten sind vergrößerte Darstellungen eines Ausschnittes. Zuerst wird die Basisansicht gewählt (das kann eine Erst-, Parallel-, Hilfs-, Schnitt- oder Überlagerungsansicht sein) und dann der zu vergrößernde Bereich definiert.

Detailansichten können frei auf dem Zeichenblatt positioniert werden. Hier gibt es keine horizontalen oder vertikalen Abhängigkeiten zur Basisansicht. Erzeugen Sie im nächsten Schritt die Detailansicht eines Bereiches des Riemenrades.

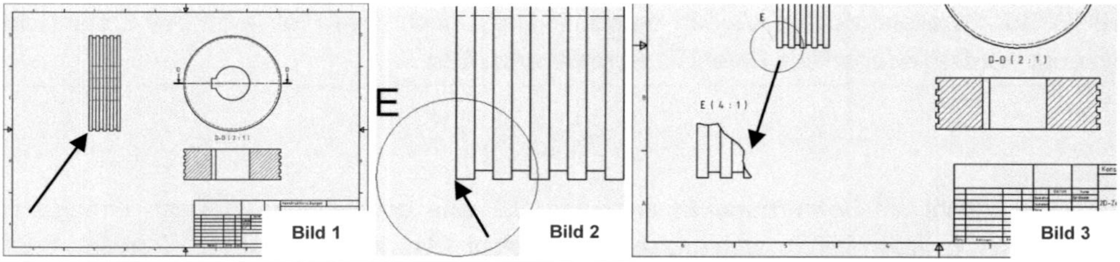

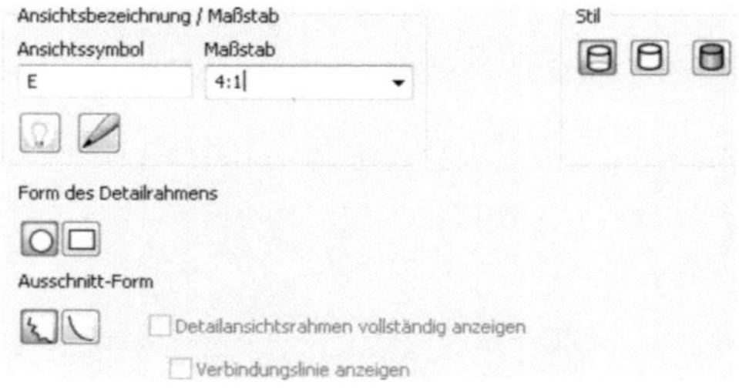

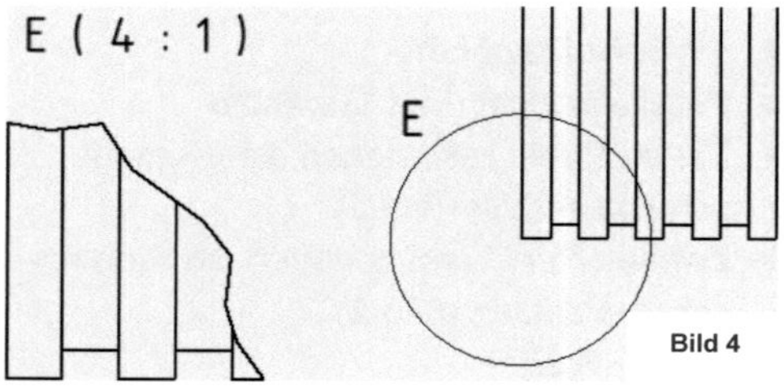

- ***Detailansicht***
- Markierte Ansicht (Bild 1) wählen
- Ansichtssymbol: E
- Maßstab: 4:1
- Form des Rahmens: Rund
- Ausschnitt-Form: Gezackt
- Stil: Mit verdeckten Linien
- Mit ***LiM*** auf markierten Punkt (Bild 2) klicken
- Kreis wie in Bild 2 dargestellt aufziehen, dann ***LiM***
- Detailansicht an Position (Bild 3) ablegen

Überlagerungsansichten sind mehrere Positions-Darstellungen einer bewegten Baugruppe in einer einzigen Ansicht. Eine der Darstellungen wird als Volllinie gezeigt, alle anderen als verdeckte Linien. Die verschiedenen Positionsdarstellungen müssen vorab in der Baugruppe definiert werden. Speichern und schließen Sie die aktuelle Datei.

7.2.9 Ansichten verkürzen & Ausschnitte erzeugen

Öffnen Sie aus dem Downloadordner die Datei ***Uebung-Zeichnen-1.idw***. Hier wurden bereits drei Ansichten erzeugt, welche für die nächsten Übungen verwendet werden sollen.

Der Befehl ***Lösen*** erzeugt eine verkürzte Ansicht. Haben Sie sehr lange Bauteile/ Baugruppen, können Sie diese verkürzt und somit übersichtlich darstellen. Üben Sie diesen Befehl am Beispiel der Kurbelwellen-Ansicht.

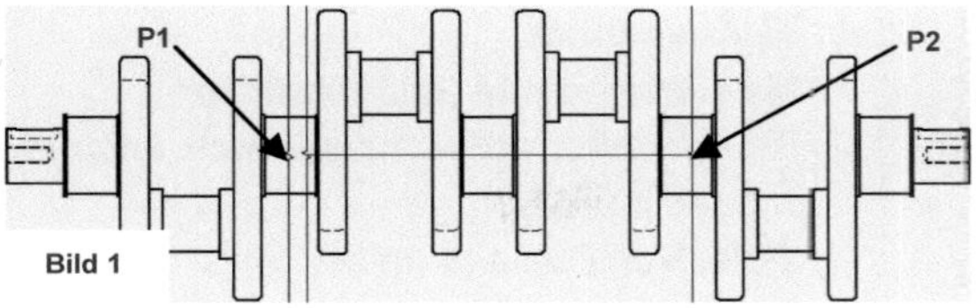

Bild 1

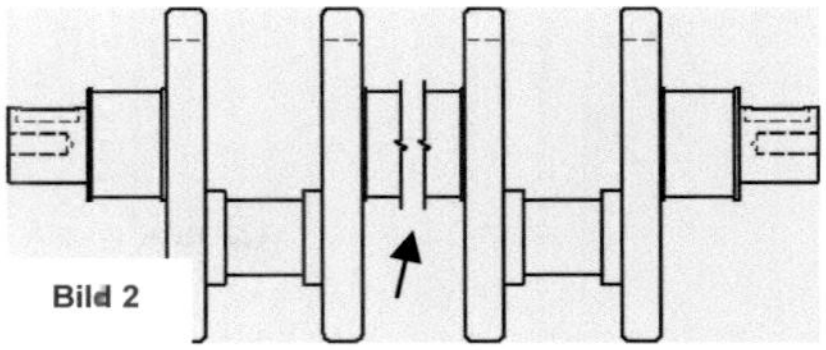

Bild 2

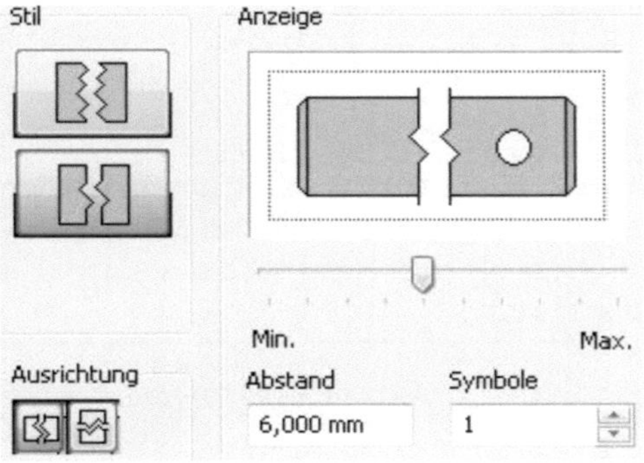

- ➢ ***Lösen***
- ➢ Markierte Ansicht (Bild 1) wählen
- ➢ Stil: Struktur
- ➢ Ausrichtung: Horizontal
- ➢ Abstand: 6 mm
- ➢ Symbole: 1
- ➢ Mit ***LiM*** ersten Punkt P1 (Bild 1) setzen
- ➢ Mit ***LiM*** zweiten Punkt P2 (Bild 1) setzen

Bild 2 zeigt die verkürzte Ansicht.

Mit einem ***Ausschnitt*** können Sie in einer Ansicht Material eines begrenzten Bereiches entfernen, ohne die gesamte Ansicht zu schneiden.

Hierfür ist eine 2D-Skizze mit einer geschlossenen Kontur notwendig. Die Option ***Tiefe*** reguliert die Schnitttiefe, ausgehend vom definierten Referenzpunkt.

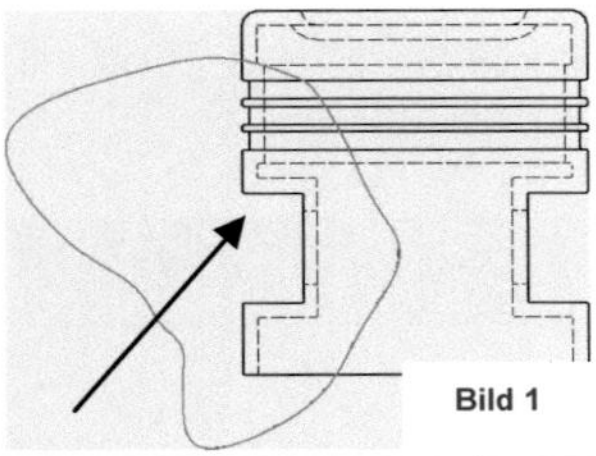

Bild 1

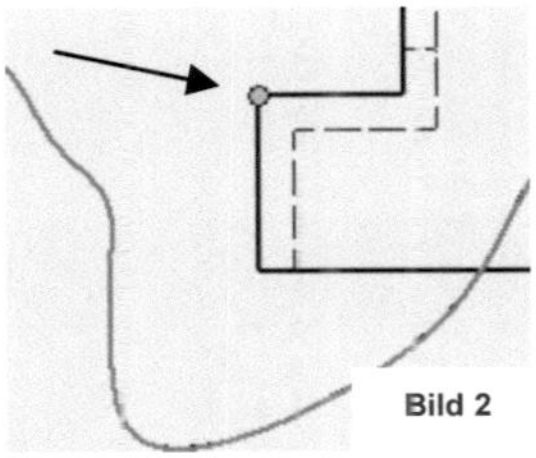

Bild 2

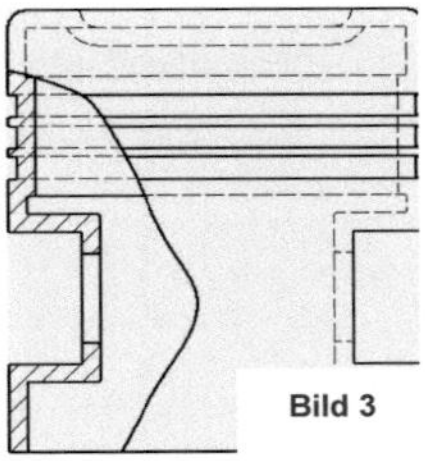

Bild 3

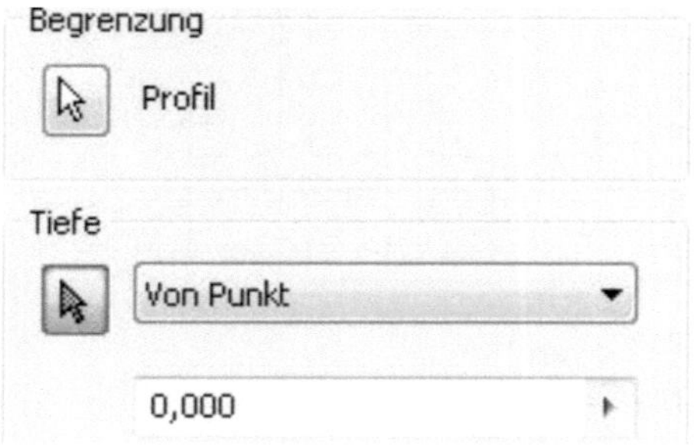

- ***Ausschnitt***
- Markierte Ansicht (Bild 1) wählen
- Profil: Kontur sollte automatisch erkannt werden
- Tiefe: Von Punkt (0 mm)
- Referenz: Markierter Punkt (Bild 2)
- OK

HINWEIS: Der Befehl ***Ausschnitt*** erfordert eine 2D-Skizze mit einer geschlossenen Kontur. Die 2D-Skizze muss dem jeweiligen Ausschnitt zugeordnet sein. Das passiert erst, wenn die betreffende Ansicht markiert wird (es erscheint ein roter Rand um die Ansicht) und dann erst der Befehl ***2D-Skizze erstellen*** gestartet wird.

7.2.10 Zeichenblätter hinzufügen

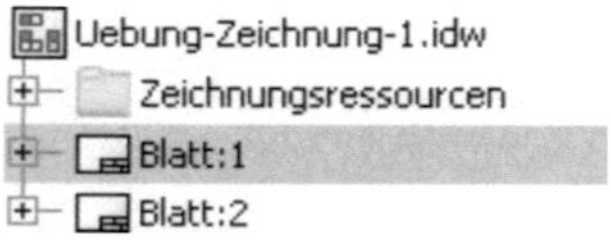

Modellbaum mit zwei Zeichenblättern

Weitere Zeichenblätter innerhalb einer Datei erzeugen Sie mit dem Befehl ***neues Blatt***. Im Modellbereich können Sie zwischen den Blättern wechseln (Doppelklick auf das grau hinterlegte -inaktive- Zeichenblatt).

Speichern und schließen Sie die Zeichnung anschließend.

7.3 2D-Zeichnungen mit Anmerkungen versehen

7.3.1 Darstellen & Bearbeiten von Bemaßungen

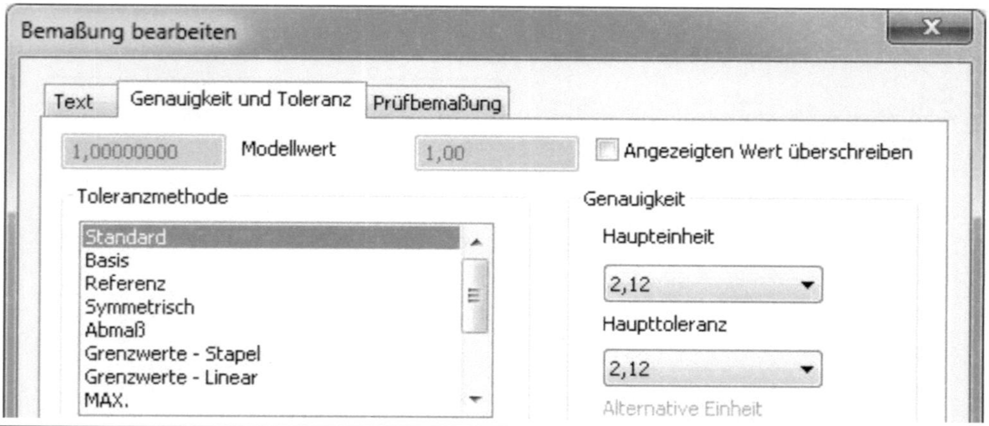

Bevor die ersten Bemaßungen durchgeführt werden, ein allgemeiner Hinweis. Sobald Sie eine neue Bemaßung erstellt haben oder eine vorhandene bearbeiten, erscheint das dargestellte Fenster ***Bemaßung bearbeiten***.

Der Reiter ***Text*** beinhaltet das Texteingabefeld, einen Link zum Texteditor und eine Auswahl an Sonderzeichen. ***Genauigkeit und Toleranz*** enthält Optionen zu den Bereichen Modellwert, Toleranz und Genauigkeit. In der ***Prüfbemaßung*** finden Sie Optionen zu Form und Bezeichnung von Prüfbemaßungen.

HINWEIS: Der Haken bei ☑ Bemaßung nach Erstellung bearbeiten legt fest, ob sich das Fenster ***Bemaßung bearbeiten*** nach dem Erzeugen einer neuen Bemaßung automatisch öffnet oder nicht.

7.3.2 Allgemeines Bemaßen & Abrufen von Maßen

Öffnen Sie aus dem Downloadordner die Datei ***Uebung-Zeichnen-2.idw*** und wechseln Sie in den Reiter: ***Mit Anmerkungen versehen***. Erzeugen Sie einige ***Allgemeine Bemaßungen*** an der in Bild 1 dargestellten Ansicht.

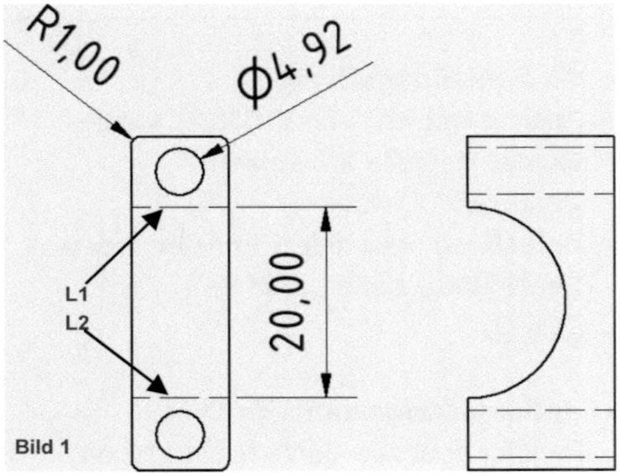

Bild 1

- ***Allgemeine Bemaßungen***
- Linie (L1) wählen (Bild 1)
- Linie (L2) wählen (Bild 1)
- Maß (20 mm) mit der ***LiM*** ablegen
- Rundung (R= 1 mm) wählen
- Maß mit der ***LiM*** ablegen
- Bohrung (D= 4,92 mm) wählen
- Maß mit der ***LiM*** ablegen
- ***ESC***

Geometrische Maße einer Kontur (Länge, Radius/ Durchmesser) werden durch einfaches Anwählen der Kontur mit anschließendem Ablegen des Maßes realisiert.

Die Lage zweier Konturen zueinander (Abstand/ Winkel) werden durch Anwählen beider Konturen nacheinander und anschließendem Ablegen des Maßes erzeugt. Achten Sie bei der ersten Option auf einen kleinen grünen Punkt. Wird dieser aktiviert, wechseln Sie automatisch in die zweite Option.

> **HINWEIS**: Beim Bemaßen von Rundungen können Sie (vor dem Ablegen des Maßes!) zwischen Radius und Durchmesserbemaßung wechseln (***ReM*** > ***Bemaßungstyp***).

Starten Sie den Befehl ***Bemaßung abrufen***. Mit diesem Befehl können Sie alle verfügbaren Maße aus dem Volumenmodell abrufen und im 2D-Zeichenbereich platzieren. Sie können entweder alle oder einzelne Maße aktivieren. Da abgerufene Maße ungeordnet im Zeichenbereich abgelegt werden, ist eine Neuanordnung notwendig. Hier kann der Befehl ***Bemaßungen anordnen*** Abhilfe schaffen.

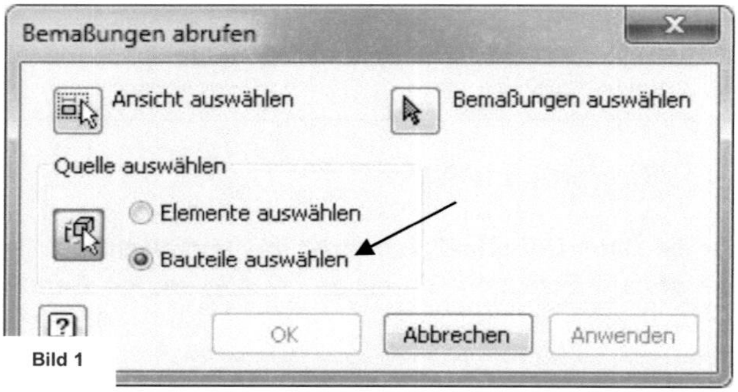

Bild 1

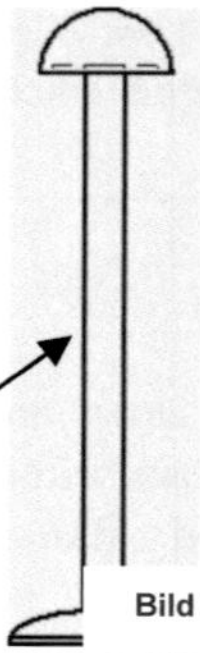

Bild 2

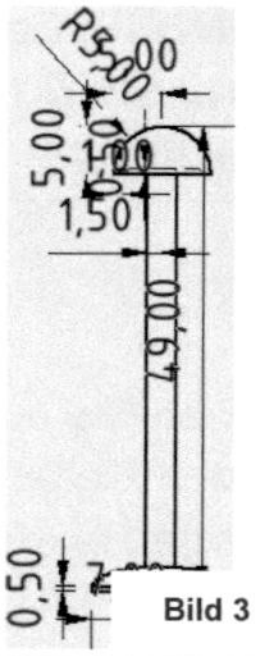

Bild 3

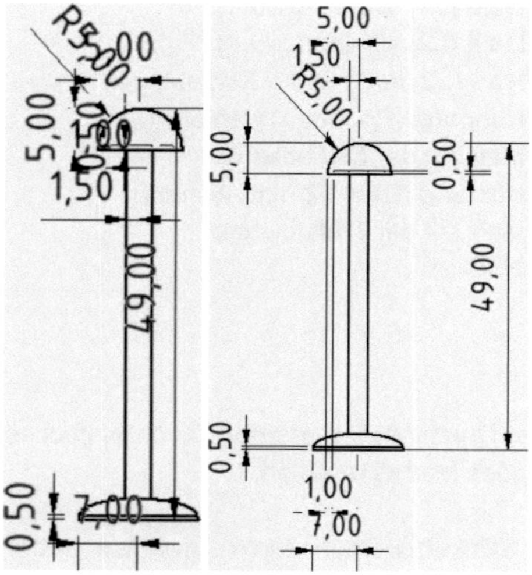

Bild links: Abgerufene Maße, nicht geordnet
Bild rechts: Abgerufene Maße, geordnet

- ***Bemaßung abrufen***
- Ansicht wählen: Ventil (Bild 2) wählen
- Quelle: Bauteile auswählen
- Ventil (Bild 2) wählen
- Bemaßung auswählen: Fenster über alle Ventil-Maße ziehen (Bild 3)
- OK

- ***Bemaßungen anordnen***
- Fenster über alle Ventil-Maße ziehen
- ***ENTER***

Die Anordnung der Maße ist jetzt etwas übersichtlicher, jedoch noch nicht zufriedenstellend. Eine Nacharbeit ist notwendig.

Um die Position eines vorhandenen Maßes manuell zu korrigieren, markieren Sie dieses und ziehen es anschließend in die gewünschte Position. Korrigieren Sie die überlagerten Maße und erzeugen Sie eine übersichtliche Anordnung.

7.3.3 Basislinien-, Koordinaten- & Kettenbemaßungen

Alle drei Bemaßungstypen dienen zum schnellen Setzen geordneter Maße. Als Bemaßungsreferenz dient eine Basislinie, ein Ursprungspunkt oder die vorherige Bemaßung.

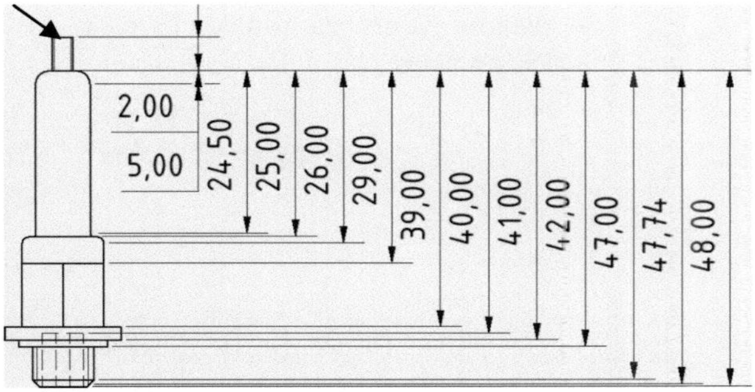

Bild 1

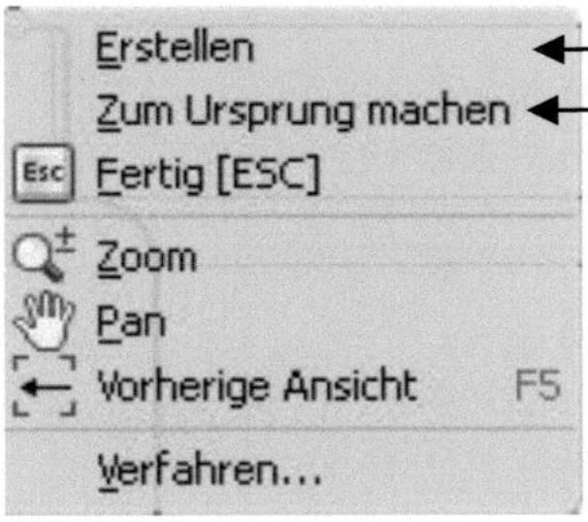

Bild 2

Auswahloptionen der "ReM"

- ***Basislinienbemaßung***
- Fenster über Ansicht (Bild 1) ziehen
- ***ReM*** > ***Weiter***
- Maße ablegen (***LiM***) (Bild 1)
- Markierte, obere Linie (Bild 1) wählen
- ***ReM*** > ***Zum Ursprung machen*** (Bild 2)
- ***ReM*** > ***Erstellen*** (Bild 2)

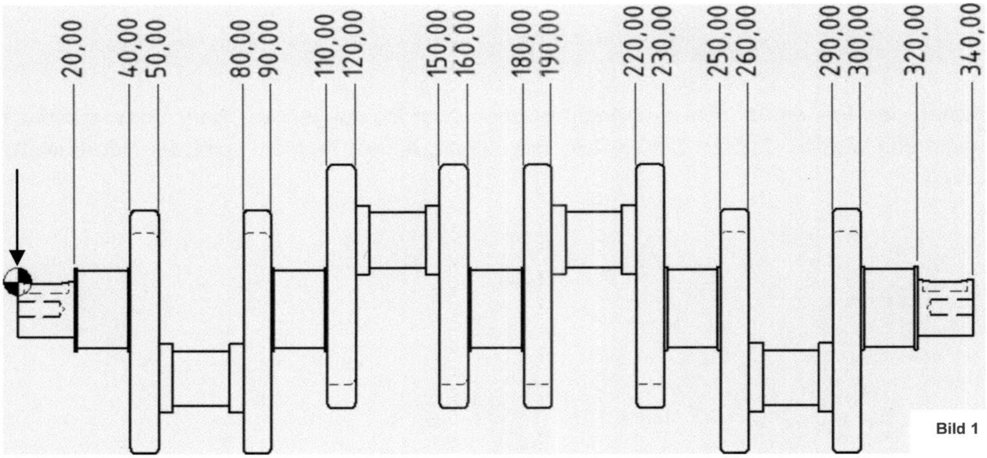

Bild 1

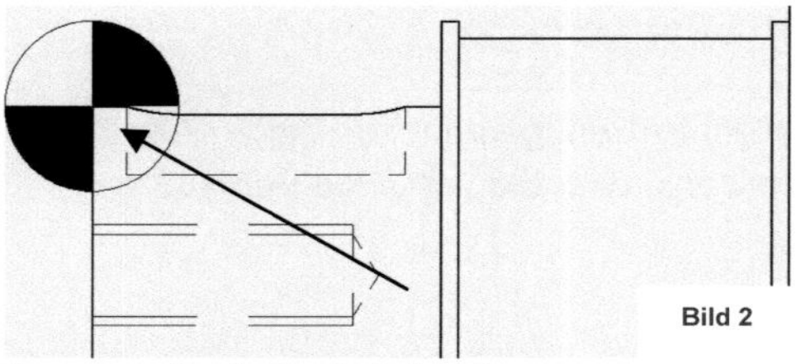

Ursprungsposition der Koordinatenbemaßung

- ***Koordinatenbemaßungen***
- Ansicht (Bild 1) wählen
- Ursprungsposition wählen (Bild 2)
- Erste Referenz (R1) wählen (Bild 1)
- Erstes Maß ablegen
- Weitere Referenzen wählen (Bild 1)
- ***ReM*** > ***Fertig***

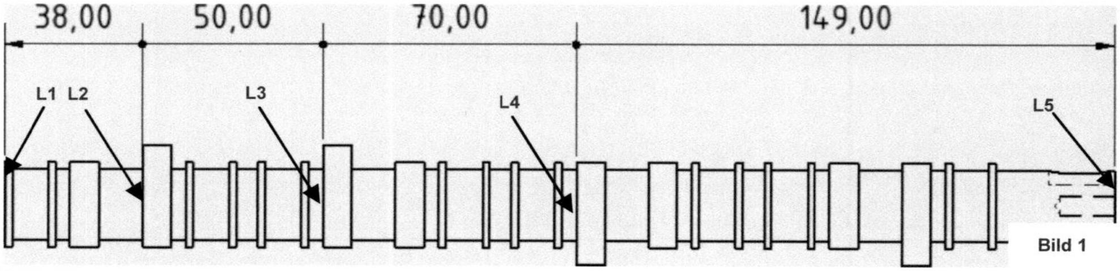

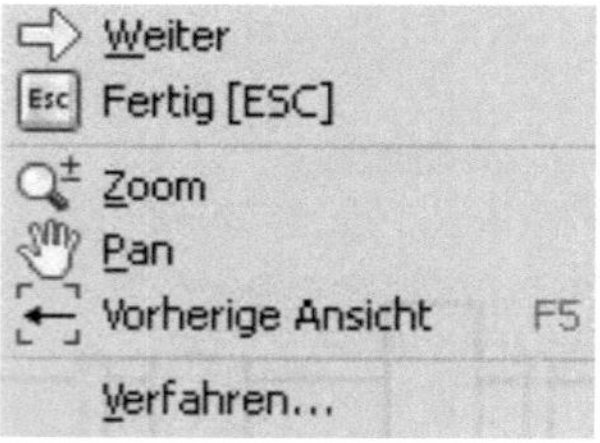

Auswahloptionen der "ReM"

- ***Kettenbemaßung***
- Linie (L1) wählen (Bild 1)
- Linie (L2) wählen (Bild 1)
- ReM > Weiter
- Maß ablegen (Bild 1)
- Linie (L3) wählen (Bild 1)
- Linie (L4) wählen (Bild 1)
- Linie (L5) wählen (Bild 1)
- ***ReM*** > ***Erstellen***

7.3.4 Bohrungsinformationen abrufen

Neben den Maßen können auch Informationen über Bohrungen aus dem Volumenmodell abgerufen werden. Führen Sie die folgende Übung an der rechten Seite der Nockenwelle durch.

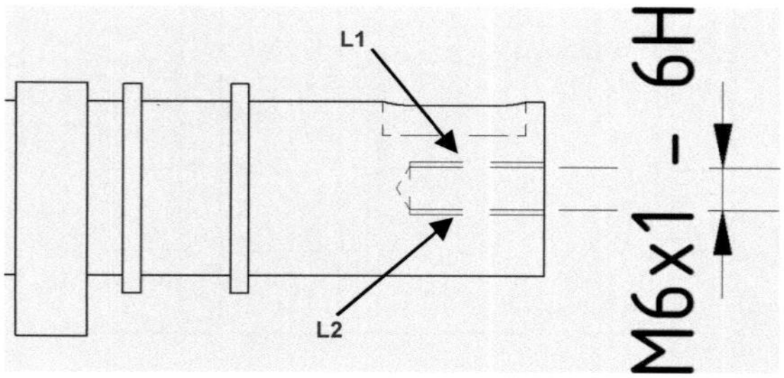

Bild 1

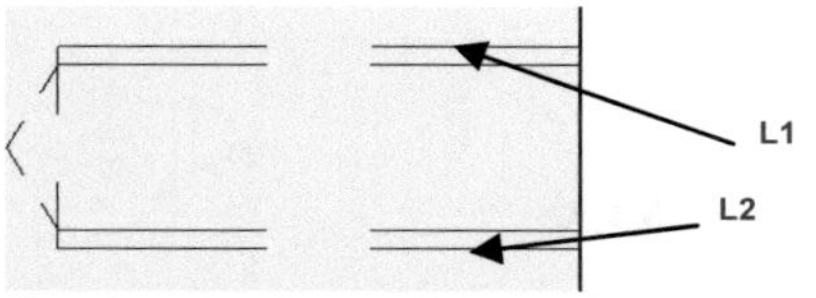

Vergrößerte Darstellung der "Bohrungsinfos"

- ***Bohrungs-/ Gewindeinfos***
- Linie (L1) wählen
- Linie (L2) wählen
- Bohrungsinfo absetzen
- ***ESC***

HINWEIS: Bei Gewindebohrungen kommt es besonders darauf an, die richtigen Linien zu wählen. Würden Sie im oberen Beispiel die inneren Linien wählen, würde anstelle des metrischen Gewindes der Kerndurchmesser bemaßt werden.

7.3.5 Mittel-/ Symmetrielinien & Bohrungsmittelpunkte

Im rechten Bereich der Befehlsgruppe ***Symbole*** finden Sie die Befehle ***Mittellinie***, ***Symmetrielinie der Mittellinie*** und ***Mittelpunktmarkierung***.

Da bei der Erstellung einer Ansicht automatisch keine Mittel- und Symmetriezeichen gezeichnet werden, müssen Sie dies manuell nachholen.

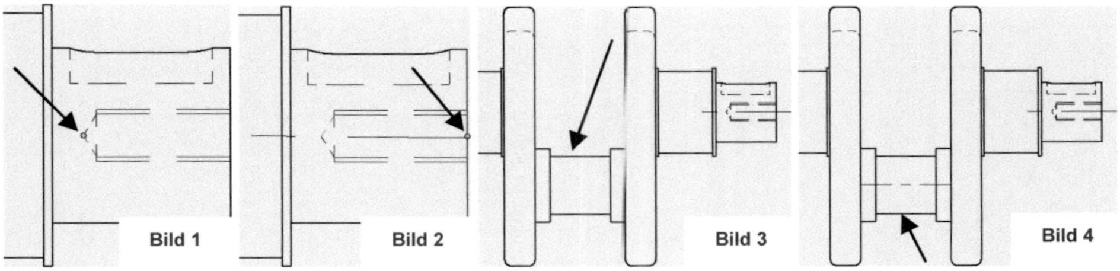

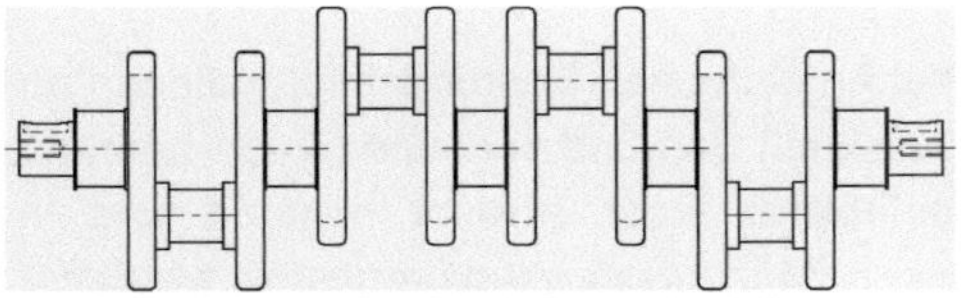
Kurbelwelle mit dargestellten "Mittel-/ Symmetrielinien"

- ***Mittellinie***
- Markierten Punkt (Bild 1) wählen
- Markierten Punkt (Bild 2) wählen
- ***ReM*** > ***Erstellen***

- ***Symmetrielinie der Mittellinie***
- Markierte Linie (Bild 3) wählen
- Markierte Linie (Bild 4) wählen

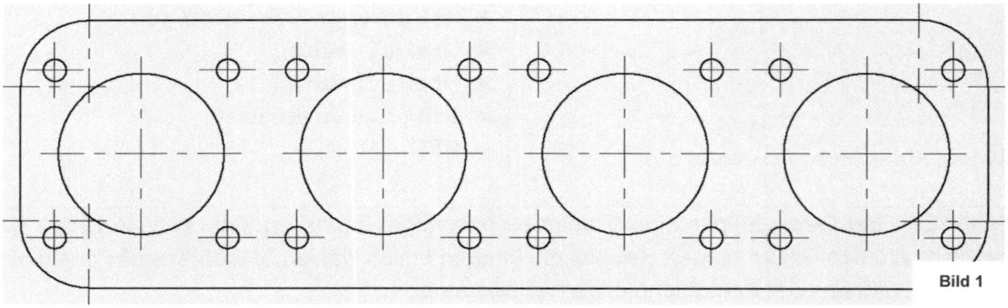

Bild 1

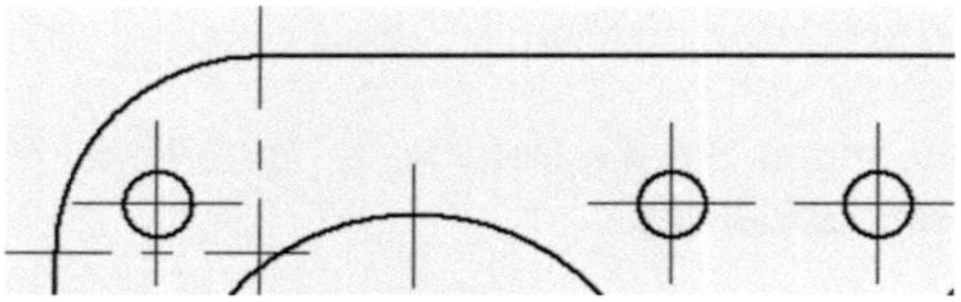

Auszug aus den "Mittelpunktmarkierungen"

- **_Mittelpunktmarkierung_**
- Alle 20 Bohrungen und vier Rundungen der Ansicht (Bild 1 - Dichtung-Zylinderblock) nacheinander wählen
- **_ESC_**

7.3.6 Bohrungstabelle nach Ansicht erzeugen

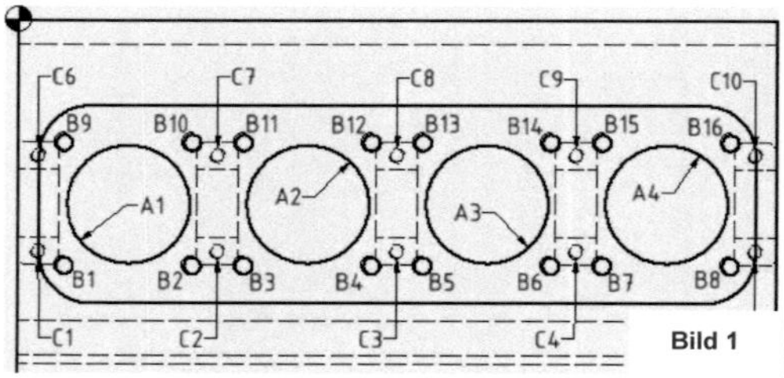

Bild 1

BOHRUNGSTABELLE			
BOHRUNG	X-ABM	Y-ABM	BESCHREIBUNG
A1	43,00	-75,00	Ø48,00 -8,94 TIEF
A2	113,00	-75,00	Ø48,00 -8,94 TIEF
A3	183,00	-75,00	Ø48,00 -8,94 TIEF
A4	253,00	-75,00	Ø48,00 -8,94 TIEF
B1	18,00	-100,00	M8x1.25 -
B2	68,00	-100,00	M8x1.25 -

Bild 2

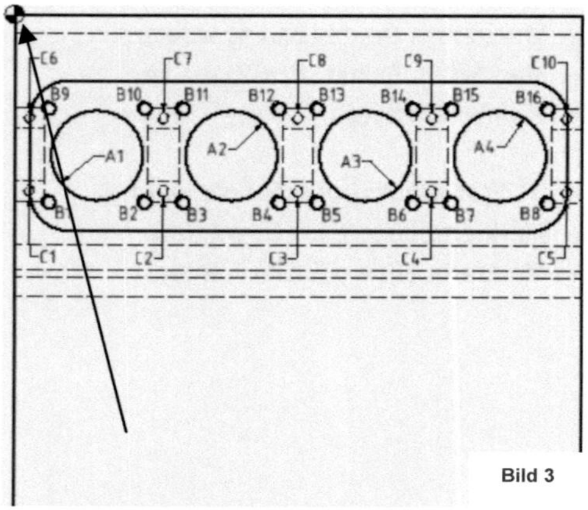

Bild 3

Motorgehäuse mit einer "Bohrungstabelle (Ansicht)"

Neben einfachen Bohrungsinformationen an einzelnen Bohrungen können auch gesamte Bohrbilder einer Ansicht markiert und in einer **_Bohrungstabelle_** dargestellt werden.

Erzeugen Sie eine solche Tabelle für das Motorgehäuse.

- **_Bohrungstabelle - Ansicht_**
- Ursprungsposition auf markierten Punkt (Bild 3) setzen
- Bohrungstabelle ablegen

Die Spalten ***X-ABM*** und ***Y-ABM*** stellen die Entfernung der jeweiligen Bohrung von der definierten Ursprungsposition (in X- oder Y-Richtung) dar. Datei speichern und schließen.

HINWEIS: Einzelne Bohrungen einer Ansicht (mit der dazugehörigen Tabelle) können Sie mittels Befehl ***Bohrungstabelle - Auswahl*** definieren.

7.3.7 Positionsnummern & Teilelisten erzeugen

Wenn Baugruppen in Zeichnungen dargestellt werden, sollten diese mit Positionsnummern und Teilelisten (Stücklisten) versehen werden. Positionsnummern können manuell oder automatisch erzeugt werden.

Öffnen Sie aus dem Downloadordner die Datei ***Uebung-Zeichnung-3.idw*** und wechseln Sie in den Reiter: ***Mit Anmerkungen versehen***. Die Zeichnung enthält die beiden Baugruppen Kolben und Nockenwelle. Starten wir bei der Nockenwelle mit der manuellen Nummerierung.

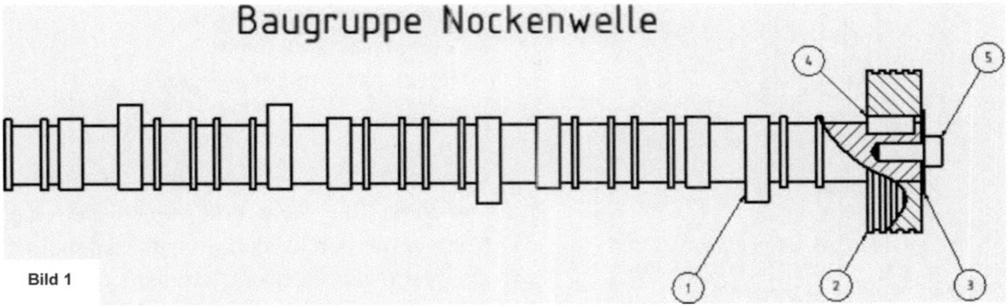

Bild 1

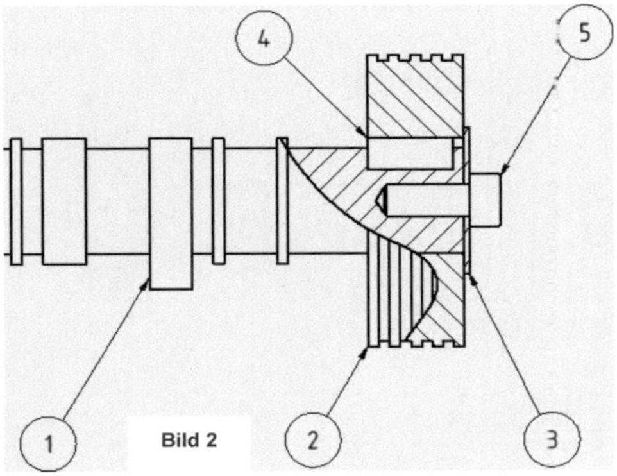

Bild 2

Auszug aus den "Positionsnummern" der Nockenwelle

- ***Positionsnummer***
- Nockenwelle wählen (Pos. 1, Bild 1)
- Auswahlfenster bestätigen (***Ok***)
- Positionsnummer einmal ablegen (***LiM***)
- ***ReM*** > ***Weiter***
- Riemenrad wählen (Pos. 2, Bild 1)
- Positionsnummer einmal ablegen (***LiM***)
- ***ReM*** > ***Weiter***
- Scheibe wählen (Pos. 3, Bild 1)
- Positionsnummer einmal ablegen (***LiM***)
- ***ReM*** > ***Weiter***
- Passfeder wählen (Pos. 4, Bild 1)
- Positionsnummer einmal ablegen (***LiM***)

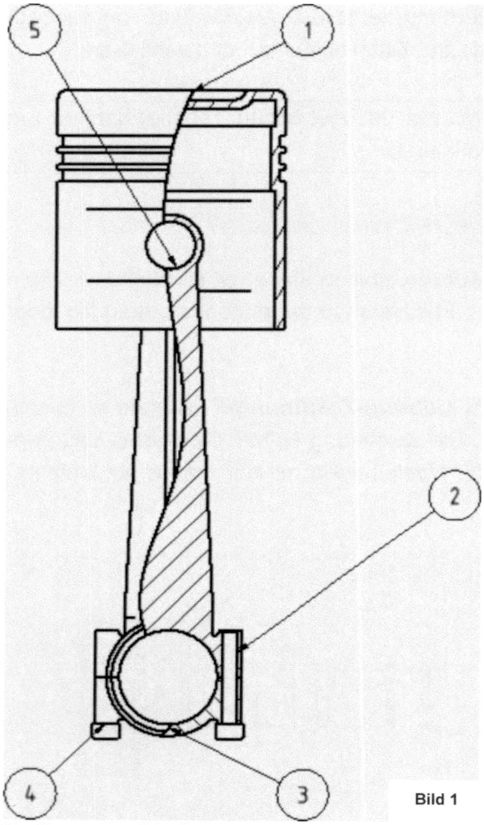

Bild 1

"Positionsnummern" der Baugruppe Kolben

- ***ReM*** > ***Weiter***
- Schraube wählen (Pos. 5, Bild 1)
- Positionsnummer einmal ablegen (***LiM***)
- ***ESC***

Die Baugruppe Kolben soll automatisch mit Positionsnummern versehen werden. Hier müssen die Komponenten nicht einzeln angewählt, sondern nur die Ansicht markiert werden.

- ***Automatische Positionsnummern***
- Ansichtensatz: Markierte Ansicht (Bild 1) wählen
- Komponenten: Fenster über Ansicht (Bild 1) ziehen
- ***ReM*** > ***Weiter***
- Platzierung: Kreissymbol
- Versatzabstand: 5 mm
- Positionsnummern ablegen
- OK

Um die Position einer Nummer zu ändern, markieren Sie diese und verschieben die Nummer an den kleinen grünen Pfeilen. Um die Werte der Positionsnummern neu festzulegen, markieren Sie diese und wählen ***ReM*** > ***Positionsnummer bearbeiten***.

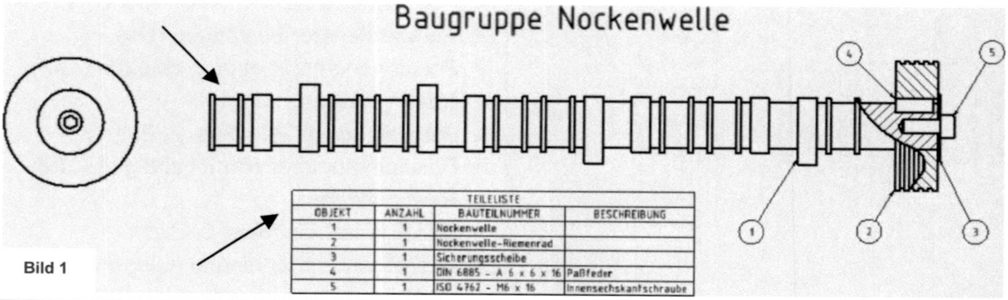

TEILELISTE			
OBJEKT	ANZAHL	BAUTEILNUMMER	BESCHREIBUNG
1	1	Nockenwelle	
2	1	Nockenwelle-Riemenrad	
3	1	Sicherungsscheibe	
4	1	DIN 6885 - A 6 x 6 x 16	Paßfeder
5	1	ISO 4762 - M6 x 16	Innensechskantschraube

Bild 1

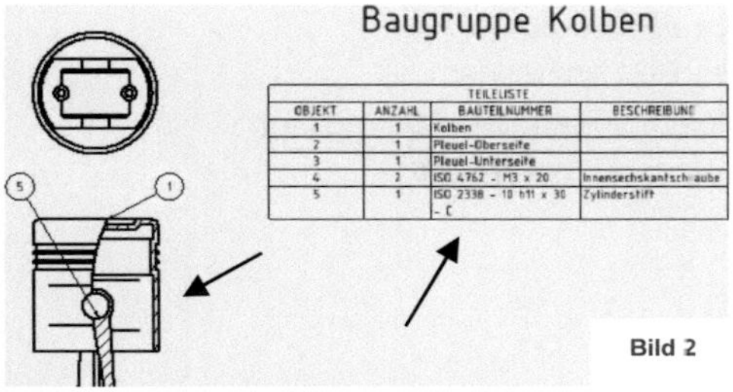

TEILELISTE			
OBJEKT	ANZAHL	BAUTEILNUMMER	BESCHREIBUNG
1	1	Kolben	
2	1	Pleuel-Oberseite	
3	1	Pleuel-Unterseite	
4	2	ISO 4762 - M3 x 20	Innensechskantschraube
5	1	ISO 2338 - 10 h11 x 30 - C	Zylinderstift

Bild 2

Auszug aus der Baugruppe Kolben mit Teileliste

- ➢ **_Teileliste_**
- ➢ Markierte Ansicht (Bild 1) wählen
- ➢ Auswahlfenster bestätigen (Ok)
- ➢ Teileliste ablegen (**_LiM_**)

Wiederholen Sie das bei der Baugruppe Kolben. Speichern und schließen Sie die Datei abschließend.

HINWEIS: Um eine Teileliste zu bearbeiten, doppelklicken Sie diese. Es öffnet sich ein Bearbeitungsfenster, in welchem Sie die gewünschten Änderungen vornehmen können.

8 PRÄSENTIEREN von BAUGRUPPEN

8.1 Grundlagen zur Präsentation

Präsentationen dienen zur Erzeugung von Explosionsdarstellungen von Baugruppen, welche anschließend animiert werden können.

8.2 Explosionsdarstellungen der Baugruppe Kolben

Erstellen Sie für unser Beispiel eine **_neue Präsentation_** und speichern Sie diese als **_Praesentation_BG_Kolben.ipn_** in Ihrem Projektordner ab.

Starten Sie den Befehl **_Ansicht_** und fügen Sie die Baugruppe Kolben ein. Als Explosionsmethode soll die Option: **_Automatisch_** mit einem Abstand von 50 mm verwendet werden.

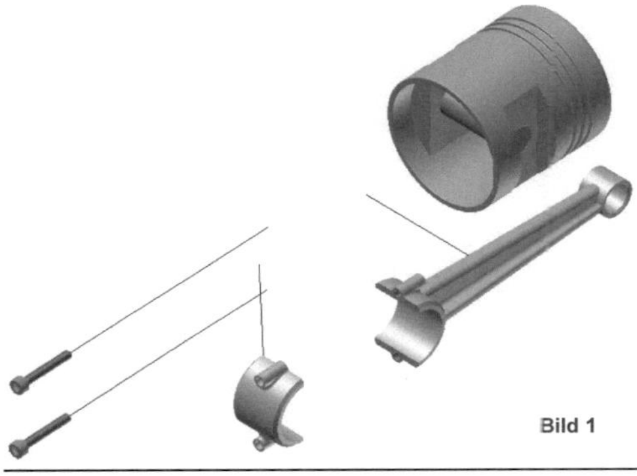

Bild 1

Bild 2

- ***Ansicht erstellen***
- Datei: BG_Kolben.iam
- Explosionsmethode: Automatisch
- Abstand: 50 mm
- OK

HINWEIS: Die Option: ***Automatisch*** ist sehr ungenau und oftmals mit viel Nacharbeit verbunden, da die einzelnen Pfade trotzdem separat bearbeitet werden müssen. Eine realistische Explosionsanimation (ohne sich schneidende Komponenten) erreichen Sie mit der Option ***Manuell***.

Um die Pfade ändern zu können, verwenden Sie den Befehl ***Komponentenposition ändern***, mit der Sie Komponenten drehen oder schieben und so in eine gewünschte Position bringen können. Starten Sie den Befehl ***Animieren***.

8.3 Animation der Explosionsdarstellungen erzeugen

Bild 1

- ***Animieren***
- ***Start***

HINWEIS: Mittels ***Aufnahme*** können Sie die Animation als Video-Datei abspeichern.

Speichern und schließen Sie die Datei anschließend. Erzeugen Sie eine neue Präsentationsdatei ***Praesentation_BG_4-Takt-Motor.ipn*** und wiederholen Sie die gesamte Übung mit der Gesamtbaugruppe ***4-Takt-Motor***.

9 INVENTOR STUDIO

9.1 Grundlagen zu Inventor Studio

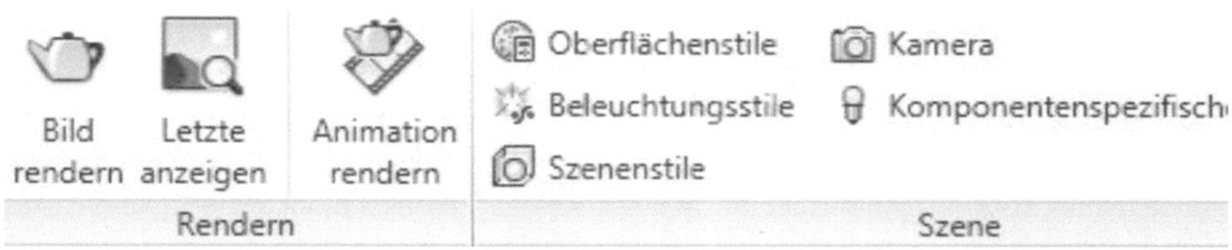

Inventor Studio (Register: ***Umgebung***) beinhaltet Befehlsgruppen zur Erstellung von Bildern und Animationen einer Komponente oder Baugruppe.

In der folgenden Übung soll von der Hauptbaugruppe 4-Takt-Motor ein gerendertes Bild erzeugt werden.

9.2 Erzeugen eines gerenderten Bildes

Ein ***Render-Bild*** ist die Berechnung eines Bildes aus den vorgegebenen Randbedingungen (Farben, Oberflächen, Beleuchtung, Schatten), um ein möglichst realistisches Bild zu erhalten.

Hierfür verwenden wir den Befehl ***Rendern***. Öffnen Sie Ihre Hauptbaugruppe ***4-Takt-Motor*** und erzeugen Sie ein gerendertes Bild der Baugruppe.

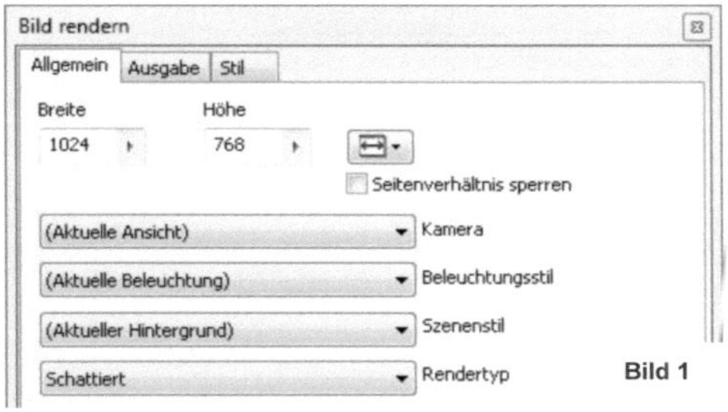

Bild 1

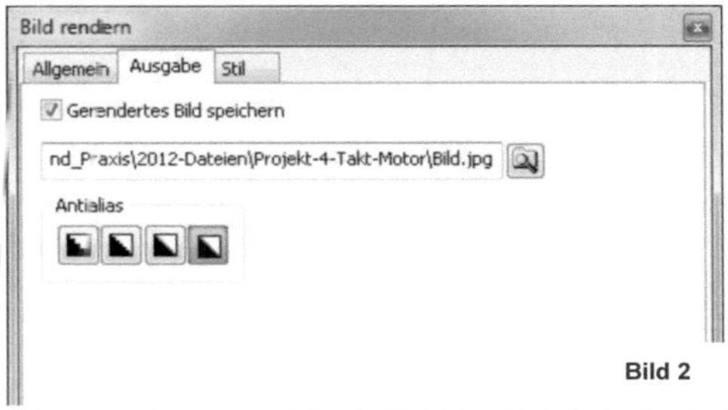

Bild 2

Bild 3

4-Takt-Motor nach Render-Vorgang

- Reiter: ***Umgebungen***
- ***Inventor Studio***
- ***Rendern***
- Reiter Allgemein (Bild 1)
- B x H: 1024 x 768
- Reiter Ausgabe (Bild 2)
- Gerendertes Bild speichern: Haken
- Projektordner wählen
- Name: Bild.jpg
- Antialias: Höchste
- Rendern

Das fertige Bild finden Sie im Projektordner. Blenden Sie einige Bauteile aus (z. B. Motorblock, Zylinderblock, Laufbuchsen) und wiederholen Sie das Rendern.

Speichern und schließen Sie die Baugruppe anschließend.

10 BLECHERSTELLUNG

10.1 Grundlagen zum Register Blech

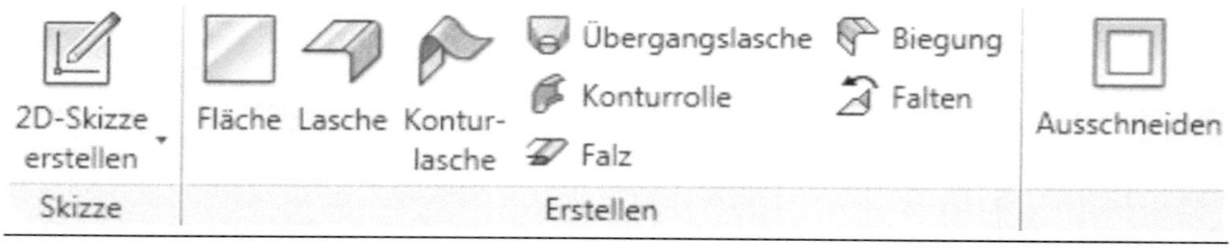

Parallel zum Modellbereich bietet Inventor® mit dem Register: ***Blech*** die Möglichkeit der Komponentengestaltung mit speziellen Befehlen zur Blecherzeugung.

Erstellen Sie ein neues ***Blech-Bauteil*** (***Blech.ipt***) und speichern Sie es als ***Blechwanne.ipt*** im Projektordner ab.

Für unseren Motor werden wir in dieser Übung eine kleine Blechwanne erzeugen, welche später z. B. unter den Motor gestellt werden könnte. Wir starten wie gewohnt im Skizzenbereich und zeichnen das folgende Rechteck.

10.2 Erzeugen einer Blechwanne

10.2.1 Skizzen erzeugen im Blechbereich

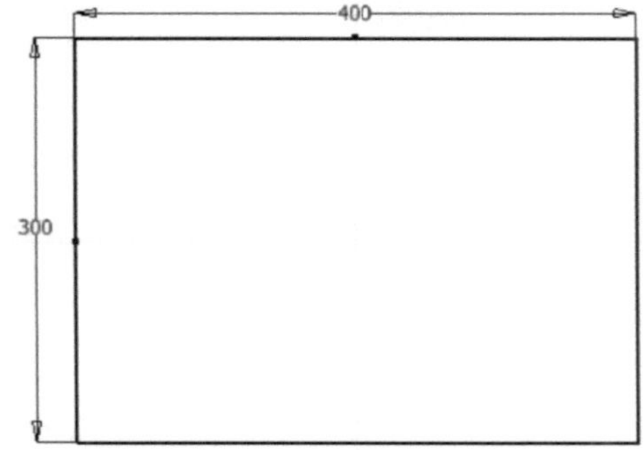

Rechteck 400 x 300 mm, symmetrisch zu X- und Y-Achse

- ***Geometrie projizieren*** (3 Achsen)
- Rechteck zeichnen (300x 400 mm)
- Linienmittelpunkte ***koinzident*** zu Achsen ausrichten
- ***Bemaßungen*** setzen
- ***Skizze fertig stellen***

Zurück im Blechbereich finden Sie diverse Befehle zur Erzeugung des Blech-Volumenkörpers. Starten Sie den Befehl ***Fläche***.

10.2.2 Erzeugen der Bodenplatte

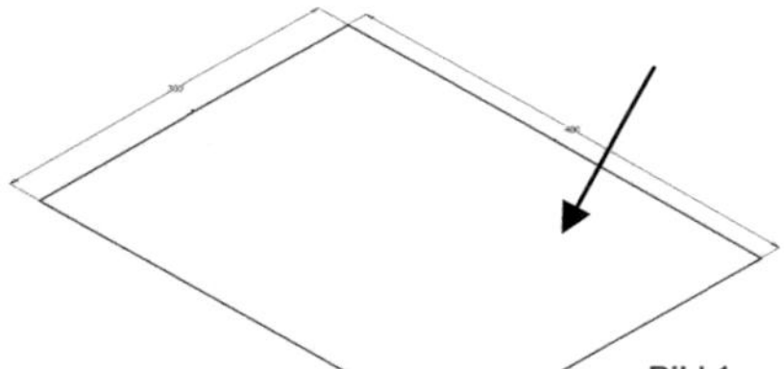

Bild 1

Bild 2

- ***Fläche***
- Profil: Rechteck (Bild 1)
- Versatz: Nach oben (Bild 2)
- OK

10.2.3 Bearbeiten der Blechstandards

Wie Sie bemerkt haben, ist der Befehl ***Fläche*** dem Befehl ***Extrusion*** (Modellbereich) grundlegend ähnlich.

Wir fügen einer geschlossenen Kontur einer 2D-Skizze Material hinzu und erzeugen dadurch einen Volumenkörper.

Die Extrusionshöhe (Materialstärke) wird im Blechbereich allerdings aus den ***Blechstandards*** (Befehlsgruppe: ***Dialogfeld***) bezogen.

Bild 1

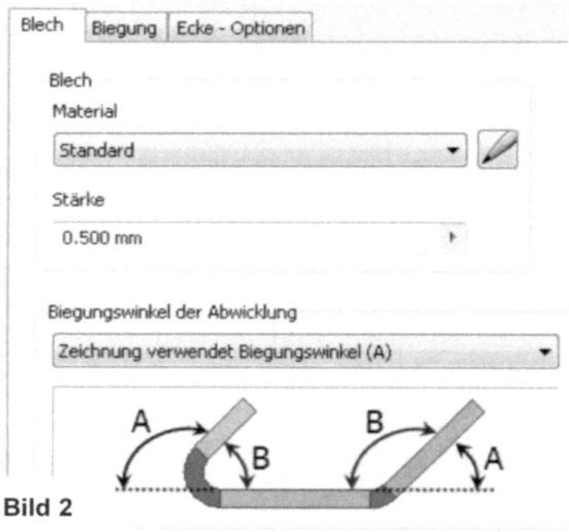

Bild 2

In den Blechstandards sind bereits Vorgaben zu ***Blechregel*** (Stärke), ***Materialstil*** und ***Abwicklungsregel*** vordefiniert.

Diese beziehen sich wiederum auf den ***Stil- und Normen-Editor***, können aber beliebig geändert werden (Register: ***Verwalten*** > ***Stil- und Normen-Editor*** > ***Blechregel*** und ***Blechabwicklung***).

HINWEIS: Änderungen in den ***Blechstandards*** oder dem Blechbereich im ***Stil- und Normen-Editor*** führen zu Änderungen aller Blechteile der aktuellen Datei. Beachten Sie das bei allen Änderungen.

10.2.4 Laschen anfügen

Der Befehl ***Lasche*** ermöglicht es, vorhandenen Blechmodellen in einem definierten Winkel Material in Form einer Lasche hinzuzufügen. In unserem Beispiel sollen die Seitenbleche der Blechwanne damit erzeugt werden.

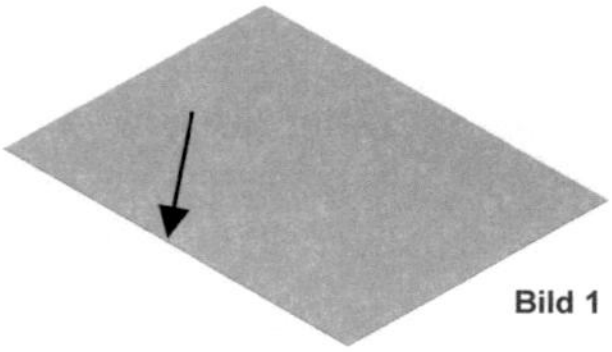

Bild 1

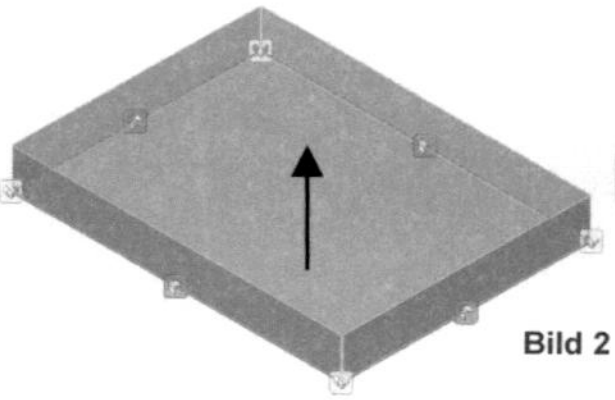

Bild 2

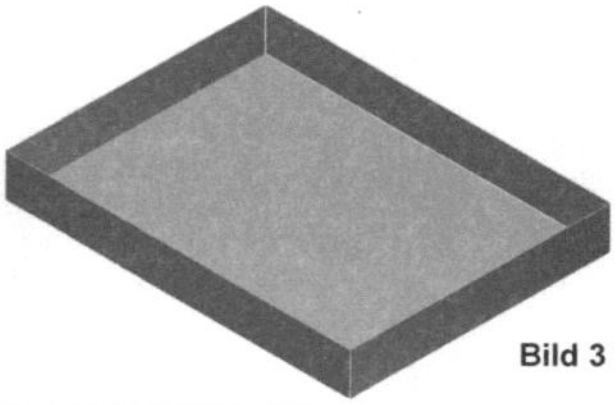

Bild 3

- ***Lasche***
- Option: Konturauswahlmodus
- Markierte Fläche (Bild 1) wählen
- Höhengrenzen: Abstand (50 mm)
- Laschenwinkel: 90 Grad
- Biegeradius: Biegeradius
- Höhenbezugspunkt: Erste Option
- Biegungsposition: Erste Option
- OK

HINWEIS: In den Reitern: ***Abwicklung***, ***Biegung*** und ***Ecke*** können weitere Optionen zu Abwicklungsregeln und Freistellungsformen der Biegungsstellen oder Biegungsecken definiert werden.

10.2.5 Falzen der Laschen

Die Enden der neu erzeugten Laschen sollen jetzt noch gefalzt werden. In der Praxis werden solche Maßnahmen getroffen, um später z. B. einer Verletzungsgefahr an den Blechkanten vorzubeugen. Starten Sie den Befehl ***Falzen*** und folgen Sie der Befehlskette.

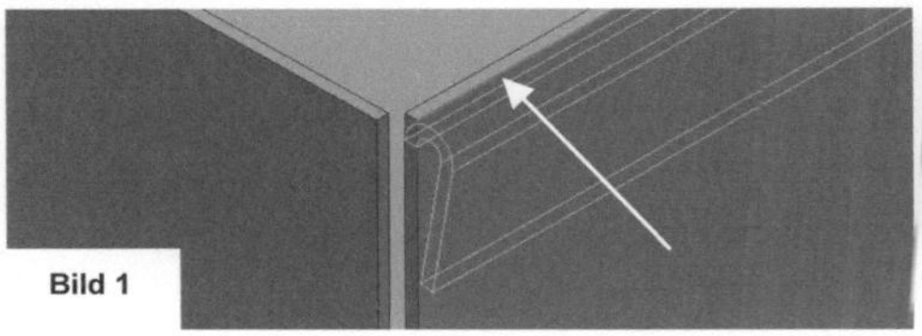

- ***Falzen***
- Typ: Schleife
- Kante: Markierte Kante (Bild 1) wählen
- Radius: Biegeradius
- Winkel: 190 Grad
- Anwenden

Wiederholen Sie die Befehlskette an den restlichen drei Außenkanten, speichern und schließen Sie die Datei abschließend.

11 SCHWEISSKONSTRUKTIONEN

11.1 Grundlagen zum Register Schweißen

In einer Schweißbaugruppe können Sie die bereits bekannten Register einer Standard-Baugruppe verwenden (***Zusammenfügen***, ***Konstruktion***), finden aber auch ein weiteres Register: ***Schweißen***. Dieses enthält Befehlsgruppen, z. B. zur Erzeugung von ***Schweißverbindungen*** oder ***Schweißberechnungen***.

11.2 Kehlnähte an den Blechstößen erzeugen

Unsere Blechwanne besteht aus der Bodenplatte und den gefalzten Seitenlaschen. Da später, eventuell aus dem Motor austretende Flüssigkeiten darin aufgefangen werden sollen, muss die Wanne an den Verbindungsstellen der Laschen (Blechstöße) verschweißt werden.

Erstellen Sie eine neue ***Schweißbaugruppe*** (***Schweißkonstruktion.iam***) und speichern Sie diese als ***SBG_Blechwanne.iam*** im Projektordner ab. Wechseln Sie in das Register: ***Zusammenfügen*** und ***platzieren*** Sie die Komponente ***Blechwanne.ipt***.

Eingefügte Blechwanne in der Schweißbaugruppe

- Register: Zusammenfügen
- ***Komponente platzieren***
- Blechwanne.ipt 1x einfügen
- ***ESC***
- Register: Schweißen

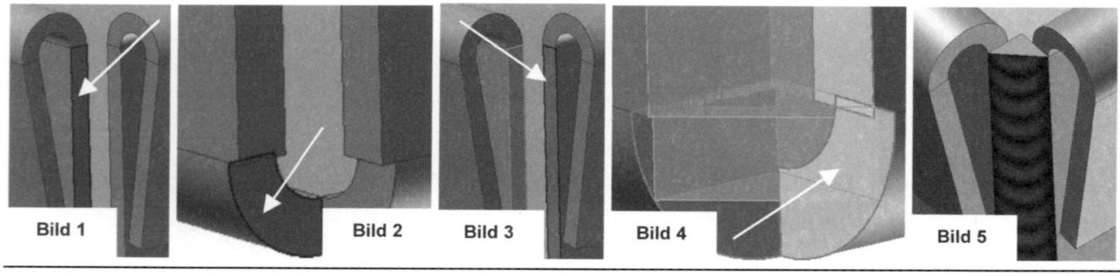

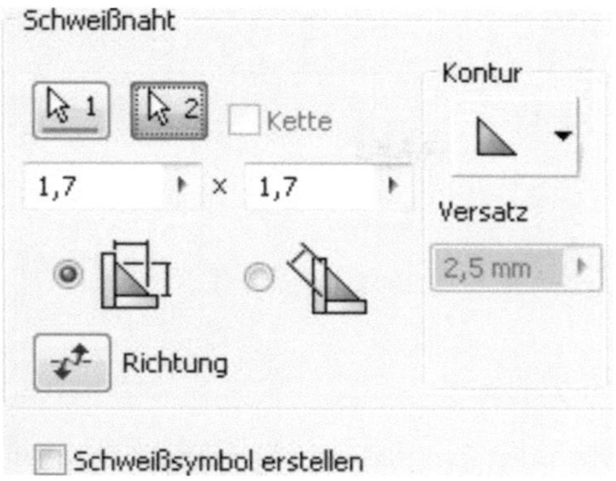

- ***Schweißnähte***
- ***Kehlnaht***
- Auswahl 1: Markierte Flächen (Bilder 1+2)
- Auswahl 2: Markierte Flächen (Bilder 3+4)
- Option: Maßeinheiten Schenkellängen
- Schenkellängen: 1,7 x 1,7 mm
- Restliche Optionen übernehmen
- Anwenden

Wiederholen Sie diese Befehlsketten an den restlichen drei Verbindungsstellen und verlassen Sie den Schweißnaht-Bereich (***Zurück***).

11.3 Einen Schweißnahtbericht erzeugen

Schweißen ist eine sehr kostenintensive Bearbeitungsmethode, da sie in der Praxis oft von Hand durchgeführt werden muss und viel Zeit für Vor- und Nacharbeit erfordert.

Um eine Kostenkalkulation für unsere Schweißarbeiten erstellen zu können, benötigen wir genaue Angaben über Längen, Flächen, Volumen und Massen der einzelnen Schweißnähte.

Hierfür können wir den Befehl ***Schweißnahtbericht*** verwenden. Dieser erzeugt eine Tabelle mit allen notwendigen Ergebnissen (Tabelle - Bild 1).

ID	Typ	Länge	Maßeinheit	Masse	Maßeinheit	Fläche	Maßeinheit	Volumen	Maßeinheit
Kehlnaht 1	Kehlnaht	47,468	mm	1,84E-04	kg	277,645	mm^2	67,992	mm^3
Kehlnaht 3	Kehlnaht	47,468	mm	1,84E-04	kg	277,645	mm^2	67,992	mm
Kehlnaht 4	Kehlnaht	47,468	mm	1,84E-04	kg	277,645	mm^2	67,992	mm

Bild 1

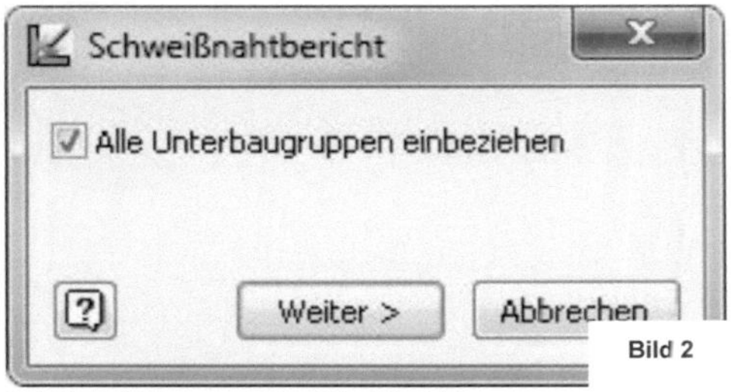

Bild 2

Zwischenabfrage zum Schweißnahtbericht

- ***Schweißnahtbericht***
- Haken setzen (Bild 2)
- Weiter >
- Dateiname und Speicherort wählen
- Speichern

Speichern und schließen Sie die Datei. Die Tabelle finden Sie in Speicherort.

12 BELASTUNGSANALYSE

12.1 Grundlagen zur Belastungsanalyse

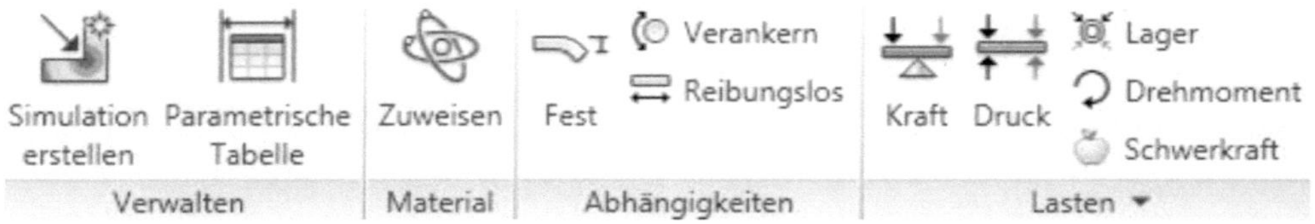

Mit der ***Belastungsanalyse*** können Sie Bauteile oder Baugruppen mit Kräften, Drücken oder Drehmomenten versehen und eine Analyse der Auswirkungen auf die Komponenten darstellen und animieren lassen.

12.2 Erzeugen einer neuen Simulation

In der folgenden Übung soll das Bauteil Pleuel-Oberseite belastet, analysiert und ausgewertet werden.

Öffnen Sie im Projektordner die Datei ***Pleuel-Oberseite.ipt*** und wechseln Sie in das Register: ***Umgebungen*** > ***Belastungsanalyse***.

Als erstes erzeugen Sie eine neue ***Simulation*** und bestätigen das sich öffnende Fenster (***Einstellungen-Belastungsanalyse***).

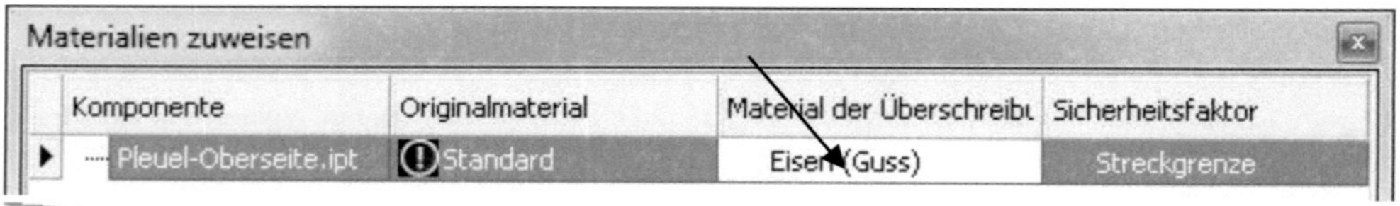

Bild 1

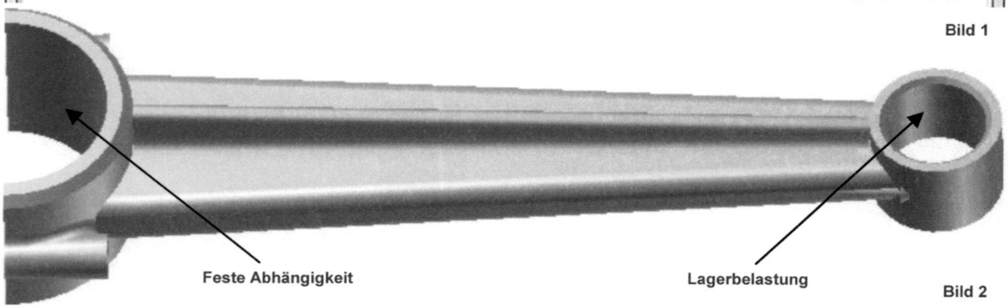

Bild 2

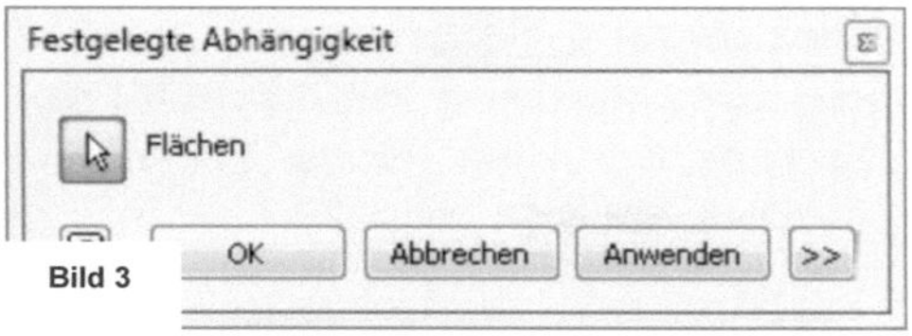

Bild 3

"Festgelegte Abhängigkeit" erzeugen

- ➢ ***Simulation erstellen***
- ➢ Simulationstyp: Statische Simulation
- ➢ OK
- ➢ Fenster: Neue Simulation erstellen
- ➢ Statische Analyse
- ➢ OK

12.2.1 Materialien & Abhängigkeiten zuweisen

Legen Sie für das Pleuel das bei der Berechnung zu verwendende ***Material*** und zwei Abhängigkeiten (***Festgelegte Abhängigkeit*** und ***Lagerbelastung***) fest.

Bild 4

"Lagerbelastung" erzeugen

- ➢ ***Material zuweisen***
- ➢ Material der Überschreibung: Eisen (Guss) (Bild 1)
- ➢ OK
- ➢ ***Festgelegte Abhängigkeit***
- ➢ Markierte Fläche (Bild 2) wählen
- ➢ ***Lagerbelastung***
- ➢ Fläche: Markierte Fläche (Bild 2) wählen
- ➢ >> Auswahlfenster erweitern
- ➢ Haken bei: Vektorkomponenten verwenden
- ➢ Fy: -1000 N
- ➢ Haken bei: Zeichen einblenden
- ➢ OK

HINWEIS: Die Belastungsrichtung kann auch mit einer Achse oder Kante definiert werden, ist mit den Vektoren aber präziser.

12.2.2 Berechnen der Ergebnisse

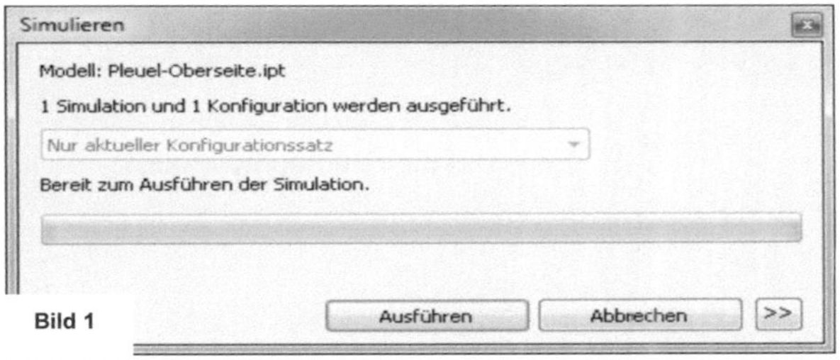

Bild 1

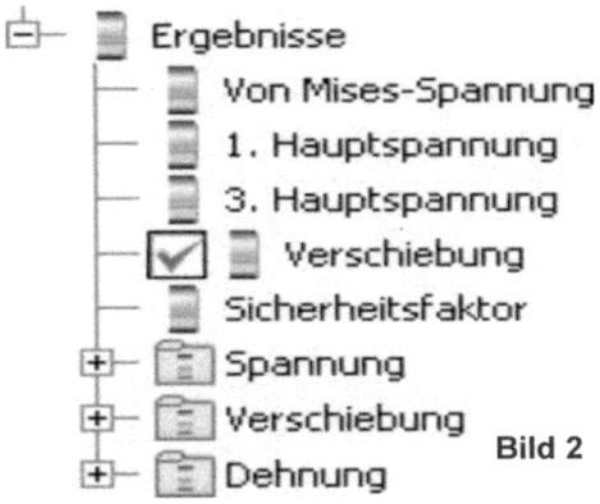

Bild 2

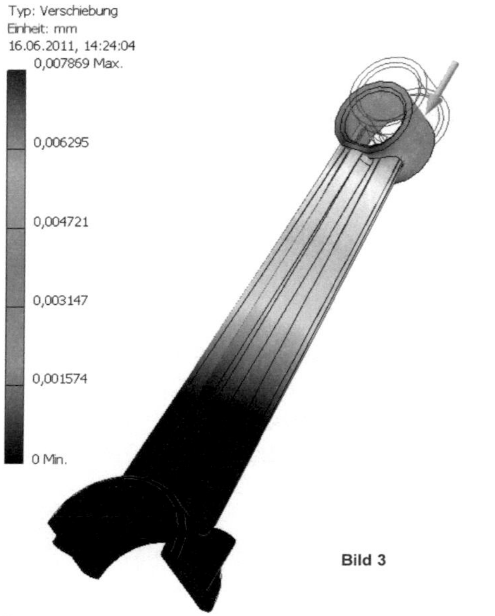

Farbig dargestelltes Rechenergebnis (Verschiebung) des Pleuels

Starten Sie mit der ***Simulation*** (Berechnung). Die Berechnung kann je nach Leistung Ihres Computers einige Zeit in Anspruch nehmen.

Sobald die Berechnung der Belastung beendet wurde, erscheint im Modellbaum unter dem Ordner ***Ergebnisse*** eine Zusammenfassung (Bild 2) der berechneten Werte (Spannungen, Verschiebungen und Dehnungen).

Das Bauteil wird nach der Berechnung (Bild 3) automatisch in der Vergleichsspannung (Von Mises-Spannung) dargestellt.

- ***Simulation***
- Ausführen

Durch Doppelklick auf die Ergebnisse im Modellbaum werden diese im Zeichenbereich dargestellt.

12.2.3 Animation der Ergebnisse

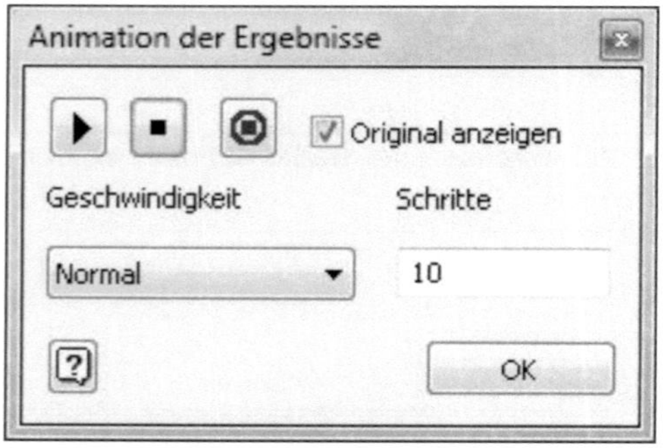

Animation der Rechenergebnisse

Neben der farblichen, statischen Darstellung der Ergebnisse gibt es die Option der Ergebnis-Animation.

Aktivieren Sie das Rechenergebnis ***Verschiebung*** (Doppelklick) und starten Sie den Befehl ***Animieren***.

- ***Animieren***
- ***Start***

OK Beendet die Animation wieder.

12.2.4 Erstellen eines Berechnungsberichtes

Abschließend sollen alle Ergebnisse der Simulation in einem Bericht zusammengefasst werden. Starten Sie den Befehl ***Bericht erstellen*** und übernehmen Sie alle Angaben unverändert. Der Bericht wird automatisch in das Verzeichnis gelegt, in welchem sich das analysierte Bauteil befindet.

Belastungsanalyse - Bericht

Name der Abhängigkeit	Rückstoßkraft		Rückstoßmoment	
	Größe	Komponente (X,Y,Z)	Größe	Komponente (X,Y,Z)
Festgelegte Abhängigkeit:1	1000 N	0 N	0 N m	0 N m
		1000 N		0 N m
		0 N		0 N m

- ***Bericht erstellen***
- OK

Die Ergebnis-Datei öffnet sich anschließend automatisch (als *.html-Datei) in Ihrem Browser. Speichern und schließen Sie die Datei.

13 PARAMETRISCHE ABHÄNGIGKEITEN

13.1 Grundlagen zu Parametern

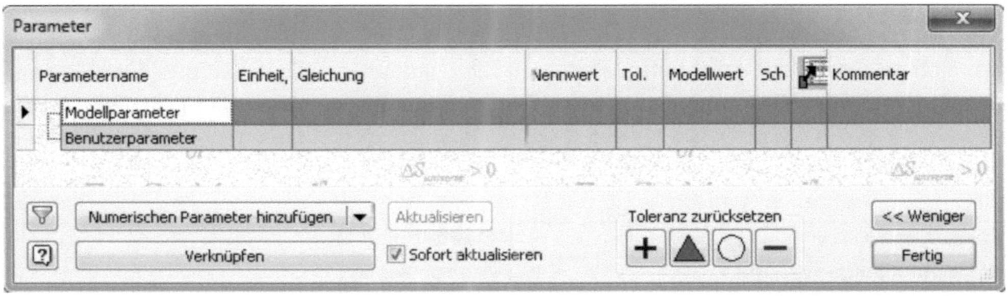

Alle bisher erzeugten Skizzen, Bauteile und Baugruppen wurden mit festen Werten (Konstanten) bemaßt. Eine andere Möglichkeit der Konstruktion ist das Arbeiten mit ***Parametern*** (Variablen).

Indem wir konstante Bemaßungswerte durch Gleichungen ersetzen, erzeugen wir kleine Prozessketten. Diese können wir verwenden, um z. B. wiederkehrende, logische Schritte automatisch vom Programm berechnen zu lassen. In der folgenden Übung sollen die Möglichkeiten der Arbeit mit Parametern kurz dargestellt werden.

13.2 Betrachten der Grundskizze

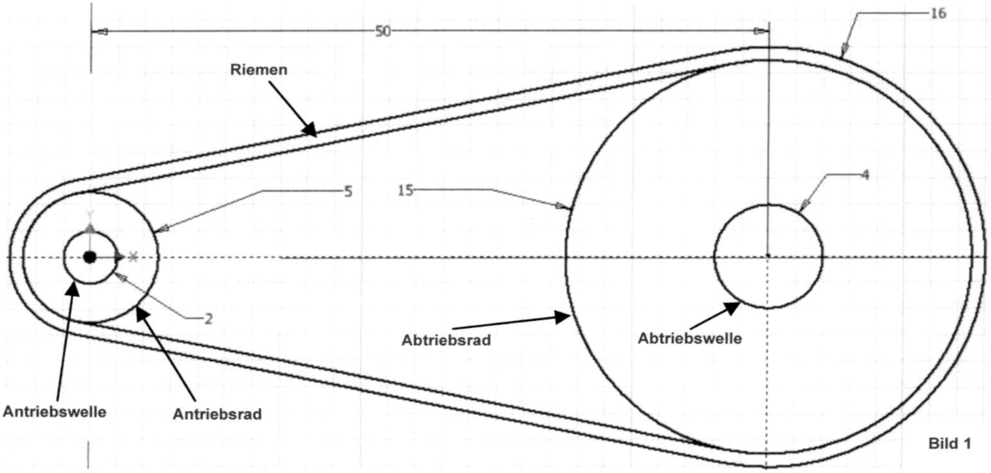

Bild 1

Für die folgende Übung stellen Sie sich vor, dass Ihre Firma Antriebsriemen produziert. Ihre Aufgabe ist es, eine Reihe von Bauteilen (Riemen, Räder- und Wellenpaare) zu konstruieren und als Zeichnung abzuleiten.

Um sich die Arbeit zu erleichtern, verwenden Sie Parameter. Öffnen Sie aus dem Downloadordner die Datei ***Uebung_Parameter_Grundskizze.ipt***. In dieser Datei finden Sie die oben dargestellte Kontur (Bild 1), aus welcher die folgenden Komponenten abgeleitet werden sollen.

Kontur in Skizze	**Bauteil**
Kreis mit Radius R= 2 mm	Antriebswelle
Kreis mit Radius R= 4 mm	Abtriebswelle
Kreis mit Radius R= 5 mm	Antriebsrad
Kreis mit Radius R= 15 mm	Abtriebsrad
Umlaufende Kontur außen	Riemen

Beide Wellen sollen ein Bauteil ergeben, da deren Länge gleich ist. Beide Räder sollen ebenfalls ein Bauteil ergeben.

13.3 Ändern der Modellparameter

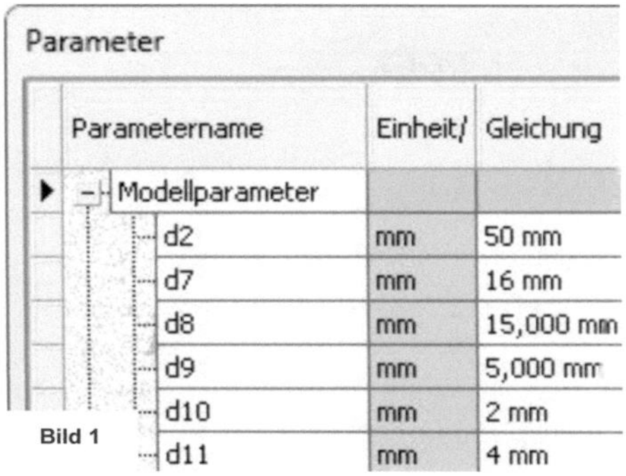

Bild 1

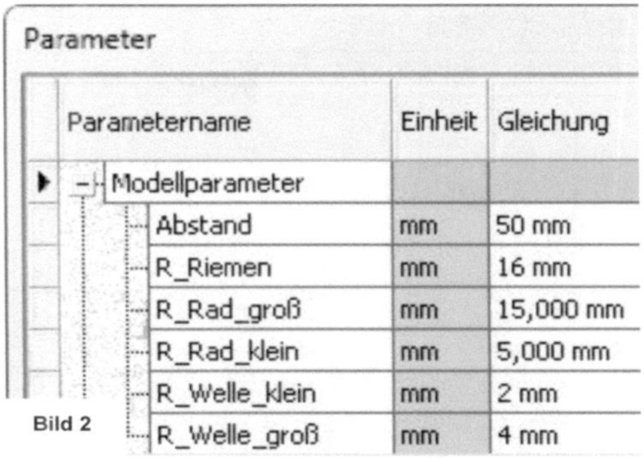

Bild 2

Öffnen Sie die ***Skizze1*** (Doppelklick) im Modellbaum und starten Sie den Befehl f_x ***Parameter***. In der Spalte ***Parametername*** finden Sie die ***Modellparameter***, welche die vorhandenen Bemaßungen der Skizze wiedergeben (Bild 1).

Das Programm vergibt automatisch Parameterbezeichnungen, welche wir im folgenden Schritt bearbeiten werden.

Ändern Sie die Modellparameternamen wie in Bild 2 und der folgenden Tabelle dargestellt.

Parametername - Alte Bezeichnung	Parametername - Neue Bezeichnung
d2	Abstand
d7	R_Riemen
d8	R_Rad_groß
d9	R_Rad_klein
d10	R_Welle_klein
d11	R_Welle_groß

13.4 Hinzufügen von Benutzerparameter

Da unsere Basisskizze neben den Modellparametern noch variable Werte zur Erzeugung der Extrusionshöhen (für Wellen, Räder und Riemen) benötigt, fügen wir den vorhandenen Modellparametern die folgenden [Numerischen Parameter hinzufügen ▾] ***Nummerische Benutzerparameter*** hinzu.

Benutzerparametername	Gleichung
Extrusion_Wellen	R_Rad_groß * 2 oE
Extrusion_Räder	R_Rad_groß
Extrusion_Riemen	R_Rad_groß + 1 mm

Wichtig ist es, diese als ***Exportparameter*** zu definieren, um die Daten später im Modellbereich verwenden zu können.

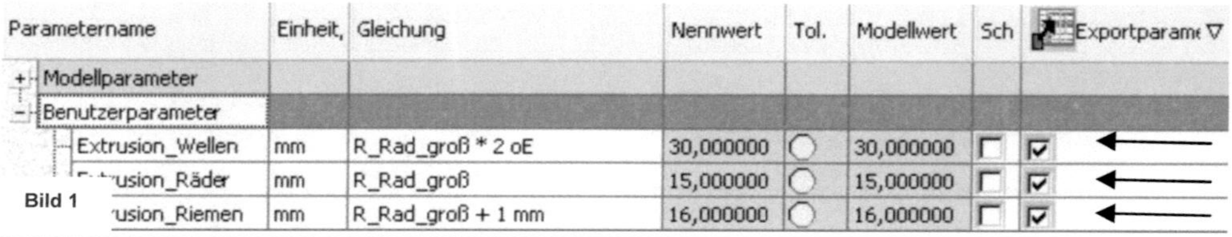

Parametername	Einheit,	Gleichung	Nennwert	Tol.	Modellwert	Sch	Exportparam
+ Modellparameter							
− Benutzerparameter							
Extrusion_Wellen	mm	R_Rad_groß * 2 oE	30,000000	○	30,000000	☐	☑
...usion_Räder	mm	R_Rad_groß	15,000000	○	15,000000	☐	☑
...usion_Riemen	mm	R_Rad_groß + 1 mm	16,000000	○	16,000000	☐	☑

Bild 1

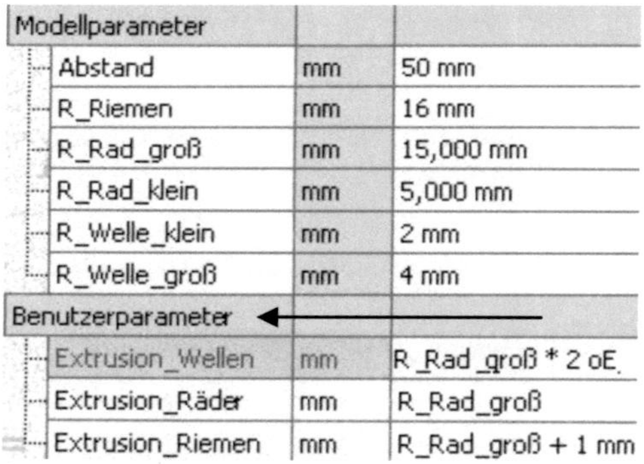

Modellparameter		
Abstand	mm	50 mm
R_Riemen	mm	16 mm
R_Rad_groß	mm	15,000 mm
R_Rad_klein	mm	5,000 mm
R_Welle_klein	mm	2 mm
R_Welle_groß	mm	4 mm
Benutzerparameter		
Extrusion_Wellen	mm	R_Rad_groß * 2 oE
Extrusion_Räder	mm	R_Rad_groß
Extrusion_Riemen	mm	R_Rad_groß + 1 mm

Auszug aus den "Benutzerparametern"

Bild 2

- Numerischen Parameter hinzufügen
- Parametername: Extrusion_Wellen
- Gleichung: R_Rad_groß * 2 oE
- Numerischen Parameter hinzufügen
- Parametername: Extrusion_Räder
- Gleichung: R_Rad_groß
- Numerischen Parameter hinzufügen
- Parametername: Extrusion_Riemen
- Gleichung: R_Rad_groß + 1 mm
- Alle drei neuen Parameter als ***Exportparameter*** markieren (Haken in rechter Spalte setzen - siehe Bild 1)

13.5 Modellparameter durch Gleichungen ersetzen

Der eigentliche Schritt der Parametrisierung der vorhandenen Modellparameter erfolgt jetzt.

Ersetzen Sie die Bemaßungswerte (Spalte: ***Gleichung***) der Modellparameter (Bild 1) durch die folgenden Gleichungen.

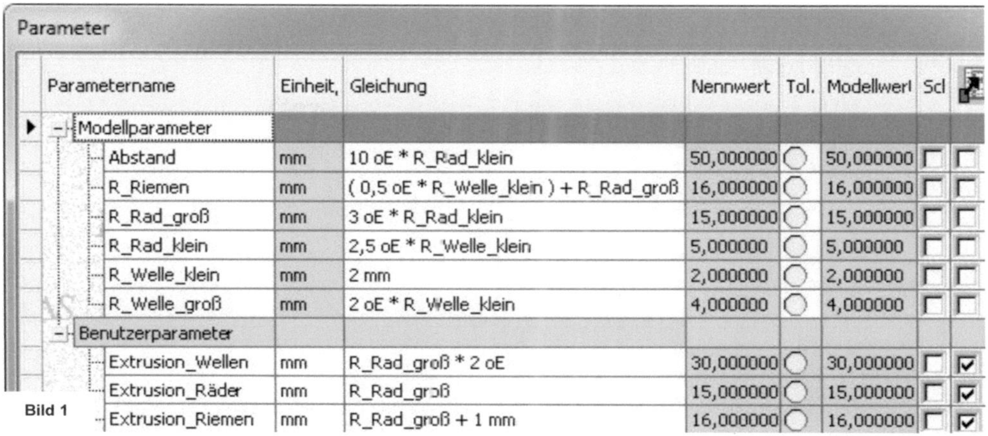

Parameter

Parametername	Einheit,	Gleichung	Nennwert	Tol.	Modellwert
Modellparameter					
Abstand	mm	10 oE * R_Rad_klein	50,000000		50,000000
R_Riemen	mm	(0,5 oE * R_Welle_klein) + R_Rad_groß	16,000000		16,000000
R_Rad_groß	mm	3 oE * R_Rad_klein	15,000000		15,000000
R_Rad_klein	mm	2,5 oE * R_Welle_klein	5,000000		5,000000
R_Welle_klein	mm	2 mm	2,000000		2,000000
R_Welle_groß	mm	2 oE * R_Welle_klein	4,000000		4,000000
Benutzerparameter					
Extrusion_Wellen	mm	R_Rad_groß * 2 oE	30,000000		30,000000
Extrusion_Räder	mm	R_Rad_groß	15,000000		15,000000
Extrusion_Riemen	mm	R_Rad_groß + 1 mm	16,000000		16,000000

Bild 1

Gleichung - Alte Bezeichnung	Gleichung - Neue Bezeichnung
50 mm	10 oE * R_Rad_klein
16 mm	(0,5 oE * R_Welle_klein) + R_Rad_groß
15 mm	3 oE * R_Rad_klein
5 mm	2,5 oE * R_Welle_klein
2 mm	2 mm
4 mm	2 oE * R_Welle_klein

HINWEIS: Während der Bearbeitung eines Gleichungsfeldes können Sie mit der ***ReM*** die Option: ***Parameter auflisten*** wählen und alle vorhandenen Parameternamen übernehmen. Das erspart Ihnen das Abtippen der Modellparameternamen und vermeidet Fehler in der Gleichung.

Der Modellparameter ***R_Welle_klein*** (Gleichungswert: 2 mm) bleibt unverändert. Dieser Parameter soll später alle restlichen Werte steuern.

Beenden Sie das Eingabefenster ***Parameter*** mit Fertig ***Fertig***, bleiben Sie aber weiterhin im Skizzenbereich.

13.6 Exportieren von Bauteilen aus einer 2D-Skizze heraus

Im folgenden Schritt werden wir die benötigten Bauteile aus der Basisskizze heraus ablei-ten.

Starten Sie den Befehl ***Bauteil erstellen*** (Befehlsgruppe: ***Layout***).

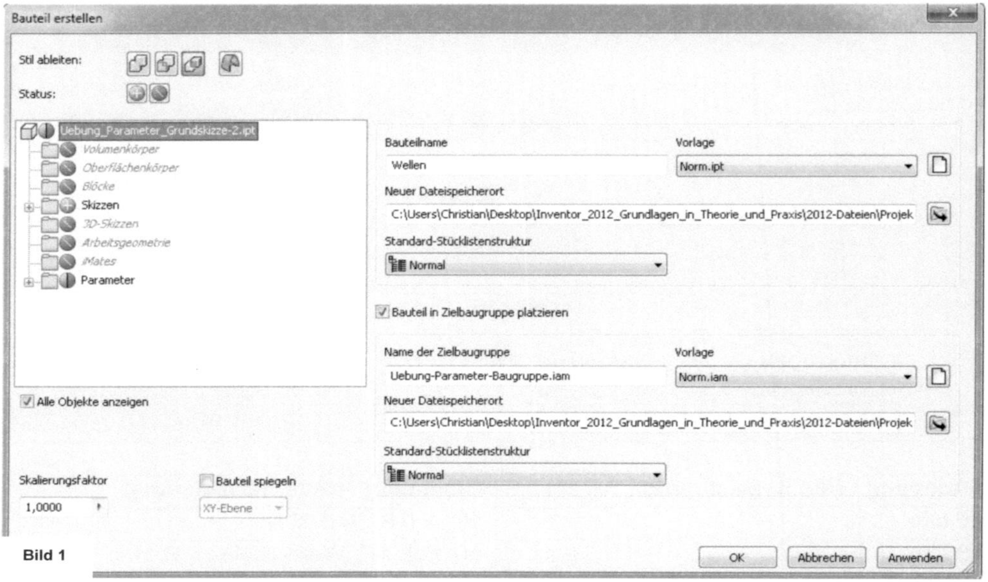

Bild 1

Bild 2

Auszug aus dem Befehlsfenster "Bauteil erstellen"

- ***Bauteil erstellen***
- Bauteilname: Wellen
- Dateispeicherort: Projektordner
- Haken setzen bei: Bauteil in Zielbaugruppe platzieren
- Name der Zielbaugruppe: Uebung-Parameter-Baugruppe.iam
- Dateispeicherort: Projektordner
- Im Auswahlfenster obersten Dateinamen (Uebung-Parameter-Grundskizze.ipt) markieren (Bild 2)
- Ableiten (Bild 2)
- Anwenden

Das Erste Bauteil wurde erzeugt und die neue Baugruppe ***Uebung-Parameter-Baugruppe.iam*** sollte sich im Hintergrund automatisch öffnen.

Bleiben Sie in der aktuellen Datei (***Uebung-Parameter-Grundskizze.ipt***) und erzeugen Sie zwei weitere Bauteile.

Auszug aus dem Befehlsfenster "Bauteil erstellen"

- ***Bauteil erstellen***
- Bauteilname: Räder
- Dateispeicherort: Projektordner
- Haken setzen bei: Bauteil in Zielbaugruppe platzieren
- Name der Zielbaugruppe: Uebung-Parameter-Baugruppe.iam
- Dateispeicherort: Projektordner
- Im Auswahlfenster obersten Dateinamen (Uebung-Parameter-Grundskizze.ipt) markieren (Bild 1)
- Ableiten (Bild 1)
- Anwenden

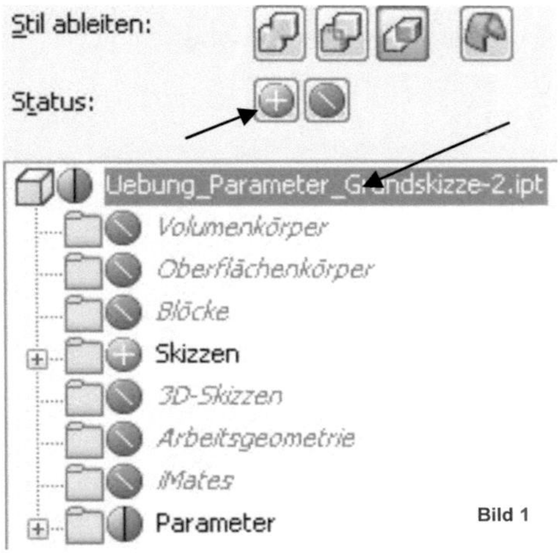

Auszug aus dem Befehlsfenster "Bauteil erstellen"

- ***Bauteil erstellen***
- Bauteilname: Riemen
- Dateispeicherort: Projektordner
- Haken setzen bei: Bauteil in Zielbaugruppe platzieren
- Name der Zielbaugruppe: Uebung-Parameter-Baugruppe.iam
- Dateispeicherort: Projektordner
- Im Auswahlfenster obersten Dateinamen (Uebung-Parameter-Grundskizze.ipt) markieren (Bild 1)
- Ableiten (Bild 1)
- OK

13.7 Parametrisches Extrudieren der Bauteile

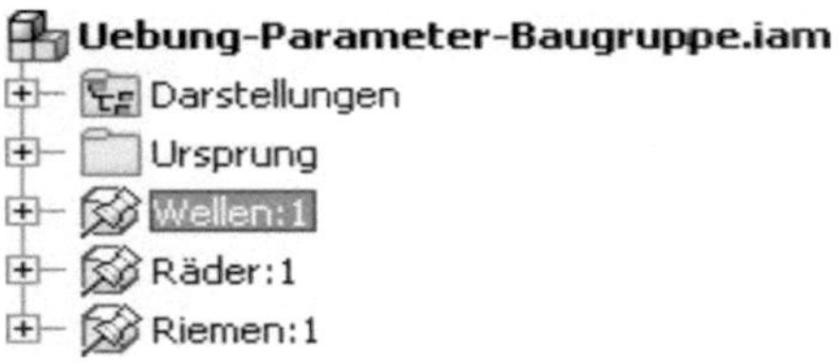

Modellbaum der neuen Baugruppe "Uebung-Parameter-Baugruppe.iam"

Nachdem der Befehl ***Bauteil erstellen*** beendet wurde, wechseln Sie automatisch in die neue Baugruppendatei.

Speichern Sie die neue Datei erst einmal ab und bearbeiten Sie dann per Doppelklick im Modellbaum das Bauteil ***Wellen***.

Die Grundskizze ist vorhanden, im Anschluss soll der Volumenkörper erstellt werden.

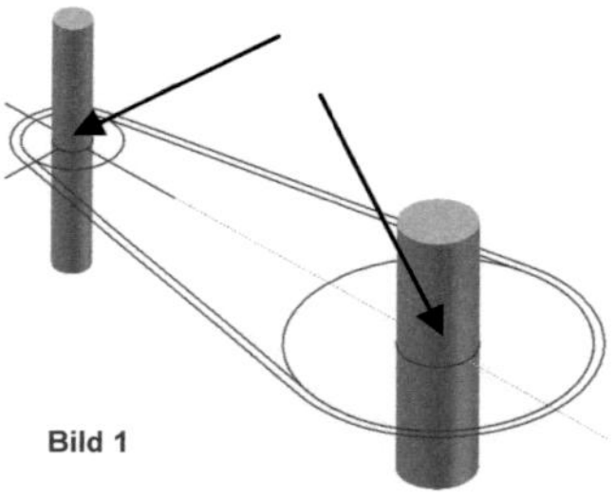

Bild 1

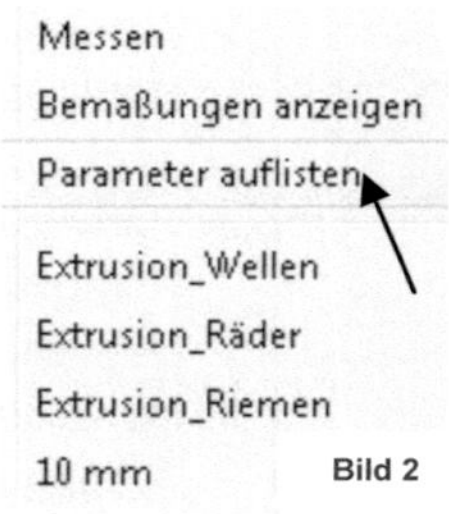

Bild 2

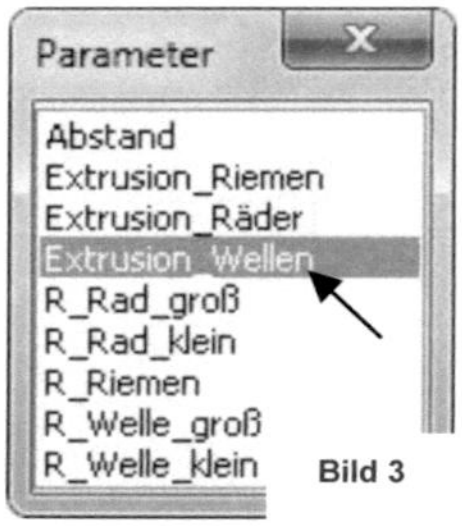

Bild 3

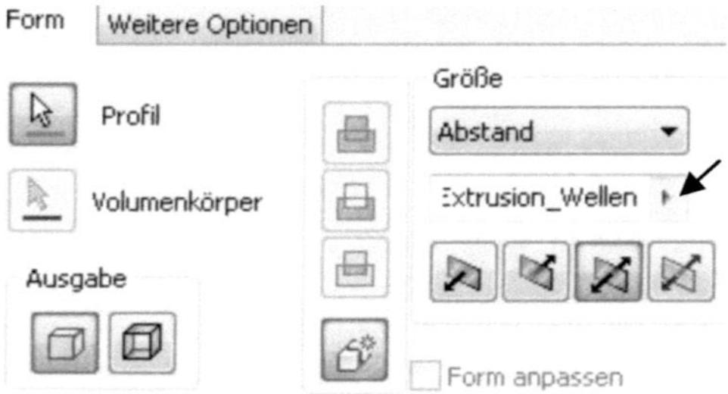

- ***Extrusion***
- Profil: Markierte Flächen (Bild 1)
- Vereinigung
- Größe: Abstand
- Auswahl: Parameter auflisten (Bild 2)
- Parameter: Extrusion_Wellen
- Richtung: Symmetrisch
- OK

Kehren Sie in die Baugruppe ***Zurück*** und bearbeiten Sie das Bauteil ***Räder***.

HINWEIS: Achten Sie darauf, keinen Abstandswert im Feld ***Größe*** einzutragen, sondern auf das kleine Dreieck zu klicken und mit der Option: ***Parameter auflisten*** den Parameter ***Extrusion_Wellen*** zu wählen.

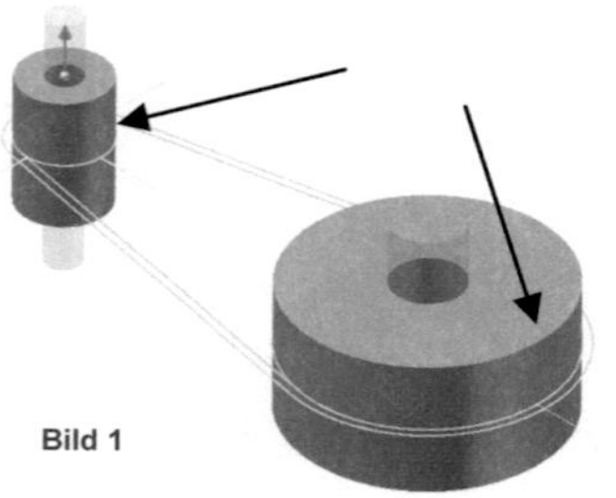

Bild 1

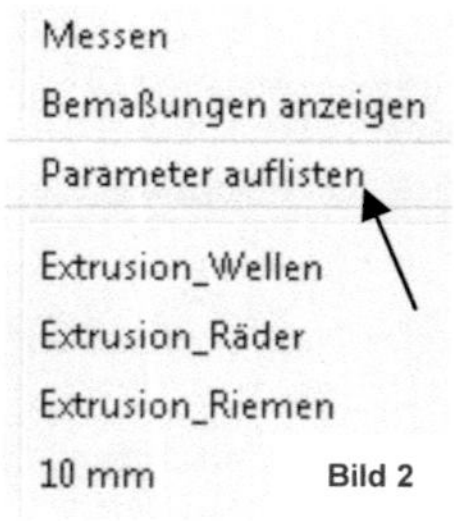

Bild 2

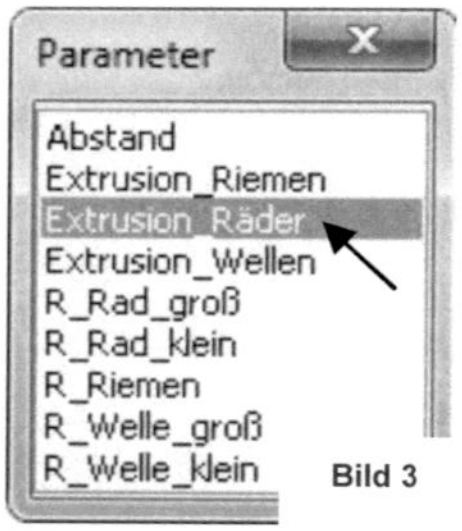

Bild 3

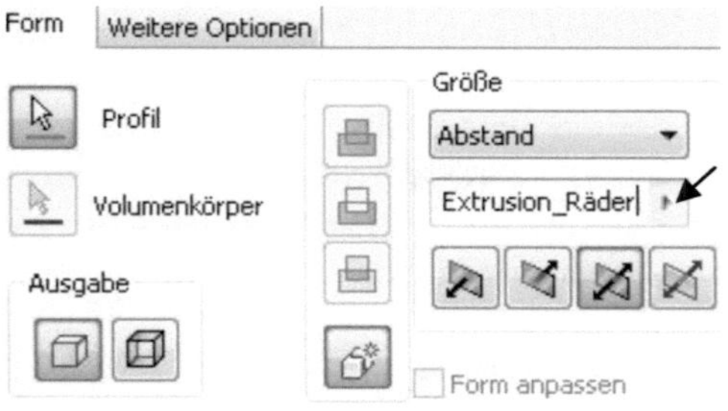

- ***Extrusion***
- Profil: Markierte Flächen (Bild 1)
- Vereinigung
- Größe: Abstand
- Auswahl: Parameter auflisten (Bild 2)
- Parameter: Extrusion_Räder
- Richtung: Symmetrisch
- OK

Kehren Sie in die Baugruppe ***Zurück*** und bearbeiten Sie das Bauteil ***Riemen***.

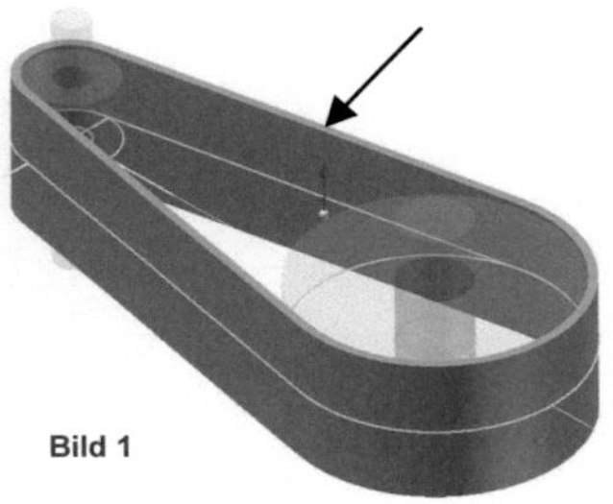

Bild 1

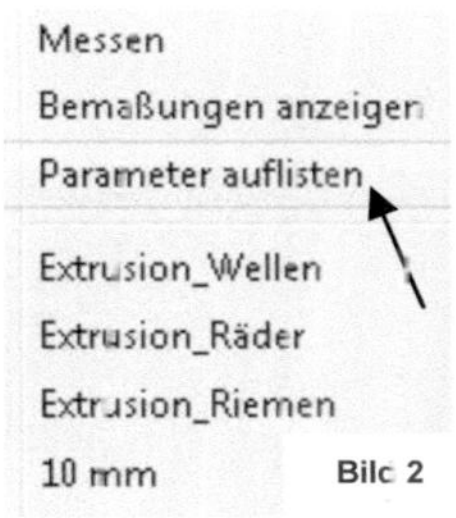

Bild 2

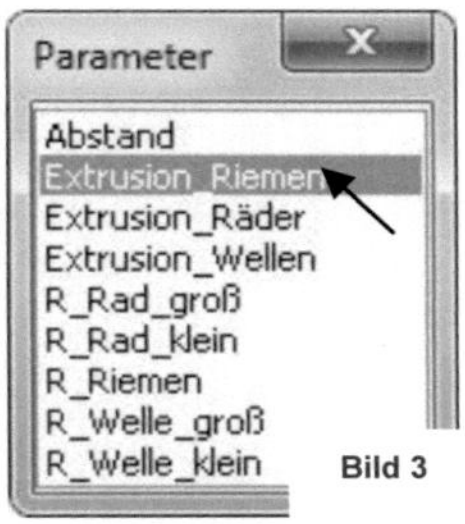

Bild 3

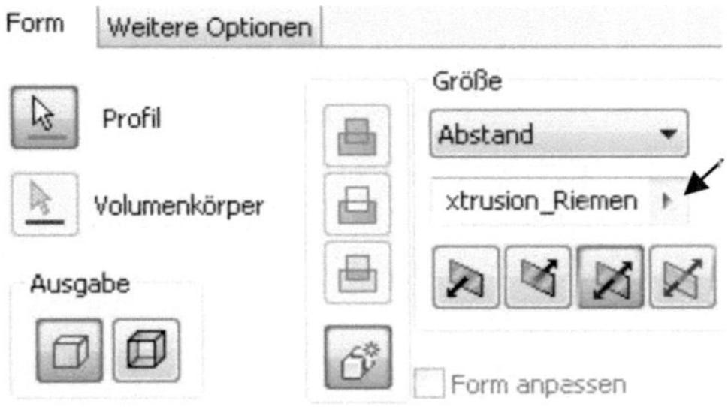

- ***Extrusion***
- Profil: Markierte Fläche (Bild 1)
- Vereinigung
- Größe: Abstand
- Auswahl: Parameter auflisten (Bild 2)
- Parameter: Extrusion_Riemen
- Richtung: Symmetrisch
- OK

13.8 Farben zuweisen

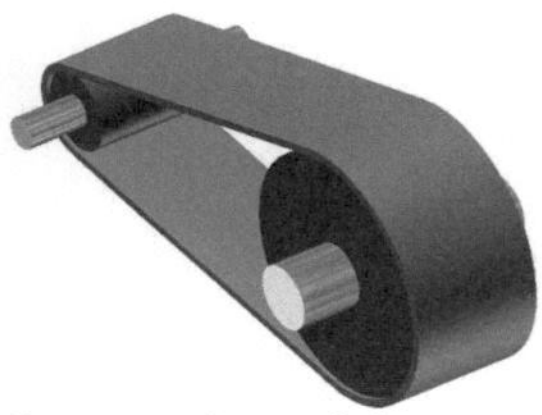

Baugruppe mit neuen Farben

- Wellen, Räder markieren
- ***Farbüberschreibung***
- Farbe: z. B. Chrom (blau)

- Riemen markieren
- ***Farbüberschreibung***
- Farbe: z. B. Gummi (grün)

13.9 Testen der parametrischen Abhängigkeiten

Speichern Sie die Baugruppe erneut ab und starten Sie einen ersten Test. Zur besseren Übersicht ordnen Sie beide aktuell geöffneten Dateien (***Uebung-Parameter-Baugruppe.iam*** und ***Uebung-Parameter-Grundskizze.ipt***) im Zeichenfenster nebeneinander an.

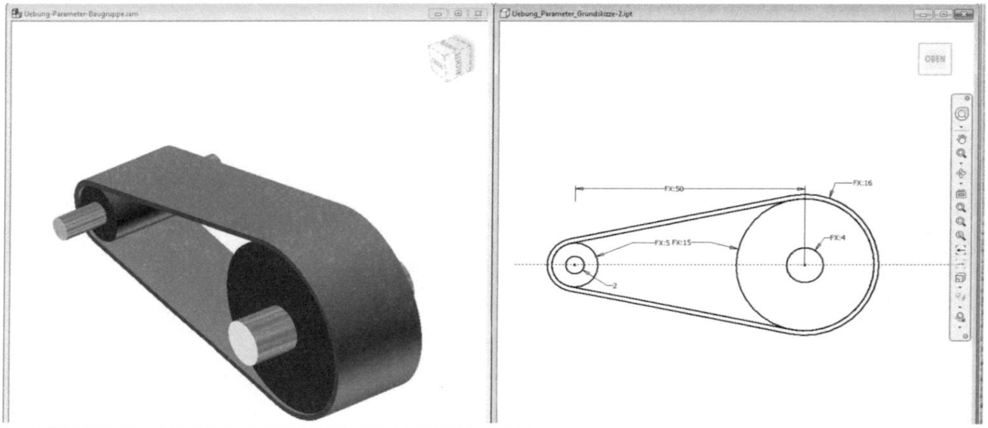

- Register: ***Ansicht***
- Befehlsgruppe: ***Fenster***
- ***Nebeneinander anordnen***

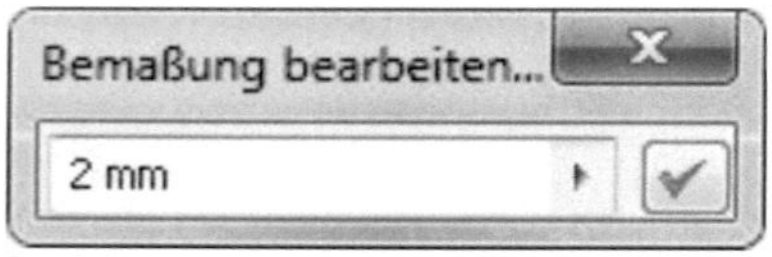

Bearbeiten des Steuerwertes

Aktivieren Sie das Fenster ***Uebung-Parameter-Grundskizze.ipt*** und ändern Sie das Maß ***2 mm*** auf ***10 mm***.

Die Kontur der 2D-Skizze sollte sich jetzt ändern. Da Basisskizze, Bauteile und Baugruppen miteinander verknüpft sind, ändert sich damit auch die Baugruppe.

Wechseln Sie in die Baugruppe und führen Sie eine ***lokale Aktualisierung*** durch. Wiederholen Sie diese Übung mit den folgenden Werten.

Antriebswelle R= 10mm **Antriebswelle R= 20mm** **Antriebswelle R= 30mm**

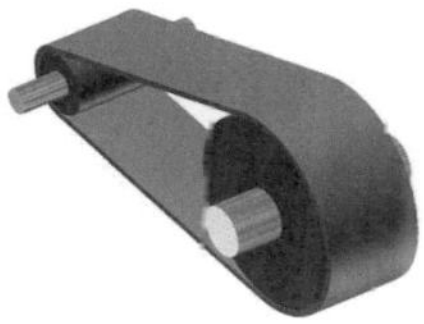

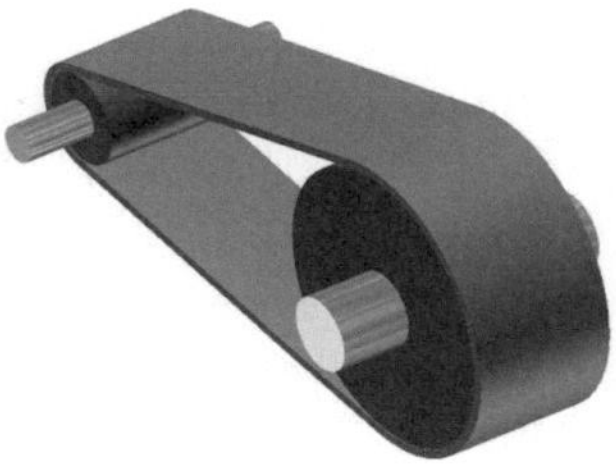

13.10 Parametrische Steuerung mit externen Tabellen

Die Änderung des Wertes der Antriebswelle kann auch über eine externe Tabelle erfolgen.

Wechseln Sie wieder in die Datei ***Uebung-Parameter-Grundskizze.ipt*** und öffnen Sie die f_x ***Parameter***.

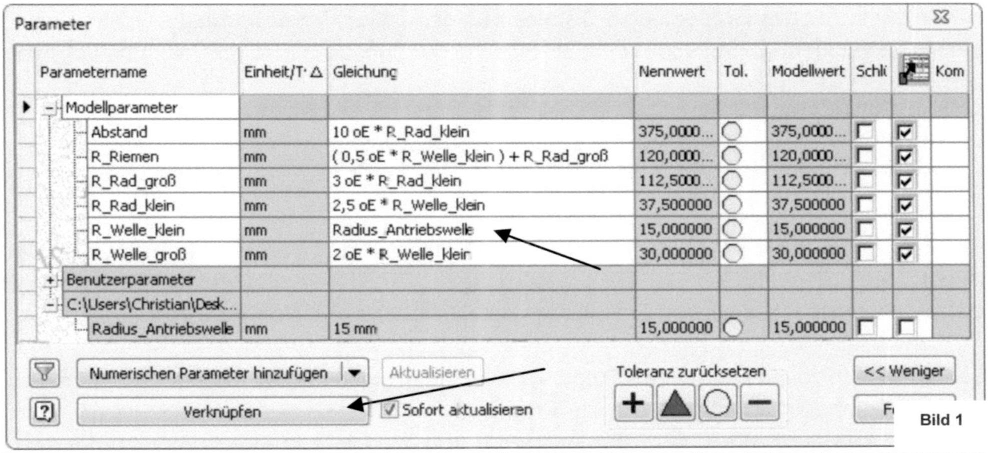

Bild 1

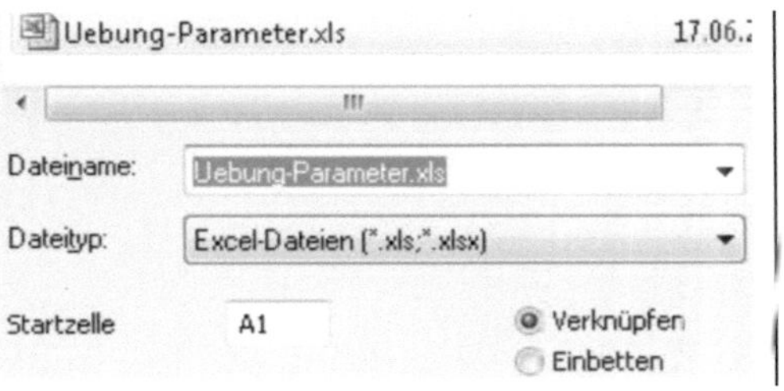

Bild 2

- Verknüpfen ***Verknüpfen*** (Bild 1)
- Dateiname: Uebung-Parameter.xls (Downloadordner) (Bild 2)
- Startzeile: A1
- Option: Verknüpfen
- Öffnen ***Öffnen***

Nachdem die Datei mit der Tabelle verknüpft wurde, verweisen Sie im Gleichungsfeld des Modellparameters ***R_Welle_klein*** (2 mm) auf die neue Variable (Radius_Antriebswelle).

Gleichung - Alte Bezeichnung	Gleichung - Neue Bezeichnung
2 mm	Radius_Antriebswelle

Der Modellparameter ***R_Welle_klein*** wird seinen Wert ab jetzt aus der Tabelle beziehen. Fertig ***Bestätigen*** Sie die Eingabe, speichern und schließen Sie die Datei ***Uebung-Parameter-Grundskizze.ipt***.

Öffnen Sie im Downloadordner die Tabelle ***Uebung-Parameter.xls***, ändern Sie den Wert der Zeile ***A2*** (auf einen beliebigen Wert), speichern Sie die Tabelle und wechseln Sie wieder in die Baugruppe ***Uebung-Parameter-Baugruppe.iam***.

Nach einer ***lokalen Aktualisierung*** sollte die Änderung sichtbar werden. Speichern und schließen Sie die Baugruppe abschließend.

HINWEIS: Wird beim Einfügen einer Tabelle statt der Option: ***Verknüpfen*** die Option: ***Einbetten*** verwendet, werden spätere Änderungen in der Tabelle in Inventor® nicht berücksichtigt.

14 PACK AND GO - Archivieren & Kopieren

Unser Übungsprojekt ***4-Takt-Motor*** ist komplett und soll jetzt vollständig in einen Ordner gelegt (samt Projektdatei, Bauteilen, Baugruppen, Strukturen und Abhängigkeiten) und archiviert werden. Dies können Sie mit dem Befehl ***Pack and Go*** realisieren.

Das gesamte Projekt kann so abgelegt, später wieder geöffnet oder kopiert und auf einem anderen Computer weiterbearbeitet werden.

Öffnen Sie Datei ***BG_4-Takt-Motor.iam*** aus Ihrem Projektordner und folgen Sie der Befehlskette.

Bild 1

Bild 2

Auszug aus dem Befehlsfenster "Pack and Go"

- ***IPro***
- ***Speichern unter*** > ***Pack and Go***
- Zielordner
- Neuen Ordner erstellen Neuen Ordner ***Pack and Go*** im Projektordner erstellen
- OK
- Optionen: Ordnerstruktur beibehalten
- Optionen: Verkn. Dateien einbeziehen
- Projektdatei: ***4-Takt-Motor.ipj*** in Ihrem Projektordner wählen
- Jetzt suchen ***Jetzt suchen***
- Start ***Start***

Wechsel Sie im Arbeitsplatz Ihres Computers zum neu erzeugten Ordner ***Pack and Go*** und öffnen Sie die Datei ***packngo.log***.

Hier finden Sie eine Übersicht aller archivierten Dateien.

Sie können den gesamten Ordner jetzt kopieren und das vollständige Projekt (mit allen Bauteilen, Baugruppen, Zeichnungen, Abhängigkeiten, Stilen und Farben) auf jedem, mit ***Autodesk® Inventor® 2012*** versehenem Computer öffnen und weiterverarbeiten.

Vielen Dank.

INDEX

B

D

E

F

L

M

R

S